BENEDIKT GRUBER

UND 2 FORMELN

zur Fernmeldetechnik des Elektropraktikers

Ergänzungsband zu

7 FORMELN GENÜGEN

für den Elektropraktiker

Mit 373 Abbildungen

VERLAG VON R. OLDENBOURG

MÜNCHEN 1952

Zusammenstellung der Merkformeln

„**7 Formeln**" für den Elektropraktiker (siehe Bd. I).

Merkformel 1	$R = \dfrac{l \cdot \rho}{F}$	Widerstandsberechnung
,, 2	$U = I \cdot R$	Ohmsches Gesetz
,, 3	$N = U \cdot I$	Gleichstromleistung
,, 4	$N = I^2 \cdot R$	Stromleistungsformel
,, 5	$N_\sim = U \cdot I \cdot \cos \varphi$	Wechselstromleistung
,, 6	$\eta = N_{ab} : N_{zu}$	Wirkungsgrad
,, 7	$N_D = 1{,}73 \cdot U \cdot I \cdot \cos \varphi$	Drehstromleistung

„**Und 2 Formeln**" zur Fernmeldetechnik des Elektropraktikers.

Merkformel 8	$R_i = 2 \cdot \pi \cdot L \cdot f$	Induktiver Widerstand
,, 9	$R_k = \dfrac{1}{2 \cdot \pi \cdot C \cdot f}$	Kapazitiver Widerstand

INHALTSVERZEICHNIS

IV

ZWEITER TEIL:
DER FERNMELDESTROMKREIS

DRITTER TEIL:
FERNMELDEANLAGEN

ANHANG

VIII

VORWORT

„U n d 2 Formeln"! In diesem „Und" liegt der Hinweis, daß etwas vorausgegangen sein muß. Es war das Buch „7 Formeln genügen" für den Elektropraktiker, das dem Lernenden die wichtigsten Grundlagen der Elektrotechnik näherbringt und sich dabei ausschließlich im Rahmen der Starkstromtechnik hält. Die dort gebotene Einschränkung machte es notwendig, einen Ergänzungsband herauszubringen, der dem Elektropraktiker die Kenntnisse der F e r n m e l d e t e c h n i k vermittelt, die er heutzutage dringend benötigt.

Der vorliegende Band soll daher mit den grundlegenden Fernmeldegeräten, Fernmeldeschaltungen und Anwendungen vertraut machen und die tieferen Einblicke in die elektrotechnischen Zusammenhänge ermöglichen, die auch für die Starkstromtechnik wertvoll anzuwenden sind.

Einfache und sichere Grundlagen sollen geschaffen werden, die das Fundament für die eigene Weiterarbeit bilden können. Dementsprechend wurde auch die Zahl der zusätzlichen Formeln (über die 7 hinaus) soweit beschränkt, als es der Stoff zuließ und die Absicht der Vereinfachung verlangte. „2 Formeln" zu den „7 Formeln" ist wohl nicht zuviel. Wer sich diese 9 Formeln merkt und damit umzugehen versteht, kommt schon sehr weit! Jedenfalls reichen diese Formeln für den Umfang der Meisterprüfung im Elektrohandwerk.

Ich möchte nicht unerwähnt lassen, daß ich für alle Anregungen, die der Verbesserung des Buches dienen können, dankbar bin.

München, 1952   **B. Gruber**

ERSTER TEIL

DIE BAUSTEINE

I. VOR ALLEM STROM

Gleichstrom — Wechselstrom
Mischstrom — Modulierter Strom — Sprechstrom
Stromerzeuger — Stromumformer

DIE SPANNUNGEN UND STRÖME

Die treibenden Kräfte in allen elektrischen Anlagen, sozusagen die Seele der Anlagen, sind die elektrischen Ströme. Sie zu kennen ist vor allem wichtig. Wenn wir von Strömen sprechen, so denken wir zuerst an die Stromstärken. Wir erinnern uns aber, daß die Ströme immer der Erfolg einer an den Stromkreiswiderstand angelegten Spannung sind. Wenn also im folgenden die verschiedenen Arten der elektrischen Ströme aufgeführt werden, so gelten diese Erläuterungen sinngemäß auch für die Spannungen.

A. Die Arten elektrischer Ströme und Spannungen

(Bezüglich der Betrachtung der Schaubilder wird auf Band I „7 Formeln genügen", im folgenden nur als Bd. I bezeichnet, hingewiesen.)

1. Gleichstrom[1]

Gleichstrom wird der Strom genannt, der in seiner Stärke „gleich bleibt", besser gesagt: ein Strom, der im Verlauf einer gewissen Zeit gleiche Augenblickswerte besitzt. Damit ist die Forderung verbunden, daß der Strom auch seine Richtung nicht ändert. Allerdings ist damit nicht

---

[1] Für die Stromstärke haben wir hier das normgemäße Formelzeichen I (also „Groß-i") geschrieben. Man verwechsle das nicht mit „Römisch Eins".

gemeint, daß dieser Gleichstrom (Bild 1) immer so
stark bleiben müßte. Nach Ablauf einer gewissen Zeit
kann die Stromstärke sinken oder steigen, je nach der

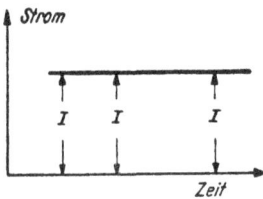

Bild 1

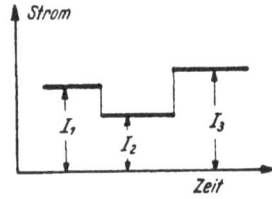

Bild 2

Änderung des Widerstandes oder der Spannung im Kreis,
ohne daß wir diesem Strom die Bezeichnung Gleichstrom absprechen müßten (Bild 2).
So ruckartig ändert sich allerdings die Stromstärke
nicht; wenn wir kleinste Zeitabschnitte berücksichtigen,
also sozusagen die Änderung mit der Lupe betrachten,
dann finden wir, daß der Übergang von einer Stromstärke zu einer kleineren oder größeren eine gewisse
Zeit braucht. Das tritt z. B. in Erscheinung, wenn wir
einen Gleichstrom ein- oder ausschalten. (Siehe dies-
bezügliche Hinweise in Band I!)
Wenn wir einen Gleichstrom (besser gesagt: einen Strom
aus einer Gleichstromquelle) durch ständiges schnelles

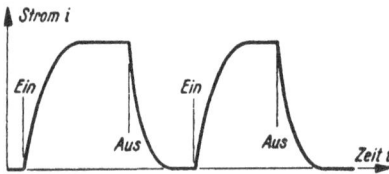

Bild 3

Ein- und Aus-
schalten „zerhak-
ken", dann ergibt
sich ein Strombild
nach Bild 3). Ei-
nen solchen Strom
(siehe auch An-
hang A) können
wir nicht mehr Gleichstrom nennen, wenngleich der
Strom immer in der gleichen Richtung fließt. Er gehört
in die Gruppe der Mischströme (siehe später) eingereiht.

2. Wechselstrom

Die bekannteste Art des Wechselstromes ist der „sinusförmige" Wechselstrom (Bild 4), der seinen Namen von
einer mathematischen Rechnungsgröße hat. Der von ein-
wandfreien Wechsel-
strommaschinen er-
zeugte Wechselstrom
hat diesen Verlauf.
Die in „Positivrich-
tung" liegende Halb-
welle ist gleich groß
und gleich geformt
wie die in „Negativ-
richtung" liegende
Halbwelle. (Siehe

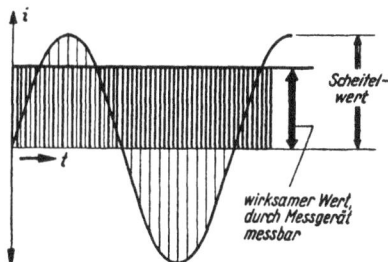

Bild 4

auch Anhang C.) Solche Wechselströme sind in der Elektrotechnik mit den verschiedensten Frequenzen (= Perioden
pro Sekunde = Hertz) in Verwendung (1 kHz = 1000 Hz).

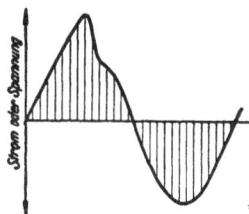

Bild 5

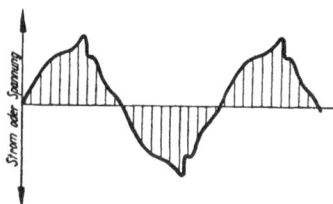

Bild 6

Wechselströme erleiden nicht selten durch Einflüsse
innerhalb und außerhalb der Stromerzeuger Verzerrungen. Bild 5, 6 und 15 zeigen solche Stromkurven.
Ist dabei die Fläche der positiven Halbwelle gleich groß
wie die Fläche der negativen Halbwelle, so zählt der
Strom noch zu Wechselstrom. Ist das aber nicht der Fall,
so spricht man von Mischstrom.

Strom für elektrische Bahnen	$16^2/_3$ und 25 Hz
Normaler Netzstrom für Licht und Kraft in Deutschland	50 Hz
Rufstrom in der Fernsprech-technik	25 Hz
Summerströme in der Fern-sprechtechnik	150 und 450 Hz
Elektroakustik (hörbare Schallwellen)	etwa 20 bis höchstens 20000 Hz (= Tonfrequenzen)
Für Übertragung ausreichender Tonfrequenzbereich	Musik etwa 50—10000 Hz Sprache etwa 300—3000 Hz
Rundfunk (Hochfrequenzen) lange Wellen Mittelwellen kurze Wellen Ultrakurzwellen	15—500 kHz 500—2000 kHz 2000—40000 kHz 100000 kHz und mehr

3. Mischstrom

Wie ein solcher Mischstrom entstehen kann, erkennt man, wenn man die Augenblickswerte eines Gleichstromes

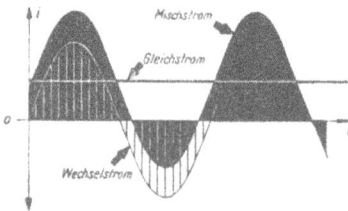
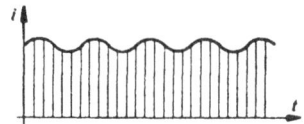

Bild 7   Bild 8

und die eines Wechselstromes zusammenzählt und daraus eine neue Kurve bildet (Bild 7).

Ein Sonderfall des Mischstromes ist der *Wellenstrom*, auch *Kräuselstrom* genannt, wie er mitunter von Gleich-

stromgeneratoren oder Gleichrichtern geliefert wird
(Bild 8). Hierbei ist der dem Gleichstrom „überlagerte"
Wechselstrom von verhältnismäßig kleinem Ausschlag.

4. Modulierter Strom

Ein besonders gearteter Fall von Mischstrom liegt vor,
wenn man einem Wechselstrom einen zweiten Wechselstrom anderer Fre-
quenz „überlagert",
ein Vorgang, der bei-
spielsweise in der
Rundfunktechnik die
Grundlage zur Über-
tragung von Sprache
und Musik darstellt.
Die Zusammenset-
zung der Ströme ist
hierbei verwickelter.
Bild 9 zeigt, welches
Ergebnis bei der
Überlagerung einer
niederfrequenten
Welle über eine hoch-
frequente Welle er-
wartet werden kann.

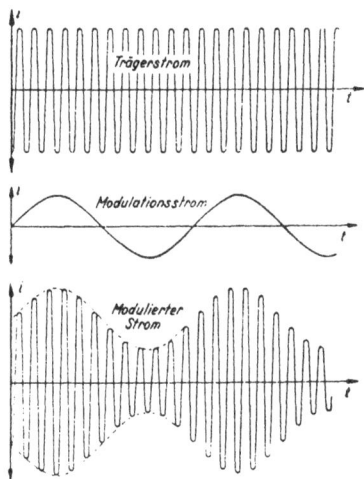

Bild 9

Modulieren heißt hier etwa: die Trägerwelle (hochfrequent) zu Stärkeschwankungen im Takt der überlagerten (niederfrequenten) Welle veranlassen. Man sagt
auch: die Trägerwelle wird gemodelt.

5. Sprechströme

Bei der Übertragung von Sprache oder Musik werden
die in elektrische Ströme umgesetzten Tonschwingungen
fortgeleitet. Jeder Ton, jeder Laut hat sein bestimmtes
Strombild. Bild 10 zeigt ein ganz einfaches Beispiel.

Solche „Sprechströme" sind als Sonderfall eines Mischstromes zu bezeichnen, denn hierbei werden zahlreiche
Wellen verschiedener
Frequenz und Stärke
zusammengemischt.

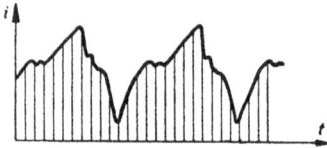

Bild 10

Um das zu verstehen,
schlagen wir folgenden
Weg ein: Wir bilden
uns beispielsweise aus
drei „Sinuswellen" mit
verschiedener Perio-
denzahl und unter-
schiedlichem Scheitel-
wert (siehe Bild 4) und
aus einem Gleichstrom,
den wir zu beispiels-
weise 7 Einheiten an-
nehmen, eine Summen-
kurve. Das heißt also,
wir zählen die gleich-
zeitigen Augenblicks-
werte aller dieser Strö-
me zusammen und tra-
gen alle diese Werte
wieder in einer Kurve
auf. Aus Bild 11a, 11b,
11c und dem nicht
gezeichneten Gleich-
strom erhalten wir
Bild 11d. Es ist ver-
ständlich, daß noch
viel eigenartiger ge-
formte Kurven ent-
stehen können, wenn
man viele Ströme ver-

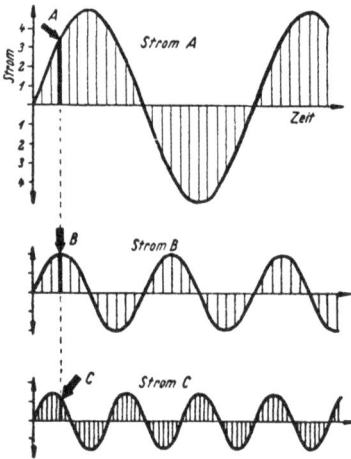

Bild 11a bis c

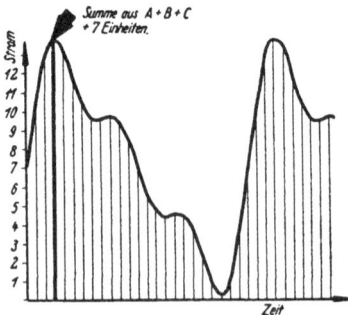

Bild 11d

schiedener Größe und Periodenzahl zusammenzieht, wie das bei der Übertragung von Sprache und Musik in Betracht kommt. Man spricht dann nicht nur von Sprechströmen, sondern allgemein von „Tonfrequenzströmen".

B. Die Stromquellen

(Geräte und Maschinen zur Stromerzeugung)

Aus nichts kann nichts kommen; daher muß auch den „Stromerzeugern" irgendeine Energie zur Verfügung gestellt werden, damit sie daraus elektrische Energie machen können. Wir fassen kurz zusammen:

Es geben elektrische Energie ab	Sie benötigen dafür Energie aus
Element, Sammler[1]	technischen Stoffen (chemische Veränderungen)
Generator, Mikrofon und Tonabnehmer	mechanischer Kraft
Thermoelement	Wärme
Fotoelement	Licht

Diese einzelnen Maschinen und Geräte werden im folgenden nur insoweit noch näher beschrieben, als dies in Ergänzung der in Bd. I gemachten Angaben noch notwendig erscheint.

---

[1] Sammler sind eigentlich „Speichergeräte" für elektrische Energie. Mit Rücksicht auf ihr den Elementen entsprechendes Verhalten während der Stromabgabe wurden sie hier ausnahmsweise bei den Stromerzeugern eingereiht.

1. Stromerzeugung durch chemische Vorgänge

a) ELEMENTE

Art	Nennspannung (EMK)	Bestandteile
Beutelelement (Naßelement)	1,5 V	Zinkblech, Kohlestab, Salmiakelektrolyt Braunsteindepolarisator
Trockenelement	Einzelelement 1,5 V, Flachbatterien 3 bis 4,5 V, Stabbatterien 3 V, Gitterbatterien 6—30 V, Anodenbatterien 30—120 V	wie Beutelelemente, jedoch Elektrolyt durch Zugabe anderer Stoffe zur Paste eingedickt

Zu diesen normalen Elementen kommen noch hinzu:

a) *Naß-Trocken-Elemente.* Bauart ähnlich dem Beutelelement, jedoch mit dickflüssigem Elektrolyt.

b) *Füllelemente.* Diese ähnlich den Trockenelementen gebauten Elemente enthalten ein trockenes Erregersalz mit Beigabe eines Stoffes, welcher bei Zusatz von Wasser (durch das Füllröhrchen) aufweicht und einen gallertartigen Zustand annimmt. (Die trockene Füllung hat praktisch unbegrenzte Lebensdauer.)

c) *Luftsauerstoffelemente.* In diesen Trockenelementen wird an Stelle des Braunsteins (Depolarisator) ein staubförmiges Pulver aus Holzkohle (Aktivkohle) verwendet. Diese Kohle reißt den Sauerstoff der Luft gierig an sich und führt ihn dadurch der Oberfläche der Elektrode zu. Um dem Sauerstoff den Zutritt zu ermöglichen, sind vom Depolarisator zur Oberfläche des Elementes „Atmungskanäle" angelegt, die keinesfalls mit Wasser gefüllt werden dürfen. Bei

größeren Elementen kann man diese Kanäle nach-
einander öffnen, wie es die fortschreitende Entladung des Elementes verlangt.

b) SAMMLER (AKKUMULATOREN)

Ob für kleinere Fernmeldeanlagen Beutelelemente,
Trockenelemente oder Sammler Verwendung finden
können, ist vor allem eine Frage der Wirtschaftlichkeit.
Für Anlagen mit ständigem und größerem Verbrauch
scheiden Beutel- und Trockenelemente aus (auch wegen
des hohen inneren Widerstandes). Der Sammler ist hier
wirtschaftlicher: geringer Materialverbrauch (auf lange
Sicht gerechnet), große Lebensdauer, geringe Unter-
haltungskosten.

Für größere Fernmeldeanlagen kommt neben dem Netz
oder eigenen Stromerzeugungsanlagen (mit mechanischer
Antriebskraft) nur der Sammler in Betracht. In solchen
Anlagen ist auch die Betriebssicherheit ausschlag-
gebend. Der Sammler ist betriebssicher und hält die
Spannung ohne Schwankungen. Auch die Übernahme
von besonders hohen Leistungsspitzen ist durch Sammler
möglich, die neben dem Netz als Puffer liegen.

Folgende Betriebsmöglichkeiten sind gegeben:

a) Betrieb mit einem Sammler (Anlage bei Ladung
   stromlos);

b) Betrieb mit einem Sammler mit Dauerladung aus
   dem Netz;

c) Betrieb mit 2 Sammlern, von denen jeweils einer geladen und der andere entladen wird;

d) Betrieb aus dem Netz unter Bereitstellung einer Not-
   batterie, die die Stromversorgung übernimmt, wenn
   das Netz ausfällt;

e) Betrieb aus dem Netz unter Nebenschaltung eines
   Sammlers als Puffer zur Übernahme hoher Be-
   lastungsspitzen.

Wenn üblicherweise die mittlere Entladespannung eines Sammlers zu 2,1 V und die höchste Ladespannung zu 2,7 V angegeben wird, so beziehen sich diese Angaben auf einen Betrieb nach a) oder c) der obigen Aufstellung, wobei jede Batterie nach der vollen Entladung in verhältnismäßig kurzer Zeit (3 bis 10 Stunden) wieder aufgeladen wird. Bei Dauerladung oder überhaupt bei Ladung mit sehr geringer Stromstärke in langer Ladedauer erreicht die Batterie nicht die Spannung von 2,7 V, sondern geringere Werte (etwa 2,4 V). Die mittlere Entladespannung ist dagegen bei langdauernder Entladung mit geringer Stromstärke etwas höher als bei Entladung mit hoher Stromstärke. Dadurch wird selbstverständlich auch der Wirkungsgrad des Sammlers beeinflußt. Je nach Art der Ladung und Entladung schwankt der Wirkungsgrad in Wh zwischen 75 und 85%.

Kapazitätsmessung bei Sammlern

Auf den Sammlern oder den zu größeren Batterien beigegebenen Bedienungsanweisungen ist immer die Kapazität der Batterie in Ah (Amperestunden) angegeben. Diese Angabe stimmt aber nur für die neue oder wenig gebrauchte und gut gewartete Batterie. Nach jahrelanger Benutzung und besonders bei schlechter Wartung wird die Kapazität kleiner. Die Feststellung der Kapazität, also der Abgabefähigkeit in Ah, erfolgt durch Probebelastung und Messung. Am zweckmäßigsten wird durch einen eigenen, regelbaren Belastungswiderstand die Lade- und Entladestromstärke festgelegt. Wegen des Absinkens der Spannung muß von Zeit zu Zeit nachgeregelt werden. Die Schaltung zeigt

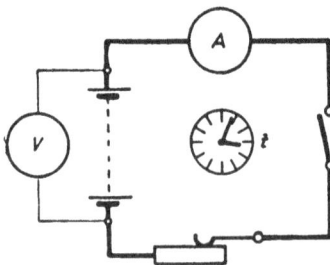

Bild 12

Bild 12. Die Belastung kann so lange fortgesetzt werden, bis die Spannung je Zelle auf etwa 1,83 V gesunken ist. Dieser Entladung muß selbstverständlich eine volle

Aufladung der Batterie vorausgegangen sein. Hat man sowohl für eine Ladung wie auch für eine Entladung die Ah festgestellt, so kann man auch den Wirkungsgrad in Ah (auch Güteverhältnis genannt) berechnen. Zu beachten ist, daß die auf der Batterie angegebene höchste Stromstärke für Ladung bzw. Entladung nicht überschritten werden darf.

Messung des inneren Widerstandes. Die Messung des inneren Widerstandes einer Sammlerbatterie erfolgt auf indirektem Wege. Man mißt die Spannung an der Batterie bei Leerlauf und bei einer bestimmten Belastung und berechnet daraus den inneren Widerstand. (Wir erinnern uns daran, daß die Klemmenspannung bei Belastung um den inneren Spannungsabfall kleiner ist als die elektromotorische Kraft, also als die Spannung der unbelasteten Batterie. (Schaltung Bild 12.)

Beispiel: Spannung der unbelasteten Batterie: 12,6 V.
Spannung der mit 20 A belasteten Batterie: 11,4 V.
Lösung: Spannungsabfall bei Belastung: 12,6 — 11,4 = 1,2 V.
Innerer Widerstand: $R_i = 1,2 : 20 =$ **0,06** Ω.
Da es sich (nach der Spannung zu schließen) um 6 Zellen handelt, so ist der innere Widerstand einer Zelle 0,06 : 6 = **0,01** Ω.

2. Stromerzeugung aus mechanischer Arbeit

Die oberen Schaubilder der Gleich- bzw. Wechselspannung stellen den Idealfall dar. Meist aber sind diese Kennlinien (siehe die unteren) nicht so glatt, sondern durch „Überlagerung von Wechselspannungen höherer Frequenz" gewellt oder gezackt. In vielen Fällen muß durch besondere Maßnahmen außerhalb des Generators für eine Glättung der Spannung gesorgt werden.

Gleichstromgeneratoren

Wechselstromgeneratoren
Drehstromgeneratoren

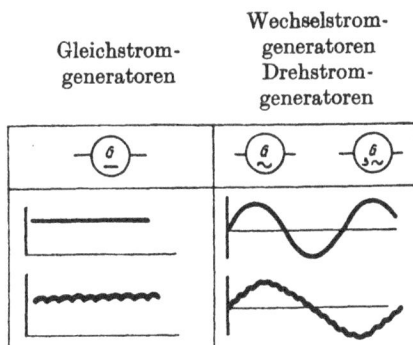

Bild 13

Für Fernmeldeanlagen oder auch in der Meßtechnik
kommen außer diesen Generatoren noch folgende Stromerzeuger in Betracht:

a) DER INDUKTOR

Schon der Name sagt, daß in diesem Gerät eine elektrische Spannung induziert wird. Der Induktor entspricht in seinem grundsätzlichen Aufbau dem Generator
und wird mittels einer Kurbel von Hand angetrieben.
(Der Induktor ähnelt der ersten Dynamomaschine von
Werner Siemens.)

Schaltzeichen:

Das Schaltzeichen sieht zuerst recht eigenartig aus.
Wenn man aber die Bauart des Ankers im Induktor
(Bild 14) betrachtet, wird das Schaltbild verständlich.
Im Bild ist nur eine Windung des isolierten Drahtes
gezeichnet.

Ein Ende der Bewicklung des „Doppelt-T-Ankers"
ist zu einem Stromabnehmer (Schleiffeder) geführt,
während das an-
dere Ende in der
Regel an „Masse"
(an die Welle) ge-
legt ist. Eine Feld-
polwicklung   ist
nicht erforderlich,
da Dauermagnete
aus hochwertigem
Stahl   verwendet
sind. Bei etwa 3

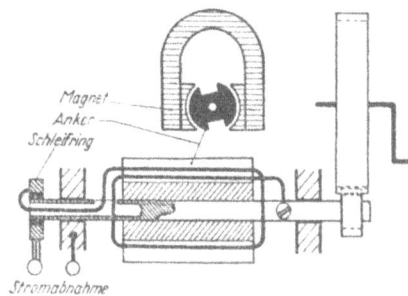

Bild 14

Umdrehungen je Sekunde an der Kurbel wird über
das Zahnradvorgelege im Anker ein Wechselstrom von
etwa 15 bis 20 Perioden je Sekunde erzeugt.

Das Strombild (Bild 15) zeigt, daß die Spannung keine reine Wechselspannung (Sinuskurve) ist. — Will man an Stelle von Wechselstrom Gleichstrom (bzw. einen Mischstrom, der nur in einer Richtung fließt), so bringt man an Stelle des einfachen Schleifkontaktes einen Polwender (Kommutator) mit 2 Segmenten an, mit denen die beiden Wicklungsenden verbunden werden.

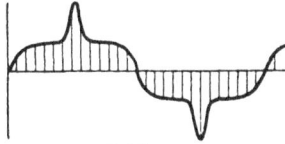

Bild 15

Je nach Bauart und Größe des Induktors beträgt die Leistung bis zu 10 W, der innere Widerstand des Ankers (einschließlich Übergangswiderstand an den Schleifkontakten) etwa 100 bis 600 Ω bei

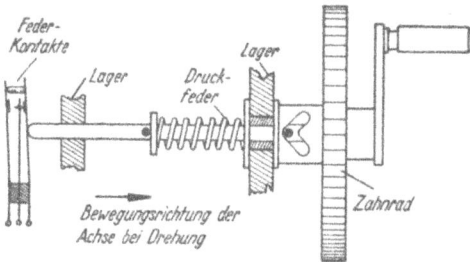

Bild 16

Rufstromtinduktoren, bis zu einigen tausend Ohm bei Induktoren für Meßgeräte. Die Spannung des Induktors beträgt je nach Verwendungszweck etwa 40 bis 500 V. Die Induktoren zur Erzeugung des Rufstromes für Fernsprechanlagen haben noch eine Kontakteinrichtung, die während der Rufstromabgabe den Wecker des eigenen Sprechgerätes kurzschließt (Bild 16).

b) MIKROFON

Auf den ersten Blick mag es überraschend erscheinen, unter den Stromerzeugern das Mikrofon zu finden, besonders dann, wenn man nur an das einfache Kohlemikrofon denkt. Aber es

gibt noch andere Mikrofone, die, ohne irgendeine Stromquelle
zu benötigen, bei der „Besprechung" elektrische Spannungen
und Ströme liefern können. Und nur diese werden hier behandelt. (Kohlemikrofon und Kondensatormikrofon siehe unter
Regelgeräte.)

Das Bandmikrofon. Es ist uns vom Generator her bekannt, daß bei der Bewegung eines
Leiter in einem magnetischen Feld
eine Spannung im Leiter induziert
wird. (Bei der Hin- und Herbewegung Wechselspannungen!) Diese Tatsache ist beim Bandmikrofon ausgenutzt. Wie Bild 17 zeigt, liegt im schmalen Luftspalt
eines Dauermagneten ein Metall-
bändchen, von dessen Enden aus
die Ableitungen zu irgendeinem
Aufnahmegerät (Hörer, Übertrager, Verstärker) führen. Wird
gegen das Bändchen gesprochen,
so bewegen die Schallschwingungen der Luft das Bändchen, in
dem nun elektrische Spannungen
entstehen, die den Schallschwingungen entsprechen, sozusagen
also ein elektrisches Abbild der
Sprache sind.

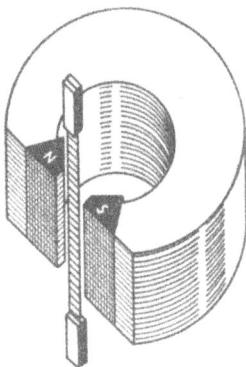

Bild 17

Die Spannung bewegt sich bei normaler Beanspruchung etwa
um den Wert von 1 mV (Millivolt). Da der Eigenwiderstand
des Bändchens recht gering ist, muß für die weitere Übertragung
der erzeugten Spannung (auf den Verstärker) ein entsprechender
Übertrager zwischengeschaltet werden. (Grund: Anpassung,
siehe Abschnitte IV, B, 3 und X. B sowie Schaltplan 67.)
Ein weiteres Mikrofon, das nach dem elektrodynamischen Grundgedanken gebaut ist, ist:

Das Tauchspulenmikrofon. Bild 18 zeigt den grundsätzlichen Aufbau. Zwischen den Polen eines Dauermagneten ist eine „Schwingspule" beweglich auf-
gehängt, die mit einer Membrane verbunden ist. Man

beachte, daß ein Polschuh des Magneten innerhalb der
Spule liegt. Bei der Bewegung der Membran durch die
auftreffenden Schallschwingungen (Schalldrücke!) bewegt
sich die Spule in entsprechendem Rhythmus. Dadurch
werden in den sich bewegenden Windungen durch das
Schneiden der magnetischen Feldlinien elektrische Span-

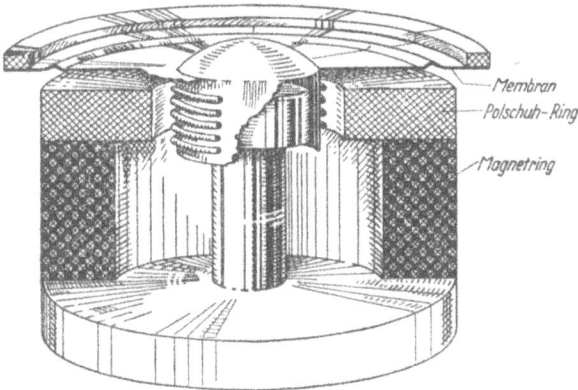

Membran
Polschuh-Ring
Magnetring

Bild 18

nungen erzeugt. Wegen der Tatsache, daß die tiefen
und die ganz hohen Töne nicht genügend wiedergegeben
werden, kommt dieses Mikrofon nur für Sprechüber-
tragungen (Personenrufanlagen in Betrieben, Ansage-
anlagen auf Bahnhöfen) mit geringeren Qualitätsansprü-
chen in Betracht. Eigenwiderstand etwa 8 bis 25 Ω.

Das Kristallmikrofon. Ein Mikrofon, das bezüglich der
Wiedergabe hohen Anforderungen
entspricht, ist das Kristallmikrofon. Sein wichtigster Bestandteil
sind Kristallplättchen, die in einer Stärke von etwa
1,5 mm aus Seignette-Salzkristallen (Natrium-Kalium-
Salz) geschnitten sind. Diese haben die Eigenschaft,
elektrische Spannungen zu liefern, wenn man sie durch-

biegt (Bild 19). Im Mikrofon setzt man meist 4 solche
Plättchen zu einer „Zelle" zusammen und nimmt die
elektrischen Spannungen durch Metallfolien ab. Die
Kristallplättchen sind höchstens 2 cm lang und breit.

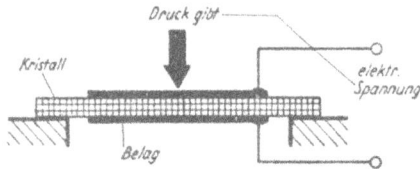

Bild 19

Mit diesem Mikrofon erhält man etwa 0,05 V bei mittleren
Schalldrücken. Man beachte, daß der Aufbau einem Kondensator
gleicht. Es ist deshalb auch eine Kapazität von etwa 1000 bis
2000 pF zwischen den Folien festzustellen. Der innere Widerstand ist naturgemäß recht hoch (etwa 0,5 MΩ).

c) TONABNEHMER

Ein weiterer Umformer von mechanischer Energie in
elektrische Energie (wir nennen das einen Generator)
ist der Tonabnehmer für Schall-
plattenwiedergabe. Bekanntlich
sehen die Rillen von Schallplatten
so aus, wie dies Bild 20 über-
trieben zeigt. Läuft die Nadel
des Tonabnehmers in der Rille,
so muß sie sich im Takt der ein-
geschnittenen Schallschwingungen hin und her bewegen. Diese
Bewegung wird im Tonabnehmer zur Erzeugung elektrischer Spannungen durch magnetelektrische Induktion
oder durch kristallelektrische Elemente benutzt.

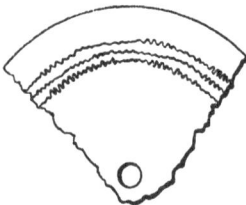

Bild 20

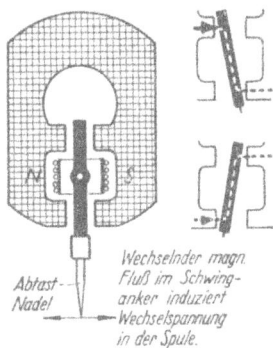

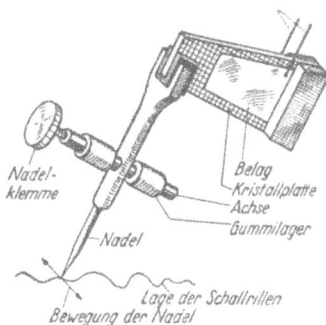

Bild 21   Bild 22

Bild 21 zeigt schematisch ein Beispiel eines magnetelektrischen und Bild 22 das eines kristallelektrischen Tonabnehmers.

Während der Widerstand des magnetelektrischen Tonabnehmers etwa zwischen 2000 und 20000 Ω liegt, beträgt der des Kristalltonabnehmers etwa 0,5 MΩ. Die gelieferte Spannung steigt je nach Bauart bei höheren Schalldrücken bis zu 2 V.

3. Stromerzeugung aus Wärme: Thermoelement

$\subset$

Auf den Grundgedanken der Thermoelemente, die durch Wärmeeinwirkung elektrische Spannung liefern können, wurde bereits im Bd. I eingegangen. Es soll noch folgendes ergänzt werden:

Bis zu Temperaturen von etwa 1000⁰ werden meist Thermoelemente aus unedlen Metallen oder Metallegierungen verwendet, bei höheren Temperaturen (etwa bis 2000⁰) jedoch solche aus edlen Metallen oder deren Legierungen.

Die beiden Anschlußpunkte für die Ableitungen dürfen nicht auf höhere Temperaturen kommen als die normale Raumtemperatur. Die Ableitungen sollen möglichst geringen Widerstand haben.

Die Spannungen betragen höchstens einige mV je 100° Temperaturerhöhung, die erzeugbaren Ströme nur Bruchteile von mA.

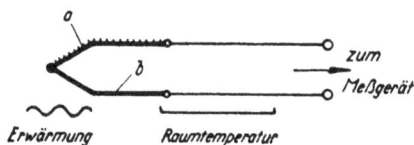

Bild 23

Dem Normblatt DIN 43710 „Thermoelemente" sind folgende Werte entnommen:

Spannung in mV bei ° C

+ Leiter	Kupfer	Eisen	Nickel-chrom	Nickel-chrom	Platin-rhodium
— Leiter	Konstantan	Konstantan	Konstantan	Nickel	Platin
100	3,45	4,32	4,96	3,22	0,54
200	8,40	9,90	12,13	7,32	1,33
500	26,60	26,79	35,50	19,82	4,12
1000	—	—	—	40,50	9,50

4. Stromerzeugung aus Licht: Photoelemente

Photoelemente sind Geräte, die ohne Zuhilfenahme einer Hilfsstromquelle durch Lichtbestrahlung elektrische Spannungen erzeugen. (Im Gegensatz dazu stehen die Photozellen, siehe Abschnitt III B.)

Auf einer metallischen Grundplatte d (Bild 24) als Elektrode ist eine Halbleiterschicht c (Selen, Kupferoxydul) aufgebracht. Auf dieser liegt eine lichtdurchlässige Vorderelektrode a, die durch einen Metallring b aufgedrückt wird. Wird die Vorderelektrode bestrahlt, so bildet sich im Maße des Lichtstromes zwischen

den Elektroden eine geringe elektrische Spannung aus.
Die entnehmbare Stromstärke geht höchstens bis etwa
0,5 mA/Lumen beim Selenelement.

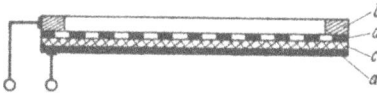

Bild 24

Solche lichtelektrischen Elemente werden für Beleuchtungs-
messer, Zugsicherungen im Bahnbetrieb, Lichtschranken,
Einbruchssicherungen und ähnliches verwendet.

C. Maschinen und Geräte zur Stromumformung

Umformer, Umwandler, Übertrager, das sind Bezeichnungen für Maschinen oder Geräte, die unter Änderung
der Stromart oder der Spannung oder der Frequenz aus
elektrischer Energie wiederum elektrische Energie liefern.

Maschine oder Gerät	Zur Umformung von		
Motorgenerator	Stromart	Spannung	Frequenz
Transformator (Umspanner)..	—	Spannung	—
Thermoumformer	Stromart	—	—
Stromrichter	Stromart	Spannung	—

1. Motorgenerator

Bei solchen Maschinensätzen hat man die verschiedensten
Umformungsmöglichkeiten, denn sowohl der Motor wie
auch der Generator können für jede Stromart, Spannung

und Frequenz eingerichtet werden. Außerdem ist dem
Motorgenerator keine Grenze in der Leistung gezogen.
Nachteile sind verhältnismäßig schlechter Wirkungsgrad, die Notwendigkeit der Wartung und die Abnützung der umlaufenden Teile.

2. Transformator

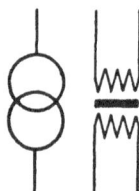

Hoher Wirkungsgrad, fast keine Wartung (Reinigung,
Ölwechsel) und praktisch keine Abnützung sind die
Vorteile des Transformators (Umspanners). Außer der
Übersetzung der Spannung dient der Transformator
in der Starkstromtechnik und in der Fernmeldetechnik
auch dazu, zwischen 2 Geräten oder Anlageteilen eine
elektrische Trennung herbeizuführen, so daß keine
leitende Verbindung besteht.

Der Fernmeldetechniker nennt den Transformator auch
oft „Übertrager", der Starkstromtechniker „Um-
spanner" oder (für Meßzwecke) „Wandler".

Wird der Transformator dazu verwendet, zwei Stromkreise ohne leitende Verbindung elektrisch aneinander
zu ketten, so spricht man von „magnetischer oder
transformatorischer Kopplung" (siehe spätere Abschnitte). Dabei kann es sich neben dem Transformator
auch um „Induktionsspulen" mit „offenem" Eisenkern
oder um eisenlose „Kopplungsspulen" handeln.

Bekanntlich spricht man vom „Übersetzungsverhältnis"
des Transformators, wenn man das Verhältnis der Spannungen der beiden Wicklungen oder das Verhältnis

der Ströme in diesen Wicklungen bezeichnen will. In der Fernmeldetechnik beachtet man aber auch das Verhältnis der Widerstände der Eingangsseite und der Ausgangsseite des Transformators. Nicht aber die

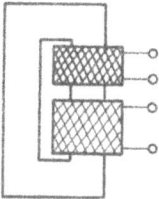 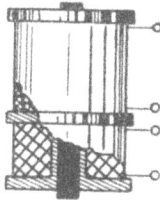 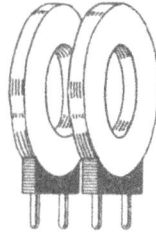

| Bild 25 | Bild 26 | Bild 27 |
| Übertrager | Induktionsspule | Kopplungsspulen |

Ohmschen Widerstände (Wirkwiderstände) der Kupferwicklungen sind maßgebend, sondern die sogenannten Wechselstromwiderstände, die sich durch Teilung der Wechselspannung durch den zugehörigen Wechselstrom ergeben. (Siehe auch Anhang A.)

Ein Beispiel dazu: Ein Transformator habe die Oberspannung 200 V, Unterspannung 10 V, Strom in der Unterspannungswicklung (bei Belastung) 1 A. Die Verluste im Transformator seien vernachlässigt. Dann können wir doch folgendes rechnen:

Übersetzungsverhältnis: $U : u = 200 : 10 = 20$.
Strom oberspannungsseitig: $I_2 = 1 \text{ A} : 20 = 0,05 \text{ A}$.

Nun fassen wir jede Seite als einen Widerstand auf und rechnen:

R_1 (oberspannungsseitig) $= U : I_1 = 200 : 0,05 = 4000 \ \Omega$
R_2 (unterspannungsseitig) $= u : I_2 = \quad 10 : 1 \quad = \quad 10 \ \Omega$

Die beiden Widerstände verhalten sich also wie $4000 : 10 = = 400 : 1$. Die Zahl 400 erhalten wir aber auch aus $20 \cdot 20$, was andeuten soll, daß das Verhältnis der Wider-

stände immer das Quadrat des Übersetzungsverhältnisses ist.

Man beachte, daß dieses Widerstandsverhältnis bei
einem gegebenen Transformator immer gleich bleibt.
Wenn man die Ausgangsseite verschieden belastet,
so erhält man auch verschiedene Eingangswiderstände,
wie folgendes Beispiel zeigt.

1. Beispiel: Ein Transformator mit dem Übersetzungsverhältnis
1:5 wird mit seiner Unterspannungswicklung an
eine Wechselspannung von 10 V angelegt. Wie
groß wird der Eingangswiderstand bei Anschluß
von 1000 Ω oder 200 Ω an die Oberspannungs-
wicklung?

Lösung:	für 1000 Ω	für 200 Ω
	$U_2 = 10 \cdot 5 = 50$ V	$10 \cdot 5 = 50$ V
	$I_2 = 50 : 1000 = 0,05$ A	$50 : 200 = 0,25$ A
	$I_1 = 0,05 \cdot 5 = 0,25$ A	$0,25 \cdot 5 = 1,25$ A
	$R_1 = 10 : 0,25 = 40$ Ω	$10 : 1,25 = 8$ Ω
Probe:	$40 : 1000 = 1 : 25$	$8 : 200 = 1 : 25$

Das Verhältnis der Widerstände ist also $5 \cdot 5 = 25$ in beiden Fällen. Verschieden sind nur die Eingangs- und Ausgangswiderstände.

Beispiel: Ein Transformator habe das Übersetzungsverhältnis
1:7. Wie groß ist der Wechselstromwiderstand der
Oberspannungsseite, wenn der der Unterspannungs-
seite 200 Ω beträgt?

Lösung: Das Widerstandsverhältnis ist $1 : (7 \cdot 7) = 1 : 49$.
Der Widerstand der Oberspannungsseite ist also
49mal so groß als der der Unterspannungs-
seite, also $200 \cdot 49 = \mathbf{9800}$ Ω.

3. Thermoumformer

Ein an der Lötstelle beheiztes Thermoelement (siehe
dort) gibt eine geringe Gleichspannung ab. Bewerk-
stelligt man die Heizung dadurch, daß man eine von
Wechselstrom durchflossene Heizwicklung anbringt, so
hat man einen Umformer von Wechselstrom auf Gleichstrom. Allerdings ist der Wirkungsgrad solcher Um-

former recht schlecht, weshalb sie nur für Meßzwecke Verwendung finden. Man kann auf diese Weise ein Drehspulenmeßgerät, das eigentlich nur für Gleichstrom geeignet ist, für die Messung von Wechselstrom brauchbar machen. Die Skala muß gegenüber der Gleichstromskala entsprechend geändert werden.

4. Stromrichter

Zur Umformung von einer Stromart in eine andere dient auch der Stromrichter. Am bekanntesten ist der Gleichrichter, der den Wechselstrom gleichrichtet. Um aus Gleichstrom Wechselstrom herzustellen, braucht man einen Wechselrichter.

	Niederfrequenz	Hochfrequenz
Gleichrichtung	Trockengleichrichter Quecksilberdampf- gleichrichter Glühkathoden- gleichrichter Röhrengleichrichter	Detektor Röhrengleich- richter
Wechselrichtung	Mechanische Wechselrichter Quecksilberdampf- wechselrichter	Röhrengenerator

Von diesen Geräten sind die folgenden in Bd. I nicht näher behandelt und sollen deshalb hier erläutert werden: Mechanischer Wechselrichter, Röhrengleichrichter und Röhrengenerator. (Letzterer siehe Abschnitt X, A, 9: Rückkopplung.)

a) MECHANISCHE WECHSELRICHTER

Für sie werden mitunter auch die Bezeichnungen „Pendelwechselrichter" oder „Zerhacker" gebraucht. Um ihre Wirkungsweise kennenzulernen, machen wir einen leicht durchführbaren Versuch, zu dem wir irgendeinen kleinen Transformator (aus einem Rundfunkgerät oder einen Klingeltransformator), einen Schalter, eine Taschen-

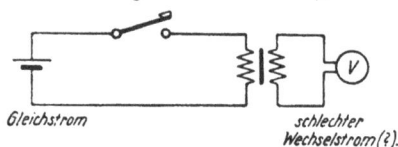

Gleichstrom   *schlechter Wechselstrom(?).*

Bild 28

batterie und ein Meßgerät (einen nicht zu trägen Spannungs- oder Strommesser, bei dem möglichst der Zeiger vom Nullpunkt aus auch nach links etwas ausschlagen kann) benötigen. Bild 28 zeigt die Schaltung.

Man wird folgende Feststellung machen können: Beim Einschalten schlägt das Meßgerät in einer Richtung aus, um dann wieder auf Null zurückzukehren. Beim Ausschalten geht der Ausschlag nach der anderen Richtung. Läßt man Ein- und Ausschalten in gewissen Abständen folgen, so kann man erreichen, daß der Zeiger regelmäßig nach links und recht pendelt. Das Meßgerät zeigt einen Wechselstrom an. (Siehe Bd. I, Induktionselektrizität.)

Der Summerzerhacker ist eine praktisch verwendbare Ausführung eines solchen „Wechselrichters". Dieser ist im Grunde wie ein Gleichstromwecker gebaut, besteht also in der Hauptsache aus einem Elektromagneten mit einem Schwinganker (hier nur einer Blattfeder), einem Unterbrecher und zusätzlich einem mit seiner Eingangswicklung in der Gleichstromzuleitung zwischengeschalteten Übertrager. Solche in der Fernmeldetechnik z. B. zur Erzeugung von Signalströmen verwendete Summerwechselrichter gibt es in 3 Ausführungen:

Der Unterbrechersummer (Bild 29). Schaltung wie beim Gleichstrom-Hauptschlußwecker.

Unterbleibt der Einbau eines Übertragers, dann wird nur der Gleichstrom zerhackt. Einen solchen zerhackten

Strom (Mischstrom) erzeugt z. B. das „Rufstromrelais"
der Fa. A. Zettler, München. Es ist aus der Bauart
eines Relais entwickelt. Um die Zahl der sekundlichen
Unterbrechungen gering zu
halten, wurde der Anker des
Relais schwer ausgeführt.

Der Kurzschlußsummer (Bild
30). Schaltung wie beim Nebenschlußwecker.

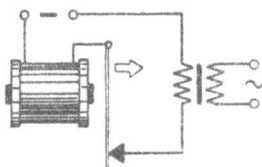

⇨ *Richtung des Federzugs*

Bild 29

Der Gegenstromsummer (Bild
31), auch Differentialsummer
genannt. Vorgang: Bei An-
schalten einer Spannung an
a—b fließt in der Wicklung A
Strom, der Blattanker wird
angezogen und schließt über
Kontakt K die Wicklung B
an, die so geschaltet ist, daß
der durch sie erzeugte Magnetismus dem der Wicklung A
entgegengerichtet ist. Das
gleichstarke Gegenfeld hebt
die Wirkung des A-Feldes
auf. Der Anker wird wieder
freigegeben. Nun wiederholt
sich der ganze Vorgang.

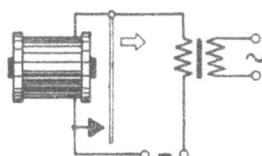

Bild 30

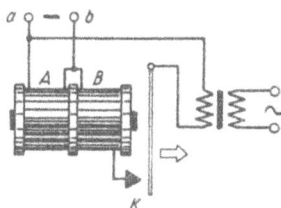

Bild 31

Durch geeignete Bauart und Federspannung kann man
die Frequenz des erzeugten Wechselstromes verändern.

Solche Summer als Wechselrichter sind nur für geringe
Ströme verwendbar. Die eigentlichen mechanischen
Wechselrichter für stärkere Ströme sind in ihrem Aufbau
zweckmäßiger und bestehen aus folgenden 4 Hauptteilen:

1. Betätigungseinrichtung (Elektromagnet),
2. Schalteinrichtung (Zerhacker),

3. Transformator,
4. Glättungseinrichtung.

Die Betätigungseinrichtung kann entweder ein Motor
mit Nockenwelle (Bild 32) oder ein Arbeitsrelais (Bild 29
ohne Transformator) sein.

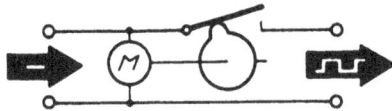

Bild 32

Die Schalteinrichtung (im ersten Versuch der einpolige
Schalter) besteht entweder aus einem „Polwender"
(Bild 33) oder einem „Gegentaktschalter" (Bild 34).

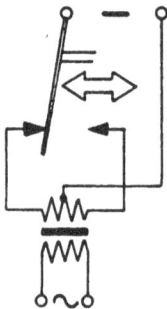   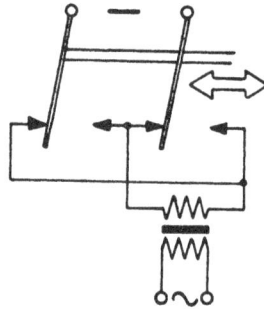

Bild 33   Bild 34

Während beim Polwender die Eingangswicklung des
Transformators einmal in der einen und dann in der
anderen Richtung von Gleichstrom durchflossen wird,
bewirkt der Gegentaktschalter, daß der Gleichstrom
einmal in die linke und dann in die rechte Wicklungs-
hälfte fließt. Dadurch wechselt die Stromrichtung in
der Eingangswicklung des Transformators und damit die
Richtung der magnetischen Feldlinien im Transformator.
Die Gegenkontakte, zwischen denen die (durch das

Arbeitsrelais angetriebene) Kontaktfeder pendelt, sind ganz eng beieinander, um die stromlose Zeit möglichst kurz zu halten.

Zwei Schwierigkeiten müssen bei den mechanischen Wechselrichtern bewältigt werden.

1. Unterdrückung bzw. Beseitigung der Funkenbildung an den Kontakten (gleichzeitig Entstörung!).
2. Verbesserung der Form des Spannungsbildes (= Glättung) auf der Wechselstromseite.

Die Funkenbeseitigung und *Entstörung* erfolgt mittels Kondensatoren und Widerständen, die *Glättung* der Wechselstromkurve durch Drosseln oder (bzw. und) Kondensatoren an der Ausgangsseite des Wechselrichters (siehe Abschnitt III B 1, b und c).

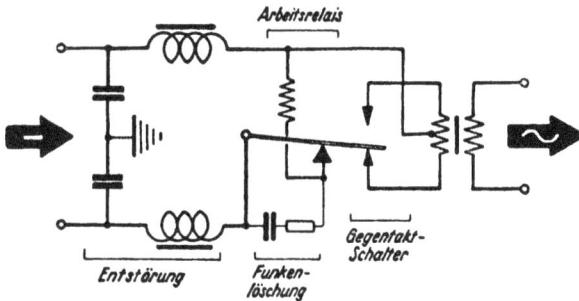

Bild 35

Bild 35 zeigt das grundsätzliche Schaltbild eines Gegentaktwechselrichters mit Funkenlöschung und Entstörung, jedoch ohne Glättungseinrichtung. Als Glättung siehe auch Siebkette Bild 41.

Derartige mechanische Wechselrichter werden zum Anschluß an Gleichspannungen von 4 bis 220 V und für Wechselspannungen von 24 bis 250 V gebaut. Die entnehmbare Leistung beträgt je nach Bauart 2 bis 200 W, der Wirkungsgrad etwa 60 bis 80%. Pendellänge und -masse sind für die Frequenz bestimmend. 25 bis 100 Hz sind die Regel.

b) RÖHRENGLEICHRICHTER

Gleichrichterröhren beruhen wie der Detektor und der Trockengleichrichter auf der Ventilwirkung. Während der Strom in der einen Richtung ohne weiteres durchgelassen wird, erfolgt in der anderen Richtung eine Sperrung, und zwar im Gegensatz zu den anderen Gleichrichtern eine vollkommene.

Die Gleichrichterröhre besteht in den Hauptteilen aus:

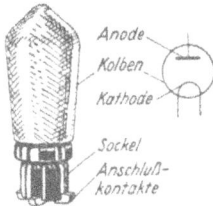

Bild 36

Kathode, im einfachsten Fall ein Glühfaden;

Anode, einem dünnen Blech, das die Kathode in geeignetem Abstand umgibt;

Glas- oder Metallkolben, luftleer gepumpt, der Kathode und Anode umschließt und zur Aufnahme der Anschlüsse mit einem isolierenden Sockel versehen ist.

Man nennt solche Röhren „*Zweipolröhren*" oder „*Dioden*".

Die Wirkungsweise

(Zuvor zur Erinnerung: Der Stromfluß wird in umgekehrter Richtung angegeben, als die Elektronen fließen. Siehe auch Bd. I. Die Elektronen wandern im äußeren Stromkreisteil vom Ort des Elektronenüberflusses [negativer Pol] zum Ort des Elektronenmangels [positiver Pol]. Der Stromfluß wird aber vom positiven zum negativen Pol angegeben!)

Erhitzt man die Kathode, indem man Strom durch den Heizfaden schickt, so ist sie befähigt, Elektronen auszusenden. Die Elektronen können aber nur dann aussprühen, wenn ihnen ein Ort des Elektronenmangels erreichbar ist.

Stellen wir uns zuerst einmal eine Elektronenröhre mit nur einer Kathode vor, die wir an eine Stromquelle anschließen, um sie zu „heizen". Die Kathode könnte nun Elektronen aussenden, wenn ein „Mangelort" vor-

handen wäre (Bild 37). Auch wenn wir eine Anode einbauen, diese aber nirgends anschließen, verändert sich
die Sachlage nicht. Es ist kein positiver Pol vorhanden.
Auch ein Anschluß der Anode an
den negativen Pol der Stromquelle
kann nicht zum Erfolg führen, sondern nur der Anschluß an den positiven Pol, wie das Bild 38 zeigt.
Während sich in den ersten Fällen
(Bild 37) nur eine startbereite Elektronenwolke um die Kathode lagert,
können nun die Elektronen von
der Kathode durch den luftleeren
Raum zur Anode sprühen. Ein Elektronenfluß (weißer Pfeil) durch den
Stromkreis bedeutet uns: Es fließt
Strom in der durch den schwarzen
Pfeil angedeuteten Richtung.

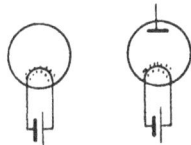

Bild 37

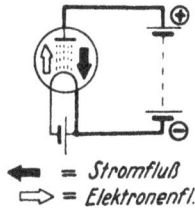

◀ = *Stromfluß*
⇨ = *Elektronenfl.*

Bild 38

Man beachte! Ein *Stromfluß* von der Kathode zur Anode ist
unmöglich. Das ergibt die Ventilwirkung der Röhre.

Die folgenden Bilder zeigen, wie diese Ventilwirkung
zur Gleichrichtung von Wechselstrom ausgenutzt wird.
Eine „Einweggleichrichtung" nach Bild 39 kann im

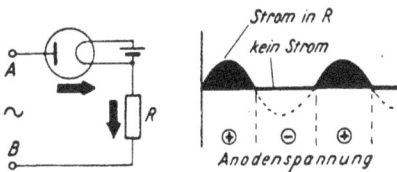

Bild 39

Stromverbraucher *R* nur einen recht ungenügenden Strom
(Gleichstrom kann man das nicht heißen) hervorbringen.

Wesentlich besser werden die Verhältnisse, wenn wir
einen Puffer in Gestalt eines „*Ladekondensators*"

(Bild 40) anbringen. Ein Kondensator nimmt bei Anschluß an eine elektrische Spannung Elektronenladungen
auf. Oder besser: Der eine Belag wird mit Elektronen
bereichert und dem anderen Belag werden diese Elek-
tronenmengen weggenommen. Dadurch entsteht zwischen

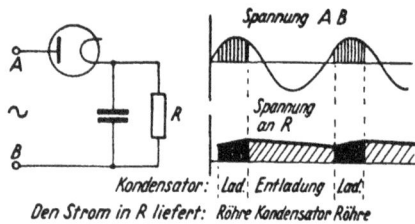

Bild 40

den beiden Belagen ein Unterschied an Elektronenladungen und wir sagen: Zwischen den beiden Belagen
herrscht eine elektrische Spannung. Die „Aufladung"
des Kondensators kann also nur so lange erfolgen, als
die durch die Ladung entstandene Spannung des Kondensators noch kleiner als die angelegte Spannung selbst
ist. (Siehe auch Anhang B.)
Während sich die angelegte Wechselspannung (die
Heizung ist in Bild 40 nicht eingezeichnet) in einer positiven Halbwelle befindet, wird neben der Belieferung

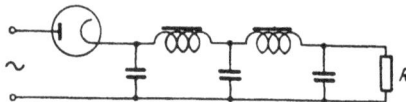

Bild 41

von R der Kondensator geladen, bis die Kondensatorspannung so groß ist wie die (bereits wieder im Sinken
begriffene) Spannung (= Augenblickswert) der Wechselstromquelle. Von diesem Augenblick an entlädt sich
der Kondensator. Den weiteren Verlauf zeigt Bild 40 deutlich. Solange die negative Halbwelle an A liegt, kann

kein Strom durch die Röhre fließen. Während dieser Zeit
wird der Kondensator entladen, liefert also Strom für R.
Man kann die an sich schon bessere Spannung dieser
Einrichtung noch durch Einbau einer Siebkette glätten
(Bild 41). (Siehe dazu Abschnitt III B 1 d.)
Eine weitere Verbesserung (besonders des Wirkungs-
grades) erzielt man durch Zusammenschaltung von
2 Röhren in „Zweiweg-
gleichrichtung" (Bild 42)
oder durch Verwendung
einer *Doppelzweipolröhre*
(Duodiode, Bild 43). Die

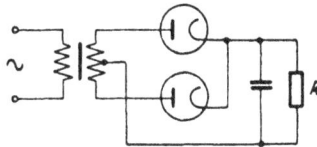

Bild 42

Wirkungsweise dieser Zu-
sammenfassung zweier Röh-
ren zu einer entspricht der
Gegentaktschaltung von
Gleichrichtern (s. Bd. I).
Es ist für die Wirkungsweise
der Gleichrichterröhren gleich,

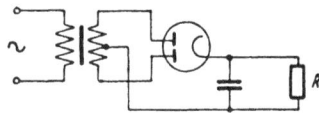

Bild 43

ob niederfrequenter Strom (z. B. 50 Hz) oder hochfrequenter
Strom gleichzurichten ist. Die Bauart der Röhre (Abmessungen
der Kathode und Anode) ist aber in beiden Fällen mit Rücksicht
auf die Leistung etwas verschieden.

Heizung

Man verwendet bei modernen Röhren nicht einfach
einen Glühdraht als Kathode, sondern erleichtert den
Elektronen den Austritt aus der Kathode durch Aufbringen einer sogenannten „wirksamen Schicht" aus
Bariumoxyd. Diese Schicht kann man entweder direkt
auf den Glühfaden aufbringen (direkte Heizung)
oder auf ein Nickelröhrchen, in dem der Heizfaden
isoliert liegt (indirekte Heizung). (Siehe auch
Bild 136.) Röhren mit indirekter Heizung bedürfen
längerer Anheizzeit, bis die Wärme zur Schicht durch-
gedrungen ist.

Die Heizeinrichtung und Kathode umschließt in geeignetem Abstand das Anodenblech (Bild 45). Man

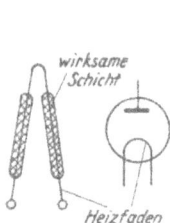

Bild 44 a
Direkte Heizung

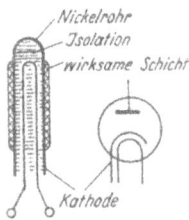

Bild 44 b
Indirekte Heizung

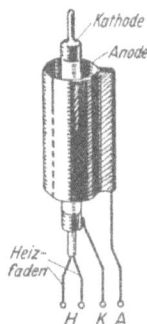

Bild 45

beachte, daß eine Röhre mit indirekter Heizung 4 Anschlußkontakte braucht: 2 Anschlüsse für den Heizfaden, 1 Anschluß für die Kathode (Nickelröhrchen), 1 Anschluß für die Anode.

II. DANN DIE WIRKGERÄTE

Wirkgeräte mit Elektromagneten:
(Signalgeräte — Tonwiedergabegeräte)
Wirkgeräte ohne Magneten

Unter Wirkgeräten wollen wir alle die Geräte verstehen, bei denen eine unmittelbare Wirkung ausgeübt wird, ohne daß diese Wirkung nur als Zwischenglied in einer Reihe von Vorgängen aufgefaßt werden muß. So z. B. zählen wir Läutwerke und Lautsprecher unter Wirkgeräte, während ein Relais nicht hier eingereiht wird.

In der Regel beruhen die Wirkungen auf mechanischen Kräften eines Elektromagneten. Nur die Lichtsignale machen darin eine Ausnahme.

A. Wirkgeräte mit Elektromagneten

1. Wirkgeräte zur Arbeitsleistung

Das bekannteste Gerät dieser Art ist der Elektromotor. Dieser wurde bereits in Bd. I genau beschrieben. Neben

dem Motor ist der Elektromagnet (Hubmagnet, Brems-
magnet) ein viel verwendetes Mittel zur Erzeugung
mechanischer Kräfte.

Als Beispiel für den Arbeitsmagneten sei der elektrische
Türöffner erwähnt. Durch ihn wird ein Türriegel zurück-
gezogen. Unterschiede in der Ausführung bestehen darin,
daß man bei der einen Art so lange den Strom eingeschaltet
lassen muß, bis die
Türe geöffnet ist, wäh-
rend bei der anderen
Art der Riegel nach
dem kurzen Strom-
stoß mechanisch zu-
rückgehalten bleibt.
Ähnlich wie die Tür-
öffner arbeiten elek-
trische Türverriege-
lungen, wie sie in
Kassen, Banken und
ähnlichen Räumen
angewandt werden,
um von einer oder
von mehreren Stellen
aus eine Tür elek-
trisch zu verriegeln
und dadurch Dieben

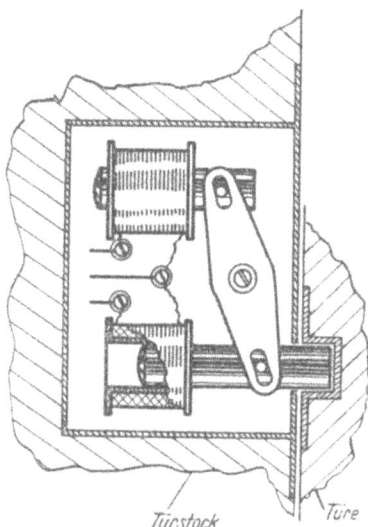

Bild 46

den Weg zu versperren. Wird die obere Wicklung
(Bild 46) an Spannung gelegt, dann zieht der Kern
dieser Spule den Riegel zu. Durch Einschalten der
unteren Magnetspule kann die Türe wieder entriegelt
werden.

Ein weiteres Beispiel bildet das *Schrittschaltwerk*, das
sowohl in der Starkstromtechnik als auch in der Fernmeldetechnik Anwendung findet.

Bild 47 erläutert den Vorgang: Jeder Anzug durch den

Kraftmagneten KM hat zur Folge, daß der Schubzahn s, eingelenkt durch den festen Stift f, in einen Zahn des Zahnrades eingreift und das Rad um einen Zahn weiter-

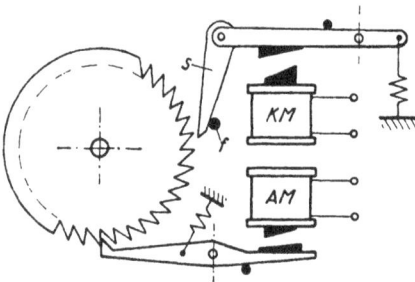

Bild 47

dreht. Soll das Rad in dieser Lage gehalten werden, so kann man eine Sperrzahnklinke anbauen (sie verhindert die Rückdrehung des Zahnrades!), die man wiederum durch einen zweiten Magneten AM auslösen kann. Bei der Einschaltung von AM läuft die Zahnscheibe durch Federkraft bis zur Anfangsstellung zurück.

2. Signalgeräte.

a) SIGNALGERÄTE MIT SCHAUZEICHEN

Aus der großen Zahl der Geräte für Schauzeichengebung (mit Elektromagneten) werden die wichtigsten herausgegriffen. (Siehe auch Schaltpläne Seite 148 bis 152 und herausklappbare Zeichnungen am Buchende.)

Schauzeichenmelder. Bei diesen Geräten soll sich irgend-

Bild 48

ein Schauzeichen bewegen, um einen Vorgang oder Zustand zu melden, einen Befehl zu übermitteln o. dgl. Bild 48 zeigt z. B. einen *Fallklappenmelder.* Wird von der Geberseite aus Spannung an den Elektromagneten gelegt, dann wird der Anker angezogen und dadurch die Fallklappe freigegeben. Die Rückstellung der heruntergefallenen Klappe erfolgt von Hand.

Eine Abart des Fallklappenmelders ist der *Anruf-klappenmelder*. Bei diesem Gerät, das beim Geber an-gebracht wird, kann durch Umlegen der Fallklappe der Rufstromkreis über einen Kontakt geschlossen wer-den. Der durch die Wicklung fließende Strom hält die Klappe so lange fest, bis der Empfänger mittels eines Unterbrechertasters den Stromkreis unterbricht. In diesem Augenblick fällt die Klappe ab und der Geber weiß, daß sein Zei-chen gehört wurde.

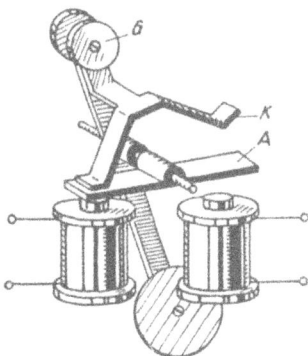

Bild 49

In Bild 49 ist ein Fallschei-benmelder dargestellt, bei dem die Rückstellung durch einen zweiten Elektromagneten erfolgt. Man nennt dieses Gerät auch *Kippscheibenmelder*, da die Scheibe an einem Kipper angebracht ist. Anker *A* und Kipper *K* sind auf der Achse frei drehbar. Der angezogene Anker wirft den Kipper herum. Das Gewicht *G* hält *K* in der neuen Lage.

Die Schauzeichenmelder und Kipp-scheibenmelder sind durch die modernen Lichtrufanlagen fast ganz verdrängt worden und kommen nur mehr für kleine Anlagen in Betracht. Eine Bauart nach Bild 50 wird zu den verschiedensten Zeichenmeldern verwendet. Die Feder führt die Rück-stellung aus. Dieses Gerät muß so lange von Strom durchflossen sein,

Bild 50

als das Zeichen gegeben werden soll. Man verwendet solche Geräte z. B. bei den Meldern, die als „Besetztzeichen" an Fernsprechgeräten mit Nebenstellen angebracht werden.

Morseschreiber. Die sogenannte „Morseschrift", die aus
Strichen und Punkten (= kleinen Strichen) zusammengesetzt ist, ist allbekannt. Wie der Schreiber selbst
arbeitet, zeigt Bild 51. Die Schreibrolle taucht in ein
Farbnäpfchen ein. Die Weiterführung des Schreibbandes
erfolgt durch ein Federwerk oder durch einen kleinen

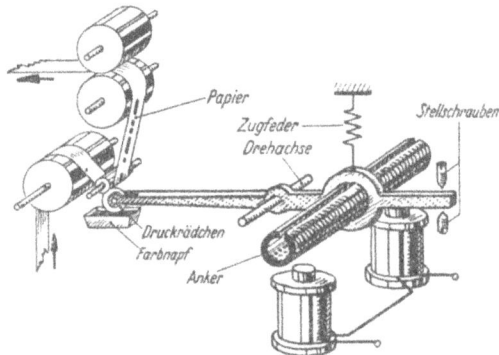

Bild 51

Elektromotor mit sehr großer Übersetzung. Der Anker
ist zur Verringerung der Wirbelströme (die eine Ver-
zerrung der Schriftzeichen verursachen können) in Form
eines aufgeschnittenen Rohres ausgeführt.

Standmelder. Solche Melder haben irgendeinen Stand
(Wasserstand, Stand einer Drehbrücke oder eines Auf-
zuges) zu melden. Es gibt solche, die nur in bestimmten
Abständen Zeichen weitergeben, und solche, die fort-
laufend den genauen Stand erkennen lassen. Einen
Melder der letzteren Art zeigt im Grundgedanken
Bild 52. Der Melder ist eigentlich ein Spannungsteiler.
Die Meßdrahtschleife, auf einer drehbaren (mit Schwim-
mer o. dgl. verbundenen) Scheibe angebracht, hat zwei
sich gegenüberliegende feste Anzapfungen und an
zwei Stellen Schleifkontakte, die von einer Stromquelle
Spannung bekommen. Von den festen Anzapfungen

führt zu der Empfangsstelle eine zweiadrige Zuleitung.
Das Empfangsgerät ist eigentlich nur ein Spannungsmesser, der an Stelle einer Spannungsskala eine solche
erhält, die den Stand anzeigt.

In den beiden Bildern A und B sind die äußersten
Stellungen gezeichnet. Bei A zeigt der Spannungs-
messer keine Spannung
an, bei B dagegen die
ganze Spannung der
Stromquelle (abzüglich
Spannungsabfall in der
Zuleitung). Der Meß-
draht ist meist in engen
Windungen um einen
Ring gewickelt, um einen

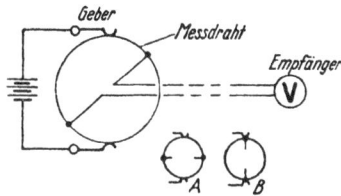

Bild 52

langen Meßdraht mit hohem Widerstand und dadurch einen
geringen Stromverbrauch der Meßschleife zu erreichen.

b) SIGNALGERÄTE MIT HÖRZEICHEN

Hören heißt Töne, Geräusche, also Luftschwingungen wahr-
nehmen. Schall oder Schallwellen, wie wir diese Luftschwingungen nennen, werden immer
durch mechanische Bewegungen
der Luft erzeugt. Wir machen folgenden Versuch:
Nach Bild 53 richten wir uns eine
drehbare Lochscheibe ein, gegen
die wir in der Höhe der Lochscheibe etwa mittels eines Röhr-
chens blasen. Versetzen wir die
Scheibe in Umdrehungen, dann
werden auf der anderen Seite der
Scheibe in gleichen Zeitabständen
Luftstöße auftreten. Diese kurz-

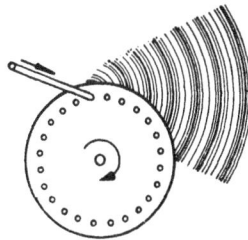

Bild 53

zeitigen und regelmäßigen Luftstöße bewirken, mit den Zwischen-
pausen abwechselnd, Luftverdichtungen. Diese periodischen Luftverdichtungen pflanzen sich nach allen Richtungen und bis zu
unserem Ohr fort und bringen das „Trommelfell" in gleich-
schnelle Bewegungen, die wir als Ton empfinden. Die Tonhöhe

hängt allein von der Drehgeschwindigkeit und der Lochzahl ab. So sind z. B. auch die Sirenen nach dem Grundgedanken der Lochscheiben gebaut.

Dieser Vorgang ist gegeben bei allen schwingenden Körpern, wie bei den Saiten eines Musikinstrumentes, bei der zum Schwingen angeschlagenen Schale eines Läutwerkes, bei der Membran eines Fernhörers usw. Der schwingende Körper verursacht Luftschwingungen, die in bestimmten Grenzen (Tonfrequenz) hörbar sind.

Gleichstromläutwerke. (Siehe auch Schaltpläne Seite 144 ff., SP 1 bis 8.) Man unterscheidet nach der Schaltung 2 Arten:

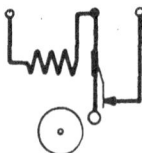

Bild 54 a	Bild 54 b
Hauptstromläutwerk	Nebenschlußläutwerk
Im Hauptstromläutwerk wird durch den Unterbrecher beim Anziehen des Ankers der Strom unterbrochen.	Im Nebenschlußläutwerk wird beim Anziehen des Ankers durch den Schließkontakt die Wicklung kurzgeschlossen und dadurch stromlos gemacht.

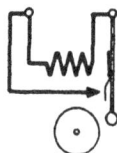

Vergleiche diese Schaltungen mit den Schaltungen der Gleichstrommotoren! Auch hier sind Anker und Feld einmal in Reihe und im anderen Fall nebeneinandergeschaltet!

Während das Hauptstromläutwerk als Einzelläutwerk Verwendung findet, benutzt man das Nebenschlußläutwerk zur Hintereinanderschaltung mehrerer solcher „Wecker". Wollte man Hauptstromwecker in Reihe schalten, dann würden sie nicht richtig arbeiten, denn wenn ein Unterbrecher eines Läutwerkes gerade unterbricht, haben die anderen Läutwerke keinen Strom mehr. Schließt man bei einem Hauptstromläutwerk vor dem Unterbrecher an, also an die beiden Klemmen der

Magnetwicklung, dann schlägt das Läutwerk bei jedes-
maligem Einschalten des Stromes einmal an. Man hat
damit den sogenannten „Einschlagwecker".

Gleichstromwecker werden für geringe Spannungen und auch
für Starkstrom hergestellt. Im letzteren Fall müssen sie wie
Starkstromgeräte nach den einschlägigen Vorschriften gebaut
sein. Der Widerstand der Wicklung schwankt je nach Anschluß-
spannung zwischen wenigen Ohm bis zu mehreren hundert Ohm.
Gewöhnliche Wecker für etwa 4 V benötigen in der Regel
etwa 0,5 A.

Wechselstromläutwerk. Dieses Läutwerk (Bild 55) arbeitet ohne Unterbrecher. Das vom
Dauermagneten hervorgerufene
Magnetfeld wird durch das Wech-
selfeld der Wicklung einmal in den einen Schenkel und
dann beim nächsten Wechsel in den anderen Schenkel

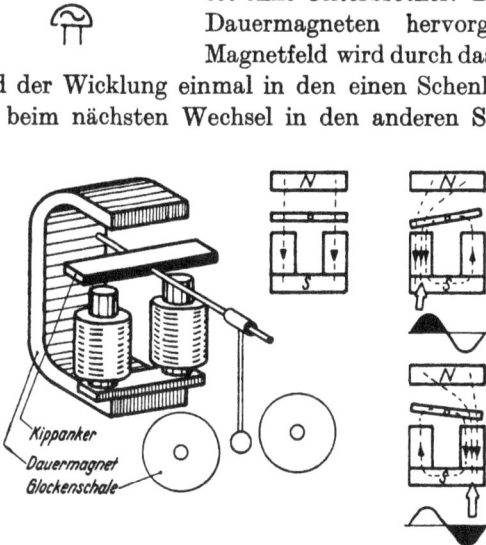

Bild 55

umgelenkt. Einmal wird also der linke Schenkel stark
magnetisch sein und dann der rechte. Dementsprechend
wird der Kippanker aus Weicheisen abwechselnd nach
links und rechts gekippt. Der Wechselstrom in der
Wicklung steuert sozusagen das Magnetfeld um.

Ein solcher Wechselstromwecker kann selbstverständlich nur auf geringe Frequenzen ansprechen, da der Kippanker mit dem Klöppel für schnelle Schwingungen zu schwer ist. Die „Rufströme" für solche Wechselstromläutwerke haben meist Frequenzen von 15 bis 30 Hz.

Summerwecker. Wenn wir bei dem einfachen Gleichstromläutwerk die Klöppelkugel abschrauben, dann kann der Anker schneller schwingen. Machen wir außerdem den Anker durch geeigneten Bau recht leicht, z. B. aus dünnem Stahlblech, dann bekommen wir noch schnellere Schwingungen. Der Ton wird dabei schließlich zum Summton. So entsteht der Summer, wie ihn Bild 56 zeigt. Bei diesen Summern ist wegen der starken Funkenbildung am Unterbrecherkontakt mehr als bei den einfachen Läutwerken eine Entstörungsmaßnahme durch Einbau eines Kondensators mit Widerstand in Nebenschluß zum Kontakt notwendig (s. III A 3).

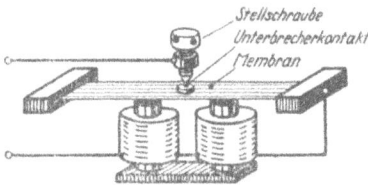

Bild 56

Klopfer. Beim Klopfer wird im Gegensatz zum Summerwecker der Schwinganker recht schwer gemacht (starkes Gewicht am Ankerende), damit er langsam schwingt und Klopftöne geringer Frequenz erzeugt.

Hupe. Vom Summerwecker zur Hupe ist ein kleiner Schritt. Man sorgt hier lediglich für Verstärkung und Zusammenfassung des erzeugten Geräusches. Die Verstärkung wird dadurch erreicht, daß man die runde Schwingmembran mit einer zweiten, größeren und stärkeren Membran für die Tonerzeugung mechanisch koppelt. Die

Schallzusammenfassung und -richtung erfolgt durch einen
Schalltrichter. Entstörung ist bei der Gleichstromhupe
unbedingt erforderlich. Die Wechselstromhupe braucht
keinen Unterbrecher und ist deshalb betriebsicherer. Die
Membran wird bei jeder Periode des Wechselstromes
zweimal (2 Halbwellen) angezogen. Der Hupenton hat
also die doppelte Frequenz als der Wechselstrom.

3. Die Tonwiedergabegeräte

Bei *Tonfrequenzen* kann es sich nur um solche Luftschwingungen handeln, die hörbare Töne erzeugen.
Die Grenzen der Hörbarkeit sind für jeden Menschen
etwas andere. Günstigstenfalls können Töne mit Frequenzen von etwa 16 bis 20.000 Hz gehört werden.
Von einem hochwertigen Tonwiedergabegerät muß man
verlangen, daß es etwa 40 bis 10.000 Hz in entsprechender Stärke wiedergibt. Für Sprache genügen etwa 300 bis
3000 Hz.

Eigenfrequenzen eines Gerätes. Jeder Klangkörper (mit
Tonfrequenz schwingender Körper) hat eine sogenannte
,,Eigenfrequenz'', die ganz besonders seiner Größe und
Schwingfähigkeit entspricht. Eine Violinsaite schwingt
z. B. nur in der Tonfrequenz, die der Saitenlänge und
-spannung entspricht. Ein anderes Beispiel: Wollen
wir einen fest im Erdreich steckenden Pfahl hin und
her bewegen oder gar dadurch aus dem Erdreich heraus-
bekommen, dann werden wir unsere Kräfte gerade in
dem Tempo einsetzen, in dem es leichter möglich ist,
den Pfahl zum Schwingen zu bringen. Einen langen
Pfahl werden wir nur zu langsamen Schwingungen veranlassen können, einen kurzen Pfahl dagegen zu schnellen
Schwingungen. Allerdings können wir mit entsprechend
großem Kraftaufwand jeden der beiden Pfähle zwingen,
in jeder gewünschten Frequenz zu schwingen, aber wir
brauchen dazu einen Leistungsaufwand, der erheblich

höher ist als der, den wir bei der Eigenfrequenz des
Pfahles benötigen.

Im Schaubild 57 ist für irgendeinen Schwingkörper der
Leistungsaufwand bei verschiedenen Frequenzen auf-
getragen. Man sieht, daß dieser Körper eine „Eigenfrequenz" von 1000 Hz hat.
Bei dieser Frequenz genügt
eine kleine Leistung, um
den Körper zum Schwin-
gen zu bringen und ihn im
Schwingen zu erhalten. Ein
Beispiel dazu ist die Stimmgabel, die dadurch zum Mitschwingen gebracht werden
kann, daß man in ihrer
Nähe den ihr eigenen Ton
(Eigenfrequenz) mittels eines anderen Gerätes ertönen
läßt. Die Kraft der Luftschwingungen genügt, um
die Stimmgabel zum Mitschwingen („in Resonanz
kommen") zu veranlassen. Man spricht daher auch von
„Resonanzfrequenz".

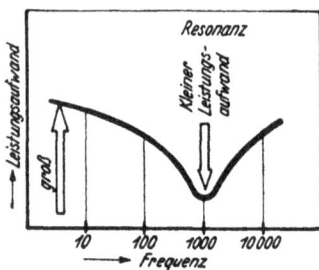

Bild 57

Der Frequenzgang. Dieses in der Elektroakustik (elektrische Tonaufnahme, -verstärkung, -weiterleitung und
-wiedergabe) viel gebrauchte Wort „Frequenzgang"
heißt nichts anderes als: „Wie verhält sich die Leistungs-
abgabe zur Aufnahme bei den verschiedenen Frequenzen?" (Also sozusagen der Wirkungsgrad bei jeder
Frequenz.) Bild 57 kann beispielsweise als Frequenz-
gangkurve eines bestimmten Gerätes aufgefaßt werden.
Führen wir z. B. einem Lautsprecher elektrische Spannungen verschiedener Frequenzen (bei gleicher Span-
nungshöhe) zu, so müßte ein guter Lautsprecher alle
Tonfrequenzen in gleicher Lautstärke wiedergeben[1].

---

[1] In der Praxis müssen hier noch andere Forderungen eingeschoben werden, einerseits wegen der verschiedenen Emp-

Der Frequenzgang wäre dann ideal. In Bild 58 zeigt die Kurve *a* einen guten Frequenzgang, Kurve *b* dagegen einen Frequenzgang, der nicht als ideal bezeichnet werden kann. Ein Lautsprecher nach Kurve *b* würde bestimmte Frequenzen vermöge Übereinstimmung mit der Eigenfrequenz ganz besonders stark wiedergeben, während andere, auch wichtige Frequenzen unterdrückt werden. Zudem würde dieser Lautsprecher die tiefen Töne zu schlecht wiedergeben. Die Herstellerfirmen suchen durch geeignete Bauart solche „Resonanzlagen" (in Bild 58: *b* bei etwa 10000 Hz) zu vermeiden. (Beachte den Frequenzmaßstab in Bild 57 und 58: Er entspricht dem logarithmischen Maß des Rechenschiebers; siehe auch Abschnitt XVIII, B.)

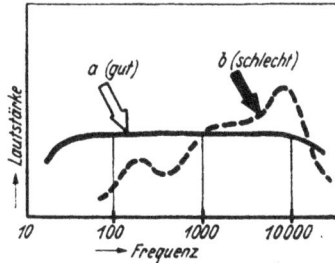

Bild 58

a) FERNHÖRER

Bild 59 zeigt den einfachsten Aufbau eines Fernhörers, wobei die runde Membran aus Weichstahlblech nur angedeutet ist. Sie muß in solchem Abstand von den Polen stehen, daß sie auch bei starken Schalldrücken nicht an den Polschuhen anschlägt. Der Widerstand

---

findlichkeit des Ohres, andrerseits wegen der etwa zwischengeschalteten Verstärkergeräte, die auch Frequenzabhängigkeit aufweisen. Solche Gründe können dazu Veranlassung geben, das Gerät so zu bauen, daß bei bestimmten Frequenzbereichen beabsichtigte Resonanzlagen vorliegen.

der Wicklungen gebräuchlicher Hörer beträgt zwischen
50 und einigen tausend Ohm. Warum aber ist hier ein
Dauermagnet nötig? Genügt nicht der Elektromagnet?
Nein, denn dann ginge es doch genau so wie bei der

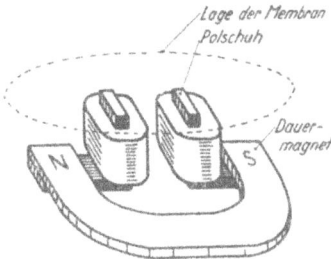

Bild 59   Bild 60

Wechselstromhupe, die immer einen Ton von der doppel-
ten Frequenz des angeschlossenen Wechselstromes gibt.
Durch die Vormagnetisierung mittels des Dauermagneten
jedoch wird der Wechselstrom nur ein Schwanken des
Magnetfeldes hervorrufen, ohne daß die Nullinie unterschritten wird (Bild 60). Die Membran folgt den Feld-
schwankungen und gibt den richtigen Ton.

b) LAUTSPRECHER

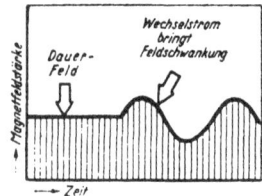

Würde man vor die Membran eines Fernhörers einen
Schalltrichter setzen, wie man das in den Anfängen der
Rundfunktechnik gemacht hat, dann hätte das eine
Zusammenfassung und damit Verstärkung der Schall-
energie zur Folge. Lautstärke und Klanggüte eines
solchen ,,Lautsprechers" lassen aber sehr zu wünschen
übrig, weshalb man bald auf andere Bauformen überging:
elektromagnetische und elektrodynamische Lautsprecher.

Elektromagnetische Lautsprecher. Der ankommende Wechselstrom (Tonfrequenz) wird durch eine kleine Spule geschickt, in der ein kleiner beweglicher Eisenanker gelagert ist (Bild 61). Der Schwinganker befindet sich außerdem innerhalb eines von einem Dauermagneten gelieferten starken Magnetfeldes.

Die Tonfrequenzströme in der Spule magnetisieren den Schwinganker. Unter dem Einfluß des Hauptfeldes schwingt der Anker im Takt der aufgedrückten Tonfrequenzen. Diese Schwingungen werden durch mechanische Kopplung einem Schwingkonus (große Membran in Trichterform) zugeleitet, der dann die umgebende Luft in entsprechende Schwingungen bringt. Der große und stabile Schwingkonus ergibt hohe Lautstärke. Bei großem Ausschlag des Ankers innerhalb des kleinen Spaltes des Dauermagneten besteht die Möglichkeit, daß der Anker anschlägt. Der Lautsprecher gibt dann Geräusche, die mit der Tonübertragung nichts zu tun haben.

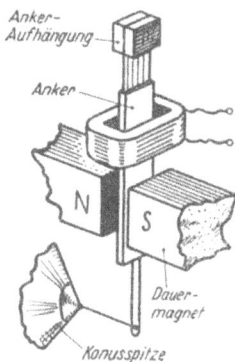

Bild 61

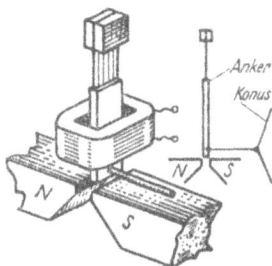

Bild 62

Man ist aus diesem Grunde zum sogenannten *Freischwingerlautsprecher* übergegangen, bei dem (Bild 62) der Schwinganker gerade noch oberhalb der Magnetpole (mit einem Abstand von etwa 0,1 mm) vorbeischwingen kann.

Der Wechselstromwiderstand einer Spule solcher Lautsprecher beträgt (bei 800 Hz) je nach Bauart 2 bis 20 kΩ. Man muß beachten, daß der Wechselstromwiderstand je nach Frequenz des Wechselstromes verschieden hoch ist. (Siehe Anhang A.) Man gibt, um Vergleiche durchführen zu können, bei elektroakustischen Geräten nur den Widerstand für eine bestimmte Frequenz (800 oder 1000) an.

Elektrodynamische Lautsprecher. Während die elektromagnetischen Lautsprecher auf der gegenseitigen Wirkung von 2 Magnetfeldern beruhen, ist bei elektrodynamischen Lautsprechern die Wirkung eines Magnetfeldes auf einen stromdurchflossenen Leiter zugrunde gelegt. Im schematischen Bild 63 ist zu erkennen, daß sich eine „Schwingspule" innerhalb eines schmalen Ringluftspaltes bewegen kann. Die Halterung und genaue Zentrierung der Spule erfolgt durch eine „Zentrierspinne" (Z). Mit der Schwingspule ist der Lautsprecherkonus fest verbunden. Der Dauermagnet hat Topfform (siehe auch Bild 18). Der permanente (dauermagnetische) Ringmagnet besteht aus hochwertigem Magnetstahl, der nach dem Guß mit Rücksicht auf seine Härte nur noch durch Schleifen bearbeitet werden kann. Da die Schwingspule eines solchen Lautsprechers nur wenige Windungen haben kann, ist der Wechselstromwiderstand sehr gering. Er beträgt bei den gebräuchlichen Fabrikaten zwischen 3 und 10 Ohm. Baut man den

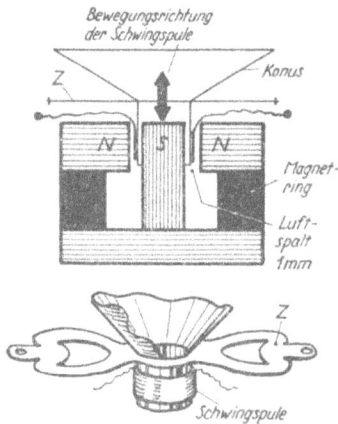

Bild 63

Lautsprecher nicht mit Dauermagnet, sondern mit Elektromagnet, so hat man einen *fremderregten* elektrodynamischen Lautsprecher. Die Erregerwicklung ist hierbei um den in der Mitte des Topfes geführten Kern gelegt. Derartige Lautsprecher sind zwar billiger als „*permanent-dynamische*" Lautsprecher mit Dauermagnet, aber unpraktischer, da sie eine eigene Erregerleitung und Erregerstrom benötigen. Man verwendet daher heutzutage nur permanent-dynamische Lautsprecher.

Die Lautsprecherleistung. Bei den Lautsprechern macht man es bezüglich der Leistungsangabe so wie bei Wärmegeräten und Glühlampen. Weil die Kennzeichnung der abgegebenen Energiemenge (Wärme, Licht, Schall) etwas unpraktisch ist, so bezeichnet man als Leistung das, was der Lautsprecher elektrisch in seiner Schwingspule aufnimmt (von 1 bis 150 Watt). (Die Leistung der Erregerspule bei elektrodynamischen Lautsprechern hat damit nichts zu tun!) (Siehe auch Abschnitt X, C.)

Die Schallwand. Bekanntlich wird der Lautsprecher mit seinem Gestell und Konus auf einer Schallwand oder in einem Schallkasten befestigt. Betreibt man einen Lautsprecher ohne Schallwand oder -kasten, so kann man feststellen, daß der Ton sehr „dünn" ist. Das will sagen, daß die tiefen Töne, die den vollen Klang geben könnten, fehlen. Nach Aufbau des Lautsprechers auf eine Schallwand sind aber die tiefen Töne auch zu hören (vorausgesetzt, daß sie der Empfänger wiedergibt!). Es kann also der bessere Übertragung nur an der Schallwand liegen. Was aber ist der Grund? Der Konus des Lautsprechers führt Bewegungen aus, die zu abwechselnden Luftverdünnungen und -verdichtungen vor der Membran führen. Auf der Rückseite der Membran aber ist der Vorgang ebenso, nur mit dem Unterschied, daß Verdichtung auf der Rückseite mit Verdünnung auf der Vorderseite zusammenfällt. Das Herübergreifen der Druckveränderungen von der Rückseite nach der Vorderseite ergibt Lautschwächungen, besonders für die Töne mit geringen Frequenzen (großen Wellenlängen). Bringt man die Schallwand an, so können sich auch die Schallwellen der tiefen Töne auf der Vorderseite richtig ausbilden, ohne geschwächt zu werden, vorausgesetzt, daß die Schallwand genügend groß ist.

B. Wirkgeräte ohne Elektromagneten

Wird weder die magnetische noch die elektrodynamische
Wirkung des elektrischen Stromes für die Erzeugung
einer Wirkung herangezogen, dann bleibt schließlich
nur noch die Wärmewirkung ausnutzbar. Die Wärmewirkung des elektrischen Stromes macht es möglich,
Lichtzeichen zu geben. (Inwieweit die Glühlampe als
Signal- und Anzeigegerät Verwendung findet, soll der
spätere Abschnitt „Lichtsignalanlagen" aufzeigen.)

III. SCHALT-, REGEL- UND STEUER-GERÄTE

Schaltgeräte:
Schalter — Stecker — Relais
Regel- und Steuergeräte:
Wirkwiderstände — Induktive Widerstände — Kapazitive
Widerstände — Ventile — Spannungsregler — Zeitliche Regler —
Verstärker

A. Schaltgeräte

Unter Schaltgeräten verstehen wir solche Geräte, die
es ermöglichen, den Stromweg in Stromkreisen zu
schließen, zu öffnen oder umzuleiten, also Schalter,
Kontakte, Wähler, Verbindungsstecker und Steckdosen,
Klinkenschalter, Schaltbahnen, Quecksilberschaltröhren,
Unterbrecher usw. Dabei ist noch zu unterscheiden,
ob die Betätigung des Schalt- oder Verbindungsstückes
von Hand, durch mechanischen Antrieb oder durch
elektrischen Antrieb erfolgt.

Die Kontaktbelastung. Bei der Beurteilung der Belastbarkeit eines Kontaktes sind folgende Fragen zu prüfen:

a) Erwärmung des Kontaktes durch Stromwärme ($I^2 \cdot R$)
im Übergangswiderstand.

b) Erwärmung und Verformung des Kontaktes durch auftretenden Lichtbogen. Der „Öffnungsfunke", der durch die Selbstinduktion im Stromkreis verursacht wird, bringt die Kontaktoberfläche an einigen Stellen zum Glühen. Der Kontakt „verschmort", verbrennt. Diese Möglichkeit der Beschädigung der Kontaktstellen ist besonders bei Gleichstrom gegeben, bei Wechselstrom dagegen wegen des Durchganges der Wechselspannung durch Null wesentlich geringer.

c) Der Kontaktdruck ist von wesentlichem Einfluß auf die Güte der Verbindung.

d) Die Schalthäufigkeit beeinflußt ebenfalls die Erwärmungsmöglichkeit.

Größe und Werkstoff der Kontakte. Von der Beantwortung der obigen Fragen hängt im einzelnen Fall die Entscheidung ab, wie groß ein Kontakt gemacht werden muß und aus welchem Werkstoff man die Kontaktflächen, -spitzen oder -bahnen zu verfertigen hat. Bei Schleifkontakten (Selbstreinigung) sind Messing oder Bronze noch geeignet, bei Abhebekontakten aber muß man zu Silber, Platin, Wolframlegierungen oder Iridiumlegierungen greifen. Für hohe Schaltströme kommt auch Quecksilber als Kontaktwerkstoff in Betracht, das in luftleeren Glas- oder Quarzröhren eingeschlossen ist.

Schaltgerätearten. Die Familie der Schaltgeräte ist sehr zahlreich: Hebel-, Dreh-, Tast- und Kippschalter, einpolige, vielpolige und Vielstellenschalter, Ein-, Aus- und Umschalter, Steck- und Kupplungsschalter, Klinken- und Schleifschalter, Fußkontakte, Zugkontakte, Schaltrelais usw. Je nach Stromstärke, Spannung, Schaltzweck und Schalthäufigkeit muß die Wahl auf diese oder jene Art fallen. Im folgenden werden nur der weniger bekannte Klinkenschalter und -stecker, die Quecksilber schaltröhre und das vielseitige Schaltrelais besprochen.

1. Klinkenstecker

Bild 64

Bild 65 zeigt die beiden Hauptteile, die Klinkenbuchse
mit den Kontaktfedern sowie den Klinkenstöpsel. Die
Klinkenbuchse (Hülse) ist auf einer isolierenden Unter-
lage fest montiert. Mit ihr sind die Federkontakte eben-

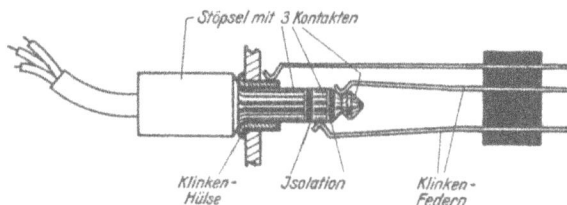

Bild 65

falls durch isolierende Haltestücke verbunden. Auch
die Hülse kann als Kontakt Verwendung finden. Der
Stöpsel ist so ausgeführt, daß seine an die Leitungen angeschlossenen Kontaktringe aus Messing mit der Hülse
bzw. den Federn Kontakt bekommen. Solche Klinkenstecker werden in der Fernsprechtechnik verwendet.

2. Quecksilberschaltröhre

Die Quecksilberschaltröhre ist befähigt, größere Stromstärken abzuschalten, da der Unterbrechungsfunke innerhalb der luftleeren Röhre zwischen Quecksilber übergeht.
Während der kurzen Zeit der Lichtbogenbildung kann
bei sehr starkem Lichtbogen die Glasröhre Schaden
nehmen (Riß im Glas oder Zerspringen des Glases). Um
den Lichtbogen vom Glas fernzuhalten, werden die
Röhren für größere Stromstärken oder für die Abschaltung hoher Selbstinduktionen mit Kunststeineinlagen
an der Stelle versehen, wo der Lichtbogen übergeht.

Schaltröhren für Um- oder Wechselschaltung werden
mit 3 oder 4 Anschlußstiften und mitunter in Bogen-
oder Winkelform gebaut. Wichtig ist eine zuverlässige,

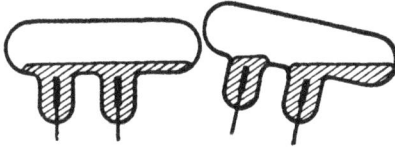

Bild 66

aber weiche Lagerung der Röhre auf dem Kipper. Zu
starke Anspannung der Halteringe kann zum Zerspringen der Röhre führen.

3. Relais

Ein Relais (sprich Relä), mitunter auch S c h a l t -
s c h u t z genannt, besteht aus 2 Hauptteilen:
a) dem Elektromagneten mit dem Anker,
b) dem Schaltgerät, das durch die Ankerbewegung betätigt wird.
In der Regel liegt die Wicklung des Relais in einem
Stromkreis, während der Schaltkontakt zu einem zweiten
Stromkreis gehört. Meist benutzen diese Stromkreise also
verschiedene Stromquellen, mitunter aber auch die gleiche. Siehe auch Anwendungsbeispiele im Abschnitt VIII:
Fernmeldeanlagen (Schaltplan 16, 18 und andere mehr).
Der Elektromagnet des Relais muß so gebaut sein, daß er
den Anker mit Sicherheit anzieht und dabei die Schalteinrichtung bedient. Ankergewicht, -reibung, -trägheit
sowie Schaltergegendruck und -reibung müssen überwunden werden.

Die Leistungsfähigkeit des Elektromagneten hängt von den vorhandcnen Amperewindungen der Wicklung bei Stromdurchgang ab. Die Stromstärke richtet sich nach der Spannung an der Spule und dem Widerstand der Spule. Man unterscheidet zwischen den Amperewindungen (AW.), die nötig sind, um den Anker anzuziehen, den AW., die zum sicheren Halten des Ankers genügen, und den AW., bei denen der Anker gerade abzufallen beginnt.

 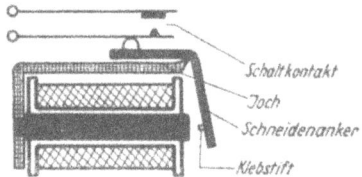

Bild 67   Bild 68

Bild 67 stellt ein mehr in der Starkstromtechnik verwendetes Relais (auch Stockwerksrelais genannt) dar, bei dem der Kern in die Spule gezogen wird
Bild 68: Rundrelais mit Schneidenanker

Ausführungsformen von Relais. Es würde weit den gegebenen Rahmen überschreiten, wollte man auf die hunderterlei Ausführungsformen eingehen. Die folgenden Abschnitte sollen daher die wesentlichsten Unterschiede und Merkmale aufzeigen.

a) ANKER

Wie der Anker mechanisch zu gestalten ist, hängt davon ab, was das Relais zu leisten hat.

Der in der Regel an den Ankern angebrachte „Klebstift" soll verhindern, daß der Anker ganz an das Kerneisen zu liegen kommt und dann vermöge des remanenten Magnetfeldes kleben bleibt. Kann der Anker nicht ganz an den Kern heran, dann ist die Kraft der Rückstellfeder oder das Ankergewicht noch groß genug, um den Anker in seine Ausgangslage zurückzubringen.

b) K E R N

Bei einem von Gleichstrom durchflossenen Relais ist es
nicht erforderlich, bei Ausführung des Relaiskernes
besondere Vorsicht walten zu lassen. Anders bei Relais,

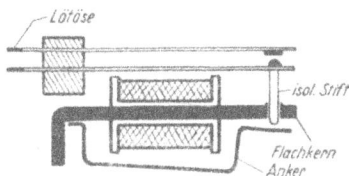

Bild 69
Flachrelais, bei dem Kern und Anker aus flachen Eisen-
schienen bzw. -bändern bestehen

die von Wechselstrom durchflossen werden. Je höher
die Periodenzahl des Wechselstromes ist, desto störender
machen sich die Wirbelstromverluste bemerkbar, die

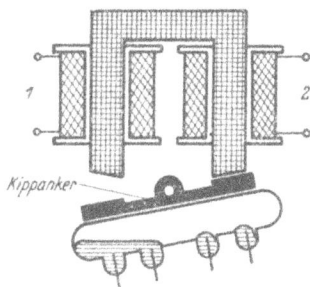
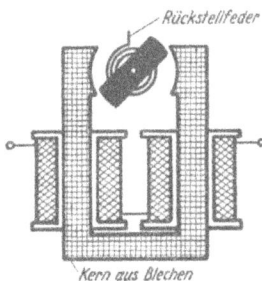

Bild 70   Bild 71

Bild 70: Kipprelais mit 2 Betätigungswicklungen und einer
Quecksilberschaltröhre (Umschaltung)
Bild 71: Drehankerrelais

im Kern und Anker (und Joch) auftreten. Man muß
dann dazu übergehen, besonders den Kern aus einzelnen
dünnen Eisenblechen herzustellen.

Soll ein Relais entweder nur bei Strom bestimmter
Richtung ansprechen oder je nach Stromrichtung in der

Wicklung nach der einen oder anderen Seite ausschlagen,
so verwendet man das

gepolte (polarisierte) Relais[1]

Bei solchen gepolten Relais besteht der Kern ganz oder
teilweise aus einem Dauermagneten. Die Wirkung ist

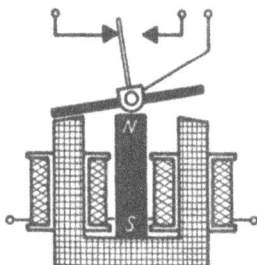 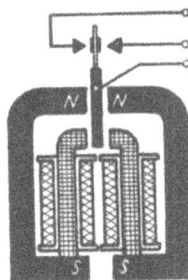

Bild 72   Bild 73

so, daß Strom in der einen Richtung beispielsweise den
linken Polschuh magnetisch stärkt und den rechten
schwächt, während bei Änderung der Stromrichtung
das Umgekehrte der Fall ist. (Siehe auch Wechselstromwecker, deren Bau ähnlich ist.)

c) WICKLUNG

Auf einem Kern können eine oder mehrere Wicklungen
aufgebracht sein. Man kann die Wicklungsteile neben-

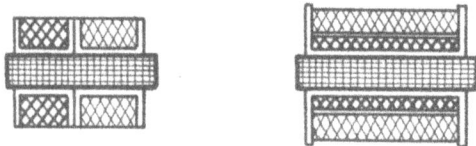

Bild 74

einander oder übereinander anordnen, kann sie so
schalten, daß sie Kräfte in gleicher Richtung ausüben

---

[1] Die **nicht** gepolten Relais nennt man auch „neutrale".

oder daß sie einander entgegenwirken. Der Widerstand
jeder Wicklung muß der Spannung und dem erforderlichen Strom angepaßt sein.

gleich   gegen   Relais
wirkend   wirkend   mit 200Ω

Bild 75

Berechnung der Wicklung. Bei der Berechnung einer
Wicklung ist einerseits die Forderung gestellt, eine bestimmte AW.-Zahl zu erreichen, andrerseits darf die
Wicklung durch die Belastung keine zu hohe Temperatur
erreichen. Folgende Werte müssen dabei beachtet werden:

Zulässige Belastung (Stromdichte) der Drähte:

bei Dauerlast etwa 1 A je mm^2,
bei aussetzendem Betrieb etwa 2 bis 3 A je mm^2.

Zulässige Wattbelastung der Wicklung: Die Erwärmung
einer Wicklung hängt davon ab, ob die Oberfläche der
Wicklung die in der Wicklung erzeugte Wärmemenge an
die umgebende Luft schnell genug abgeben kann. Ist dies
nicht der Fall, so erwärmt sich die Wicklung über-
mäßig. Als Erfahrungswert gilt, daß die

Leistung nicht größer als 1 Watt je 16 cm^2

der Wicklungsoberfläche sein darf. Bei den üblichen
Relaisspulen für Fernmeldezwecke beträgt die Höchst-
belastung bis 6 Watt für die ganze Wicklung.

Füllfaktor. Wegen der Isolation und der Luftzwischen-
räume zwischen den Drähten ist nicht der ganze Wickelraumquerschnitt mit Leiterwerkstoff (Kupfer) aus-
gefüllt. Das Verhältnis zwischen dem gesamten Leiter-
querschnitt und dem zur Verfügung stehenden bzw. aus-
genutzten Wickelraumquerschnitt nennt man den Füllfaktor. Wir wollen hier aber nicht solche Faktoren an-

geben, sondern die Anzahl der Drahtwindungen, die
in „1 cm²" des Wickelraumquerschnittes der Spule ein-
gewickelt werden können, sauberste und engste Ausführung (Maschinenwicklung) vorausgesetzt.

Auf 1 cm² des Wickelraumquerschnittes können folgende
Windungszahlen gerechnet werden:

Drahtdurch- messer blank mm	Querschnitt mm²	Bei Lack- isolation	Bei Lack-Seide- Isolation
0,5	0,1963	250	240
0,45	0,1590	320	300
0,4	0,1256	400	350
0,35	0,0962	500	440
0,3	0,0706	700	580
0,25	0,0491	950	825
0,2	0,0413	1500	1100
0,15	0,0177	2600	1850
0,1	0,0078	5700	3500
0,09	0,0064	7100	4450
0,08	0,0050	8400	5150
0,07	0,0039	9500	6400
0,06	0,0028	12500	8300
0,05	0,0020	16000	10000

Diese Zahlen sind Mittelwerte, die bei sauberer Wicklung überschritten, bei wilder Wicklung unterschritten werden können.

1. Beispiel: Auf einer Relaisspule stehen folgende Angaben:
Widerstand 400 [150; 3000] Ω.
Windungen 850 [600; 12.600].
Welche Stromstärke und AW ergeben sich bei
Anschluß der Spule an 20 V und welche Leistung
nimmt die Spule dabei auf?
(Die oben in Klammern gesetzten Werte gelten
für eine zweite und dritte Spule. Für diese Spulen
sind in der Lösung nur die Ergebnisse in Klammern
gesetzt, so daß man Gelegenheit hat, sich zu prüfen.)

Lösung: $I = U : R = 20 : 400 = \textbf{0,05 A}$ [0,133; 0,00667]
$AW = A \cdot W = 0,05 \cdot 850 = \textbf{42,5 AW}$ [80; 84]
$N = U \cdot I = 20 \cdot 0,05 = \textbf{1 W}$ [2,66; 0,1334].

2. Beispiel: Eine Relaisspule nach Bild 76 wird mit Kupferlackdraht von 0,2 [0,10; 0,35] mm Durchmesser
(blank) bewickelt. An welche Spannung muß das
Relais angelegt werden, um
200 AW zu erhalten? Welche
Leistung wird dabei im Relais
verbraucht?

Lösung: Drahtquerschnitt:
$$\frac{0,2 \cdot 0,2 \cdot 3,14}{4} = 0,0314 \text{ mm}^2.$$

Wickelraumquerschnitt $= a \cdot b =$
$= 12 \cdot 50 = 600 \text{ mm}^2 = 6 \text{ cm}^2$.
Nach der Tabelle können für
einen Drahtdurchmesser von
0,2 mm bei Kupferlackdraht 1500 Windungen pro
Quadratzentimeter angenommen werden.
Windungszahl $= 6 \cdot 1500 = 9000$.
Mittlere Windungslänge $= D \cdot \pi =$
$= [10 + 6 + 6] \cdot 3,14 =$
$= 22 \cdot 3,14 = 69 \text{ mm} = 0,069 \text{ m}$.
Gesamtdrahtlänge $= 9000 \cdot 0,069 = 621 \text{ m}$.
$$\text{Widerstand} = \frac{621 \cdot 0,0175}{0,0314} = 346 \ \Omega.$$
$$\text{Strom} = \frac{AW}{W} = \frac{200}{9000} = 0,022 \text{ A} = 22 \text{ mA}.$$
Spannung $= I \cdot R = 0,022 \cdot 346 = 7,6 \text{ V} = $ rund
8 V (31, 2,5).
Leistung $= U \cdot I = 7,6 \cdot 0,022 = \mathbf{0,17 \ W}$ [0,18;
0,17].

Bild 76

3. Beispiel: Es soll ein Relais berechnet werden, das eine Leistung von 0,25 (0,1; 0,06) W benötigt und einen
Widerstand von 100 (160; 200) Ω hat. Wie viele
Windungen muß die Spule besitzen, damit 2500
(300; 120) AW entstehen?

Lösung: Aus Leistung und Widerstand erhält man die
Stromstärke:
$N = I^2 \cdot R$; $I^2 = N : R = 0,25 : 100 = 0,0025$.
Aus dem Wert $I^2 = 0,0025$ ist nun zu ermitteln,
wie groß I ist. Das ist eine rechnerische Angelegenheit, über die in Abschnitt XVIII, C (Anhang C) das Wesentliche gesagt ist. Im vorliegenden Fall können wir so zum Ziel kommen:

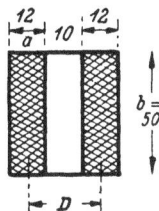

Die Frage lautet: Welche Zahl gibt, mit sich
selbst vermehrt, den Wert 0,0025 ? Versuchen wir
es einmal: 0,1 mal 0,1 gibt 0,01, das ist also zu viel.
0,08 mal 0,08 gibt 0,0064. Auch noch zu viel.
0,05 mal 0,05 gibt 0,0025. Nun haben wir durch
Probieren das gefunden, was wir wollen. Die
Stromstärke ist also 0,05 A. Aus AW und A ergibt sich die Zahl der Windungen zu
2500 : 0,05 = **50000** (12000; 6940) Windungen.

Stromart im Relais. Nicht ohne Einfluß auf das Arbeiten
des Relais ist die Stromart. Ein für Gleichstrom be-
rechnetes Relais zieht zwar meist auch bei Durchfluß
von Wechselstrom an. Der jeweilige Durchgang des
Stromes durch Null (zweimal je Periode) hat aber ein
störendes Schnarrgeräusch zur Folge. Unter Umständen
hält das Relais den Anker nicht genügend. Das tritt
z. B. ein, wenn man ein Gleichstromrelais, das mit einem
Kupfermantel zur Verzögerung versehen ist, mit Wechselstrom betreiben will. (Der Kupfermantel bewirkt Wirbelströme!)
Um diesen Schwierigkeiten bei Verwendung von Gleichstromrelais für Wechselstrom zu begegnen, schaltet
man in Reihe oder neben das Relais einen kleinen
Trockengleichrichter. In der Vorschaltung (Bild 77 a)
verhindert der Gleichrichter den
Stromdurchgang in einer bestimmten Richtung, in der
Nebenschaltung (Bild 77 b) überbrückt der Gleichrichter (Kurzschluß) während einer Halbwelle
des Relais. Welche Schaltung
jeweils zu wählen ist, hängt von
der Schaltung des Relais in der Anlage ab. Würde bei
Nebenschaltung der Kurzschluß während einer Halbwelle
eine zu hohe Stromstärke im Kreis zur Folge haben,
dann muß man Hintereinanderschaltung wählen oder
einen Begrenzungswiderstand einbauen. Durch die Vor-

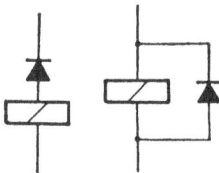

Bild 77 a   Bild 77 b

schaltung eines Gleichrichterventils kann man auch aus einem neutralen Relais der Wirkung nach ein gepoltes Relais machen, da ja nur mehr der Strom in einer Richtung das Relais zum Ansprechen bringt.

d) KONTAKTE

Ob man ein Relais mit Druckkontakten (Federkontakt) oder mit Quecksilberschaltröhren ausstattet, hängt im wesentlichen von der Schaltstromstärke ab. Hohe Stromstärke verlangt in der Regel Schaltröhren.

Bei allen Kontakten tritt Funkenbildung auf, die je nach Spannung und Induktivität im Stromkreis zur Lichtbogenbildung werden kann. Besonders bei der Abschaltung von Magnetwicklungen kann der Abschaltfunke, der durch den Abbau des Magnetfeldes hervorgerufen wird (siehe Abschnitt XVI, Anhang A), sehr stark ausfallen. Wegen Kontaktzerstörung und Rundfunkstörung muß der Funkenbildung entgegengewirkt werden. Aus der Vielzahl der Möglichkeiten werden folgende herausgegriffen:

Funkenlöschung durch Kondensator (Bild 78).

Die beim Abschalten der Magnetwicklung durch den Abbau des Magnetfeldes auftretende Selbstinduktion verursacht eine Selbstinduktionsspannung, die sich auszuwirken sucht. Man gibt ihr durch Nebenschaltung eines Kondensators (von 0,1 bis 4 μF) zum Schalter (Bild 78) die Möglichkeit dazu.

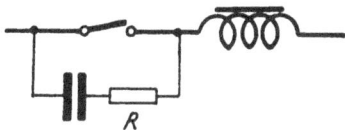

Bild 78

Der Selbstinduktionsstrom lädt den Kondensator auf und ist dadurch von den Kontakten weggezogen. Vor den Kondensator wird ein Schutzwiderstand R geschaltet, der je nach Abschaltstrom und Kondensatorkapazität gewählt wird (50 bis etwa 300 Ohm). Dieser Widerstand muß dafür sorgen, daß beim Wiedereinschalten der Schaltkontakt durch den Schließungsfunken (Entladung des Kondensators!) nicht beschädigt wird. Der Widerstand begrenzt die Entladestromstärke und verringert dadurch den Einschaltfunken.

Beim Wechselstromrelais schaltet man in der Regel den Kondensator nicht neben den Kontakt, sondern neben die Wicklung (Bild 79). Hier soll der Kondensator die Phasenverschiebung in der Wicklung ausgleichen. (Siehe Anhang A: XVI D.) Ein Schutzwiderstand ist dabei nicht notwendig.

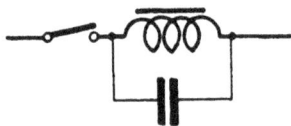

Bild 79

Funkenlöschung durch Kurzschlußwicklung. Solche Kurzschlußwicklungen werden in drei verschiedenen Ausführungsformen angewandt (Bild 80):

a) eine aus wenigen starken Windungen bestehende Wicklung, die kurzgeschlossen wird,

b) ein Kupferring neben der Hauptwicklung,

c) ein Kupfermantel unter der Hauptwicklung (wirksamste Ausführung).

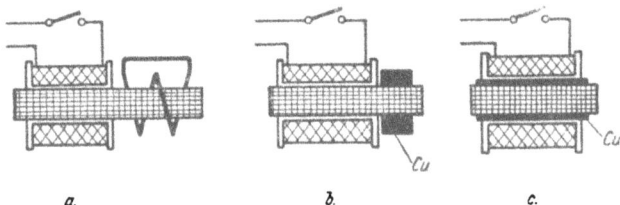

Bild 80

Wie wirken diese Kurzschlußwindungen? Im Moment der Abschaltung der Relaiswicklung verschwindet das Magnetfeld. Die magnetischen Feldlinien schneiden bei ihrem Abgang die Kurzschlußwindung und rufen darin einen sehr starken Strom (geringer Widerstand!) hervor. Dieser Strom wirkt aber seinerseits mit dem durch ihn

entstehenden Magnetfeld auf das im Verschwinden be-
griffene Feld zurück, und zwar hemmend. Der Abbau des
Hauptmagnetfeldes wird dadurch verlangsamt und die
Funkenbildung vermindert oder verhindert.

Man kann es auch so betrachten:
Die beim Abbau des Magnetfeldes frei werdende Energie
wird im Kupferring zur Deckung der Stromwärme-
verluste ($J^2 \cdot R$) aufgebraucht und kann deshalb keine
Energie zur Funkenbildung liefern.

e) VERZÖGERUNG

mit Abfallverzögerung   *mit Anzugverzögerung*

Jedes Relais braucht eine gewisse Zeit, bis es anspricht,
d. h. bis es den Anker anzieht und die Kontakte betätigt. Diese Zeit beträgt in der Regel hundertstel bis
tausendstel Sekunden. (Auch von der Selbstinduktion
der Spule ist die Ansprechzeit abhängig, denn diese
sucht ja den Stromanstieg zu verhindern. Je größer
die Selbstinduktion, desto größer die
Ansprechzeit.) Will man die Ansprechzeit vergrößern, so kann man
zu folgenden Mitteln greifen:

Verzögerung durch Kurzschlußwicklung
(Bild 80 und 81). Man kann sich das

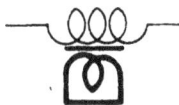

Bild 81

Ganze als einen Transformator mit kurzgeschlossener
Ausgangswicklung vorstellen. Beim Einschalten wird
Energie in der Ausgangswicklung aufgebraucht und
erst wenn diese Hemmung überwunden ist, ist Energie
zum Anziehen des Ankers verfügbar. Beim Ausschalten
(Änderung der Feldlinienzahl vom Höchstwert auf den
kleinen Wert des remanenten Magnetismus) wird der

Abbau des Magnetfeldes durch den in der Kurzschlußwicklung induzierten Strom gehemmt.

Man spricht von „Anzugsverzögerungen" beim Einschalten und „Abfallverzögerungen" beim Ausschalten
eines Relais.

Verzögerung durch Nebenschluß eines Kondensators
(Bild 79). Beim Einschalten sucht der Strom den Weg
geringsten Widerstandes. Und der geht für den Ein-
schalteaugenblick über den Kondensator, bis dieser aufgeladen ist. Die Elektronen fallen sozusagen gleich in
den leeren Topf, den ungeladenen Konsensator. Erst
wenn der Kondensator voll aufgeladen ist, geht der gesamte Strom über die Wicklung. Die Ladezeit bewirkt
also die Verzögerung.

Verzögerung durch mechanische Einrichtungen. Die einfachste Maßnahme besteht darin, daß man den Anker
beschwert, denn dann wird er träger. Reicht diese Verzögerung nicht aus, dann greift man zu besonderen

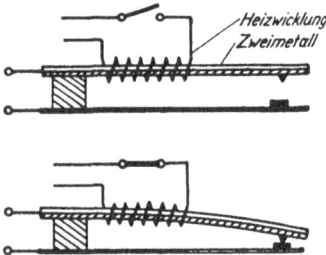

Heizwicklung
Zweimetall

Bild 82

mechanischen Einrich-
tungen. Solche Einrich-
tungen gibt es in Viel-
zahl. Manche gehen auf
die „Unruhe" im Uhr-
werk zurück, die ja
auch nur den Ablauf
des Federwerkes ver-
zögert. Solche Relais
werden auch Zeitrelais
genannt. Die Verzöge-
rungen können bis zu vielen Minuten ausgedehnt werden. Auch die Wirbelstrombremse (drehbare Kupfer-
oder Aluminiumscheibe innerhalb eines starken Dauer-
magnetfeldes) kann geringe Verzögerung veranlassen.

Thermische Verzögerung. Diese stellt insofern einen besonderen
Fall dar, als nicht ein gewöhnliches Magnetrelais verwendet

wird, sondern ein Bimetallrelais (Bild 82). Dies besteht aus einem
Bimetallstreifen (Zweimetall, 2 Metalle mit verschiedener Wärme-
ausdehnung aufeinandergewalzt) mit einer Heizwicklung, die
vom ankommenden Strom durchflossen wird. Durch die Heizung
biegt sich der Metallstreifen allmählich durch und betätigt
dann einen Kontakt.

f) RELAIS MIT 2 RUHELAGEN

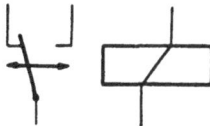

Bei einem Relais mit Schneidenanker (als Beispiel muß der
Strom solange fließen als der Anker angezogen und die Kontakte
betätigt sein sollen. Will man aber ein Relais haben, das auf
einen kurzen Stromstoß anspricht und die herbeigeführte Kon-
taktstellung erst wieder aufhebt, wenn ein neuer Stromstoß kommt, dann muß man dem Relais eine ganz besondere Bauart geben. Die folgenden Beispiele sollen das
erläutern.

Relais mit Ankerriegel. Bei einem
solchen Relais besitzt der Anker
eine „Nase", die beim Anzug
des Ankers in eine Haltefeder
o. dgl. einschnappt. Der Anker
bleibt noch festgehalten, wenn
auch in der Spule kein Strom
mehr fließt. Die Auslösung des
Ankers kann von Hand oder
durch eine zweite Wicklung elek-
tromagnetisch erfolgen. (Siehe
unter Lichtsignalanlagen.)
*Der Fernschalter (Stromstoßschal-
ter) der Fa. A. Zettler.* Dieser
Stromstoßschalter besitzt eine
Magneteinrichtung in Form der

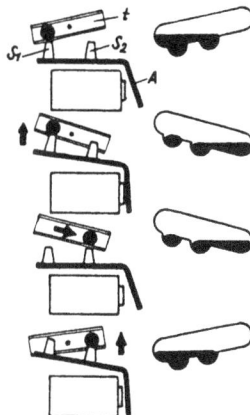

Bild 83

Schneidenankerrelais. Auf dem Oberteil des Ankers sind
2 Steuernocken s_1 und s_2 angebracht. Darüber liegt,
drehbar angeordnet, ein Träger mit einer Laufrinne, in
der eine Kugel frei laufen kann. Mit diesem Träger ist
gleichzeitig eine Quecksilberschaltröhre verbunden. Bei
jedem Stromstoß in der Magnetspule hebt, je nach Lage
der Kugel, eine Steuernocke den Träger links oder
rechts hoch und steuert damit die Schaltröhre um.
Nach erfolgter Umlegung rollt die Kugel in der Laufrinne auf die andere Seite. Dadurch wechseln Ein- und
Ausschaltung mittels der Schaltröhre.
Um die jeweils durch den Stromstoß erzwungene
Lage der Laufrinne sicher zu halten, ist eine Spreizfeder eingerichtet, die in eine Rille an der Unter-
seite der Laufrinne eingreift. Damit ist erreicht, daß
die Laufrinne nicht mehr zurückprellen oder eine
unsichere Lage einnehmen kann. Außer dieser Rille
(links) ist noch eine zweite Rille vorgesehen.
Stellt man die Spreizfeder nicht in die linke, sondern in
die rechte Rille ein, dann drückt die Feder das Rähmchen
immer links hoch, solange kein Strom in der Wicklung
fließt. Man hat dadurch einen Fernschalter, der den zu
schaltenden Kreis nur so lange einschaltet, als Strom
in der Magnetwicklung fließt. Man nennt das
„Relais mit einer mechanisch bestimmten Ruhelage"
im Gegensatz zur obigen Verwendung dieses Fern-
schalters, wo „2 mechanisch bestimmte Ruhelagen"
vorhanden sind.
Der Siemensumkehrschalter (SSF) (Bild 84). Durch die
eigenartige Bauart des Eisenkernes werden 2 Nordpole
und 2 Südpole gebildet. A ist der eigentliche Anker, der
um eine Achse in der Mitte drehbar angeordnet und
mittels der Feder F in der Mittellage gehalten ist. Auf der
gleichen Welle sitzt der Lenker L, der aus einem recht-
eckigen Isolierstoffplättchen mit 4 eisernen Zapfen Z be-

steht und an dem (im Bilde nicht sichtbar) eine Quecksilberschaltröhre befestigt ist. Während der Lenker nach
Erreichen des Anschlages H in der jeweiligen Schräglage
stehenbleibt, geht der Anker
nach Abschaltung des Stromes
in der Spule wieder in die
Mittellage zurück. In der gezeichneten Stellung wird bei
der nächsten Einschaltung der
Anker zweifellos links hoch-
und rechts heruntergezogen,
denn in dieser Richtung vom
Nord- zum Südpol findet der
Anker den geringsten magnetischen Widerstand, d. h. durch

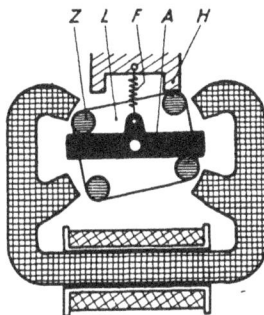

Bild 84

die beiden anliegenden Eisenzapfen ist dem Magnetfeld
schon der beste Weg vorgezeichnet. Durch die Ankerdrehung wird der Lenker und damit die Schaltröhre
gedreht. Für die nächste Einschaltung ist nun durch
die beiden anderen Eisenzapfen des Lenkers die ent-
gegengesetzte Drehung des Ankers und damit des
Lenkers und der Röhre vorbereitet.

B. Regel- und Steuergeräte

1. Strom- und Stromlaufregelung

Die Mittel zur Strom- oder Stromlaufregelung bzw.
-steuerung müssen sich danach richten, ob man die
Stärke des Stromes oder seinen Weg oder seine Richtung
regeln will. Die Stromstärke regelt man mit Widerständen (Ohmsche, induktive und kapazitive), während
man zur Weg- und Richtungsregelung neben Schalt-
einrichtungen zu geeigneten Zusammenstellungen solcher
Widerstände oder zu Ventilen greift.

Spricht man von einem Widerstand allgemein, so denkt
man vor allem einmal an ein „Widerstandsgerät". In
zweiter Linie erst an den „Widerstandswert". Dieser
„Ohmwert" genügt aber auch nicht immer, um die Ver-
wendbarkeit des Widerstandsgerätes zu kennzeichnen,
was im folgenden erläutert werden soll.

Wirk-Widerstand, *induktiver* Widerstand, *kapazitiver* Widerstand

Wirkwiderstände wollen wir alle die Widerstände bezeichnen,
bei denen weder eine nennenswerte Induktivität, noch eine
nennenswerte Kapazität einen Einfluß auf den Gesamtwiderstand
ausüben. Mitunter wird für solche Widerstände auch die Bezeichnung „Ohmsche Widerstände" [1] gebraucht.

Feste, veränderliche und *regelbare* Widerstände

Feste Widerstände sind solche, bei denen zwischen 2 Klemmen
ein unveränderlicher Widerstand mit einem bestimmten
Ohmwert liegt. Nun ist allerdings kein Widerstandswerk-
stoff von der Temperatur unabhängig. Solange sich dieser
Einfluß aber in geringen Grenzen hält, sieht man darüber
hinweg, besonders dann, wenn keine große Genauigkeit im
Stromkreis verlangt wird. Veränderliche Widerstände sind
solche, deren Ohmwert durch die Stromwärme oder durch
äußere Temperaturschwankungen oder andere Einflüsse wesentlich geändert wird.

Regelwiderstände sollen ihren Ohmwert ändern, wenn man das
aus irgendeinem Grunde will. Die Änderung wird entweder
von Hand (mechanisch) oder elektrisch oder thermisch (durch
Wärme) vorgenommen.

---

[1] Der Einfluß der sogenannten „Hautwirkung" (Skineffekt)
soll hier unberücksichtigt bleiben. Diese Hautwirkung verursacht, daß die Stromdichte in der Mitte des Drahtquerschnittes
geringer ist als am Rand, was einer Querschnittsverringerung
und damit einer Widerstandserhöhung gleichkommt. Diese
Veränderung ist nur bei hohen Frequenzen beachtenswert.

a) WIRKWIDERSTÄNDE

Gebräuchliche Bauformen

Drahtwiderstände, blank, lackisoliert oder oxydisoliert,
auf Porzellan oder ähnlichem aufgewickelt oder in Wen-
delform gespannt.
(Bild 85, 86, 87.)

Drahtwiderstände,
isoliert auf Spulen
gewickelt (einfädig
oder zur Vermei-
dung magnetischer
Wirkungen   zwei-
fädig, das ist gegen-
läufig, wie es Bild 89
zeigt).

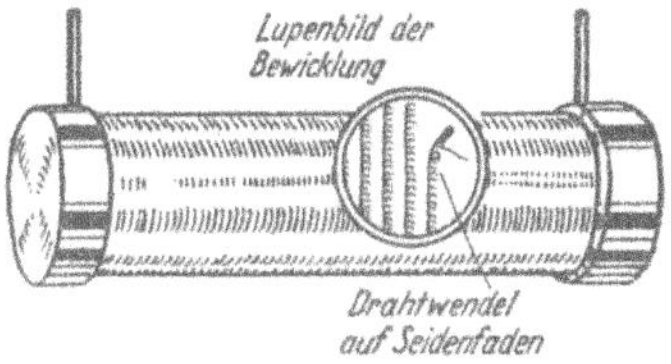

Massewiderstände.
Hierbei besteht der
  Widerstandsstab
meist aus einem Ge-
menge von Kohle,
Silizium und Füll-
stoffen (Bild 90).

Schichtwiderstände.
Bei diesen ist kri-
stallinische   Kohle
auf ein Porzellan-
röhrchen oder ähn-
liches aufgebracht.
Die Schicht ist sehr

Bild 85

Bild 86

Bild 87

Bild 88

Bild 89

dünn und wird außerdem je nach dem erforderlichen
Widerstandswert   noch   wendelig   ausgeschliffen. Man
erhält auf diese Weise ein Kohleschichtband von hohem

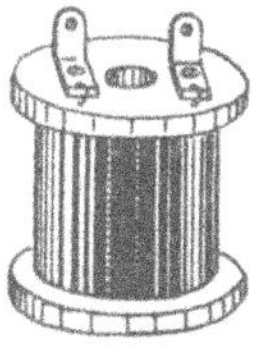

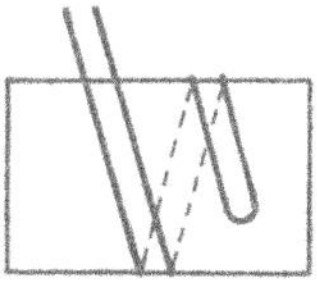

5*

Widerstandswert. Die Kohleschicht wird durch Lackierung geschützt (Bild 91).

Widerstandsbaustoffe. Wie in der Starkstromtechnik muß auch in der Fernmeldetechnik Rücksicht auf Temperaturerhöhung infolge Stromwärme genommen werden, wenngleich wegen der meist geringen Leistungen selten mit solchen Erwärmungen gerechnet zu werden braucht. Die nicht zu überschreitenden Grenztemperaturen hängen von der Drahtsorte (Werkstoff und Isolation) ab.

Bild 90

Kohleschicht
spiralg ausgeschliffen

Bild 91

Als *Werkstoffe* für Drähte und Bänder kommen fast ausschließlich Legierungen in Betracht:

	Spez. Widerstand
Neusilber (Kupfer-Zink-Nickel)	0,25—0,4
Nickelin (Kupfer-Nickel)	0,4—0,47
Konstantan (Kupfer-Nickel)	etwa 0,5
Manganin (Kupfer-Mangan-Nickel)..	etwa 0,42
Kruppin (Eisen-Nickel)	etwa 0,85
Chromnickelstahl	etwa 1,0
Chromnickel	etwa 1,1
Chromaluminiumstahl	etwa 1,4

Um hohe Widerstände (Widerstandswerte) zu erzielen, muß man Drähte mit geringem Querschnitt wählen. Die Erwärmung hingegen verlangt ein gewisses Mindestmaß an Querschnitt. (Die Stromdichte, d. i. die Ampere je Quadratmillimeter, darf einen bestimmten Wert nicht überschreiten.) Auch durch den kleinst herstellbaren Drahtdurchmesser sind Grenzen gesetzt. Man verwendet daher für hohe Widerstandswerte (bei kleiner

Leistung) an Stelle von Draht Kohle- und Kohleschicht-
widerstände.

Als Isolierstoffe für solche Widerstände der Fernmeldetechnik kommen in Betracht: Porzellan, Steatit,
Mikanit, Gummi, Hartgummi, Papier, Guttapercha,
Fiber, Hartpapiere, Zelluloid, Seide, Baumwolle, zahlreiche Kunstharze sowie Kunstharzlacke.

Belastung von Widerständen

Bei größeren Widerständen, wie etwa Schiebewider-
ständen, ist meist die zulässige Belastung in A auf dem
Bezeichnungsschild angegeben. Überschreitet man diese
Belastung, so kann das bei längerer Dauer zur Zerstörung
des Widerstandes führen. (Man beachte, daß die Leistung
im Widerstand mit dem Quadrat der Stromstärke an-
steigt: $I^2 \cdot R$.)
Bei den kleinen Widerständen in Stabform für die
Funktechnik sind nicht die zulässigen Stromstärken,
sondern die zulässigen Belastungen in Watt angegeben.
Es werden in bestimmten Abstufungen die verschiedensten Widerstandswerte geliefert für Belastungen von
0,5 W, 1 W usw. bis 20 W. Aus der Belastung und dem
Widerstand muß man die zulässige Stromstärke berechnen und auch feststellen können, an welche höchste
Spannung der Widerstand angeschlossen werden darf.

1. Beispiel: Auf einem Widerstand ist aufgedruckt: $0,5\,M\Omega$, 2 W.
   An welche Spannung darf der Widerstand höchstens
   angeschlossen werden und welche Stromstärke
   fließt dabei?

Lösung: $N = I^2 \cdot R$; $I^2 = N : R = 2 : 500000 = 0,000004$.
   $I = \sqrt{0,000004} = 0,002\,A$, denn $0,002 \cdot 0,002 =$
   $= 0,000004$.
   (Über dieses „Wurzelziehen" ist in Anhang C
   das Nötige gesagt!) Die Stromstärke darf also
   höchstens **2 mA** sein. Die Spannungsgrenze ergibt
   sich damit zu
     $U = I \cdot R = 0,002 \cdot 500000 = \textbf{1000 V}.$

2. Beispiel: Aufdruck auf dem Widerstand: 0,05 MΩ, 0,5 W.
Berechne zulässige Stromstärke und Spannung!

Lösung: $I^2 = 0,5 : 50000 = 0,00001$; $I = \sqrt{0,00001} =$
= **0,00316 A.**

$$U = 0,00316 \cdot 50000 = \mathbf{158\ V.}$$

3. Beispiel: Auf einem Schiebewiderstand ist angeschrieben:
„600 Ω, zulässig 0,3 A." Der Widerstand wird
an eine Spannung von 200 [210, 220] V angeschlossen. Wieviel beträgt die Überlastung an Leistung
in Prozent der Nennleistung? An welche Spannung
dürfte man nur anschließen?

Lösung: Die Nennleistung beträgt $I^2 \cdot R = 0,3^2 \cdot 600 = 54$ W.
Bei Anschluß an 200 V tritt eine Stromstärke von
$I = U : R = 200 : 600 = 0,333$ A auf.
Die Leistung wird dann $0,333 \cdot 0,333 \cdot 600 = 66,7$ W.
54 W = 100%. 1% = 0,54 W. 66,7 W sind also
$66,7 : 0,54 = 123,5\%$.
Die Überlastung beträgt also **23,5%** [35,3; 50%].
Um keine Überlastung zu erzielen, dürfte man
nur an eine Spannung von $U = N : I = 54 : 0,3 =$
= **180 V** anschließen. Dabei darf selbstverständlich
der Schieber nicht so gestellt werden, daß der
Widerstandswert unter 600 Ω verringert wird.

Veränderliche und Regelwiderstände

Bekanntlich haben Glühlampen im eingeschalteten Zustand einen anderen Widerstand als im kalten Zustand
(s. Bd. I). Das gleiche trifft aber auch für Leitungen
zu, wo es sich allerdings mit Rücksicht auf die meist
geringe Erwärmung nicht bemerkbar macht. Solche Ver-
änderungen des Widerstandes sind in der Regel un-
erwünscht. Es gibt aber Fälle, wo man sich bewußt
derartiger Widerstandsänderungen bedient, ja sie sogar
absichtlich unterstützt und für Schaltzwecke, für Sicher-
heitseinrichtungen u. dgl. ausnutzt.

Man unterscheidet Widerstandswerkstoffe mit positiver
und solche mit negativer Änderung des Widerstandswertes bei Erhöhung der Temperatur.

Positive Änderung heißt:
Der Widerstandswert wird
bei Temperatursteigerung
g r ö ß e r.

Negative Änderung heißt:
Der Widerstandswert wird
bei Temperatursteigerung
k l e i n e r.

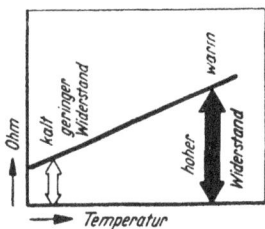

Bild 92

(Beispiele: Metallfadenlampe,
Metalle, wie Kupfer, Aluminium usw.)

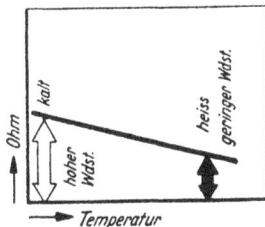

Bild 93

(Beispiele: Kohlefadenlampe,
Kupferoxyd, Uranoxyd. Man
nennt diese Widerstände Heißleiter)

So geradlinig wie in den obigen Bildern verlaufen jedoch
die Kennlinien meist nicht. Außerdem ist es bei stromdurchflossenen Leitern üblich, an Stelle der Temperaturen die Stromwerte (auf der waagrechten Achse des
Schaubildes) einzutragen, die bei längerem Durchfluß
solche Temperaturen hervorrufen. In den Schaubildern 94 und 95 sind für ganz besondere Widerstandswerkstoffe die Kennlinien in Abhängigkeit vom Stromwert eingezeichnet. (Für andere Werkstoffe gelten
natürlich auch andere Kennlinien!)

Die Kennlinien in Bild 94 und 95 sind so eingerichtet,
daß man für jede Stromstärke den dazugehörigen
Widerstandswert des betreffenden Widerstandsgerätes
ablesen kann. Manchmal aber will man die Kennlinien
so, daß man gleich ermitteln kann, welcher Spannungsabfall im Widerstand auftritt. Wir wollen deshalb die
Kennlinien umzeichnen, indem wir für jede Stromstärke
aus den vorhandenen Schaubildern den zugehörigen
Widerstand entnehmen und dann rechnen: $U = I \cdot R$.

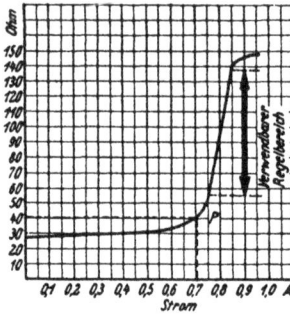

Bild 94

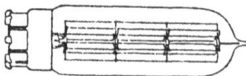

Bild 95

Kennlinie eines Eisenwiderstandes (nach Bild 96). Solche Widerstände in lampenförmigem Glaskolben enthalten dünne Eisendrähte in Wasserstoffgas (zur Verhütung der Oxydation!). Der Widerstandswert des Eisendrahtes ändert sich je nach der durchfließenden Stromstärke. Bild 94 zeigt die Kennlinie für einen EW.-Widerstand der Nennstromstärke 0,8 A, d. h. um den Wert 0,8 A herum regelt der Widerstand selbsttätig in gewissen Grenzen (0,75 bis 0,85 A) die Stromstärke im Stromkreis. Solche Widerstände werden in Nennstromstärken von 0,1 bis 20 A hergestellt. Außerhalb des im Bilde angezeichneten Regelbereiches kann man den Widerstand nicht verwenden.

Kennlinie eines Urdoxwiderstandes (nach Bild 97) zur Unterdrückung von Einschaltstromstößen. Der Widerstand ist bei geringem Strom (also in kaltem Zustand) sehr groß, dagegen bei hohem Strom (also in heißem Zustand) sehr gering. Bis sich der Widerstand durch den Stromdurchgang erwärmt dauert es einige Sekunden. Schaltet man also einen solchen Widerstand in einen Stromkreis, dann bewirkt der anfangs große Widerstand beim Einschalten eine geringe Stromstärke. Erst mit fortschreitender Erwärmung wird der Widerstand klein und deshalb die Stromstärke entsprechend groß.

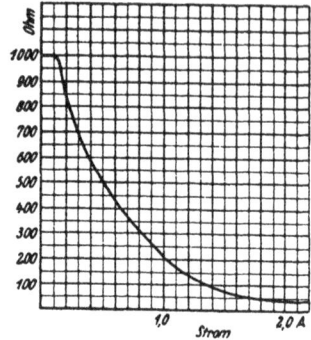

Bild 96

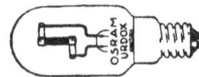

Bild 97

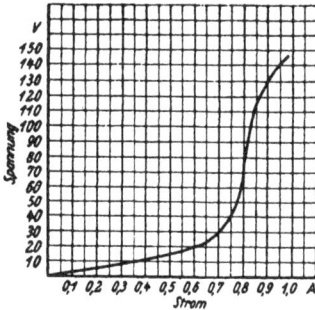

Bild 98

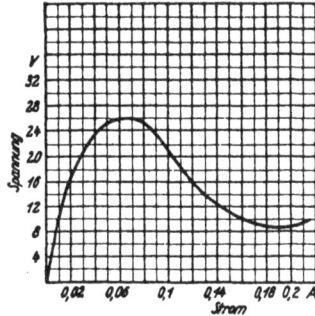

Bild 99

Stromspannungskennlinie eines EW.-Widerstandes. Im Regelbereich 0,75 bis 0,85 A schwankt der Spannungsabfall am EW.-Widerstand zwischen 40 und 115 V. Bei Einschaltung in einen Stromkreis (z. B. Heizstromkreis von Elektronenröhren) bewirkt der Widerstand eine selbsttätige Regelung der Stromstärke. Bei Erhöhung der Spannung des Netzes will die Stromstärke größer werden, was aber einen erhöhten Spannungsverlust im EW. und damit wieder eine Einschränkung der Stromerhöhung auf unschädliche Werte bewirkt.

I—U-Kennlinie eines Urdoxwiderstandes. Schaltet man einen solchen Widerstand beispielsweise in den Heizstromkreis von Elektronenröhren, so verhindert er einen hohen Einschaltstrom, der den Heizfäden schaden könnte, denn kaum will die Stromstärke auf etwa 50 mA ansteigen, so wird der Spannungsabfall im U-Widerstand so groß, daß für das übrigen Teil des Heizstromkreises nur mehr eine erheblich verminderte Spannung übrigbleibt. Erst bei fortschreitender Erwärmung wird der Spannungsabfall wieder klein. Der Betriebswert ist im obigen Beispiel 180 mA.

Den Wert 29,4 V für 0,7 A in Bild 98 haben wir beispielsweise dadurch erhalten, daß wir für den Wert 0,7 A aus dem Schaubild 94 den Wert von 42 Ω (Punkt P) entnahmen und dann rechneten: $U = 0,7 \cdot 42 = 29,4$ V.

Beispiel: Ein Widerstand hat folgende Kennlinie des Widerstandswertes:

J =	0	10	20	30	40	50 mA
R_1 =	620	600	560	460	340	250 Ohm
J =	60	70	80	90	100 mA	
R_1 =	210	200	200	200	200 Ohm	

a) Handelt es sich um einen Widerstand mit positiver oder negativer Widerstandsänderung?

b) Zu diesem Widerstand wird ein zweiter in Reihe geschaltet, der so beschaffen sein soll, daß die Gesamtspannung U immer verhältnisgleich (proportional) der Stromstärke ist und bei 0,08 A 64 V beträgt. Zeichne die Stromspannungskennlinie des zweiten Widerstandes!

Lösung: Da der Widerstand bei Erhöhung der Stromstärke (also auch der Temperatur im Draht) immer kleiner wird, haben wir es mit einer negativen Widerstandsänderung zu tun. Die Forderung, daß der Gesamtspannungsabfall in den beiden in Reihe geschalteten Widerständen der Stromstärke verhältnisgleich sein soll, besagt, daß der Gesamtwiderstand immer gleichbleiben muß. $R = U : I = 64 : 0,08 = 800\ \Omega$. Diesen gleichbleibenden (konstanten) Widerstandswert zeichnen wir in das gleiche Schaubild ein, in dem wir auch die obige Tabelle für R_1 in Kennlinienform eingetragen haben.

Um nun die jeweiligen Werte von R_2 zu erhalten, müssen wir nur den jeweiligen Wert R_1 von $R = 800$ Ohm abziehen. Die gestrichelte Linie zeigt das Ergebnis (positive Widerstandsänderung). Für diesen veränder-

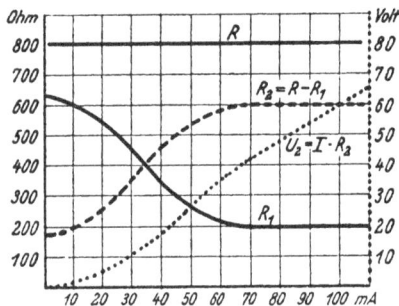

Bild 100

lichen Widerstand R_2 rechnen wir für verschiedene Punkte des Strommaßstabes den Spannungsabfall $U_2 = J \cdot R$ aus und tragen die Werte in das Schaubild ein, nachdem wir für die Spannung einen bestimmten Maßstab gewählt haben. Die Kennlinie U_2 (punktierte Linie) stellt die Lösung der Aufgabe dar.

Regelwiderstände mit Handregelung. Regelwiderstände mit Handregelung sind entweder stufig oder stetig regelbar. Im ersten Falle wird ein Schleifkontakt über Kontaktbahnen verschoben, im zweiten Falle aber geht der Schleifkontakt direkt über den Widerstandsdraht oder den Massewiderstand.

Schaltbilder: Stufige Regelung:

Stetige Regelung:

Man unterscheidet bei den stetig regelbaren Widerständen zwischen solchen mit gleichmäßiger und solchen mit ungleichmäßiger Teilung.

Bei der gleichmäßigen Teilung erhöht jeder Zentimeter, um den wir den Schleifkontakt verstellen, den Wider-

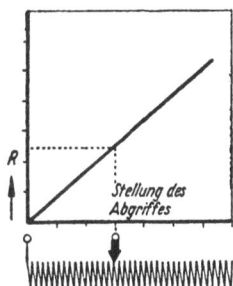

Bild 101
Gleichmäßige Teilung

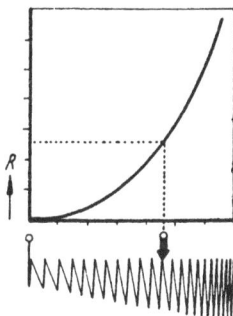

Bild 102
Ungleichmäßige Teilung

stand um einen ganz bestimmten, immer gleich bleibenden Teil. Bei der ungleichmäßigen Teilung aber trifft auf einen Zentimeter Verstellung am Anfang ein kleiner Widerstandswert und am Ende des Widerstandskörpers ein großer Widerstandswert. Je nach der Bauart kann der Unterschied groß oder klein sein. Das Bild 102 zeigt einen Regelwiderstand, den man beiläufig „logarithmisch" nennen könnte. Über dieses Wort unterrichtet der Anhang C. Logarithmische Teilung hat ein Widerstand, der beim Weiterschieben des Schleifers am Anfang nur ganz wenig Widerstand zugibt, dann aber diese Zugabe ganz erheblich anwachsen läßt. Bei einem solchen Widerstand kann man z. B. am Anfang um wenige Ohm regeln, aber zum Schluß können es bei gleichen Schleifstrecken mehrere Tausende Ohm werden. Besonders in der Fernmeldetechnik und Rundfunktechnik werden solche Widerstände viel gebraucht.

Regelwiderstände mit selbsttätiger oder elektrischer Regelung.

Hierunter können wir vor allem die Heißleiter zählen, die selbsttätig bei Anwachsen der Stromstärke den Widerstand ändern und dadurch den Strom regeln. Ein besonderer Fall ist der sogenannte Urdoxregler, ein Urdoxwiderstand mit eigener Heizwicklung, die von einem Steuerstrom durchflossen wird. Stellt man den Steuerstrom auf schwach ein, dann wird der Urdoxwiderstand nur wenig geheizt und hat einen sehr großen Widerstand. Mit der Zunahme der Heizstromstärke sinkt der Widerstandswert des Urdoxwiderstandes auf einen kleinen Wert. Die Regelung des Widerstandes erfolgt hier in einem Verhältnis bis zu etwa 1000 : 1.

Die Selenwiderstandszelle. Kristallinisches Selen hat im Dunkeln einen sehr hohen Widerstand. Belichtet aber sinkt dieser im Maße der Belichtungsstärke. Solche Selenzellen werden für die verschiedensten Zwecke, besonders für Sicherheitsanlagen, elektrische Zählvorrichtungen usw. verwendet.

Ein weiteres, noch in erhöhtem Maße verwendetes Regel-
mittel, das sich wie ein veränderlicher Widerstand auswirkt, wenngleich es kein Widerstand im üblichen Sinne
ist: *die Alkaliphotozelle.* Diese Zelle besteht aus zwei in
einem luftleer gepumpten oder gasgefüllten Glasgefäß
eingebauten Elektroden, deren eine (Kathode) mit einer
dünne Schicht eines Alkali-
metalles (Kalium, Natrium,
Kadmium oder Zäsium) über-
zogen ist. Diese Schicht hat
die Eigenschaft, bei Belichtung
Elektronen auszusenden, die
dann zur anderen Elektrode
(Anode, die meist als Draht-

Bild 103

ring oder -netz ausgeführt wird) fliegen. Allerdings muß
man durch Anlegen einer Stromquelle dafür sorgen, daß
Elektronen an der Kathode durch Elektronennachschub
frei werden können. Im Dunkeln fließen keine Elektronen,
die Zelle wirkt also wie ein unendlich großer Widerstand.
Wird die Kathode belichtet, dann fließen um so mehr
Elektronen, je stärker die Belichtung ist. In diesem
Falle kann man sagen: die Zelle hat geringen Widerstand. Bei Stromfluß kann man an dem zwischengeschalteten Widerstand R eine Spannung abgreifen, die abhängig vom Strom und damit von der Belichtung ist
und die man für irgendwelche Regelzwecke benutzen
kann. Die in Betracht kommenden Ströme sind in der
Größenordnung von µA (= 1 Millionstel A) bis mA.

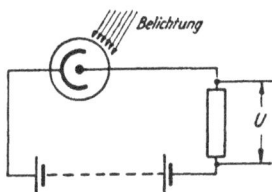

Widerstandsänderung durch Schalldruck:

Das Kohlemikrofon

Töne werden erzeugt durch Luftschwingungen. Luftverdichtungen und -verdünnungen folgen wechselweise aufeinander.
Körper, die durch ihre geringe Masse und ihre Bauart geeignet

sind, in gleich schnellen Bewegungen diesen Luftschwingungen zu folgen, werden durch die Luftdichteveränderungen in entsprechende Bewegung versetzt.

Im Mikrofon werden die Bewegungen der Membran (angeregt durch die Luftschwingungen) in elektrische Widerstandsschwankungen umgesetzt. Bild 104 stellt den Aufbau eines Mikrofons dar, wie sie z. B. in den Kapseln der Fernsprechgeräte enthalten sind. (Zahlreiche ähnliche Bauarten bestehen in der Fernsprechtechnik!) Die Membran M aus Kohle mit zylindrischem Ansatzkolben bildet den einen, der mit Anschluß versehene Kohleklotz K den anderen Pol. Die Verbindung zwischen den beiden Polen erfolgt durch ganz feinen Kohlegrieß G. Schwingt die Membran, so wird der Kohlegrieß zwischen den beiden Polen entsprechend den Membranschwankungen mehr oder weniger zusammengepreßt bzw. gelockert. Pressung gibt geringeren, Lockerung dagegen größeren Widerstand zwischen den Polen. Bei Anschluß an eine Stromquelle (Mikrofonbatterie) verursacht der wechselnde Widerstand eine wechselnde Stromstärke: Der Batteriestrom schwankt entsprechend den Tonschwingungen. Wird dieser Strom über einen entfernten Fernhörer geleitet, so kann man in diesem die aufgenommenen Töne wieder hörbar machen. (Siehe auch Bild 229 und Schaltplan 65.)

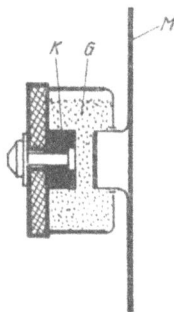

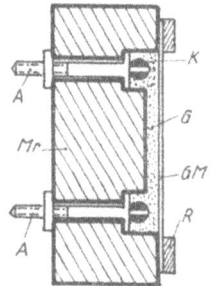

Bild 104

Bild 105

Der Widerstand solcher Mikrofone beträgt je nach Bauart und Speisestrom zwischen etwa 10 und 500 Ω. Der Speisestrom wird für Ortsbatteriebetrieb zwischen 100 und 400 mA, bei Zentralbatteriebetrieb zwischen 20 und 60 mA gewählt. (Über diese

Betriebsarten unterrichtet ein späterer Abschnitt.) Beim „Besprechen" des Mikrofons ändert sich der Widerstand desselben zwischen einem höchsten und einem niedersten Wert. Diese Widerstandsänderung (Differenz in Ohm) mal dem mittleren Stromwert ergibt die sogenannte „Sprechspannung", die für die Stärke des Tones im empfangenden Hörer maßgebend ist. Diese Sprechspannungen schwanken zwischen hundertstel Volt und etwa 1 V.

Ein hochwertiges Kohlemikrofon für Musikübertragung ist in Bild 105 im Schnitt dargestellt. Die Wirkungsweise ist die gleiche wie bei obigem Mikrofon (Speisespannung etwa 8 V). G = Grieß, GM = Glimmermembran, K = Kohlestab, Mr = Marmorblock, R = Halteleisten für Membran, A = Anschlußbolzen.

b) INDUKTIVE WIDERSTÄNDE

ohne Eisenkern   mit Eisenkern   mit Massekern

Grundgedanken und Vergleiche

Im Bd. I wurde bereits erläutert, daß bei Wechselstrom in Spulen und Wicklungen durch die induzierte Selbstinduktionsspannung eine Vergrößerung des Widerstandes bewirkt wird.

Bei allen Wirkgeräten ist der zusätzliche „induktive Widerstand" meist eine unerwünschte Nebenerscheinung. Anders ist das bei den induktiven Widerständen, die man absichtlich in Wechselstromkreise (mitunter auch in Gleichstromkreise) einschaltet, bei Drosseln und Induktionsspulen.

Schon die Bezeichnung „Drossel" weist darauf hin, daß man beabsichtigt, den Strom zu drosseln, also künstlich zu verkleinern. Solche Drosseln können aus einfachen einlagigen oder mehrlagigen Spulen ohne Eisenkern oder aus Spulen mit Eisenkern bestehen, bei denen der Eisenkern vollkommen geschlossen oder durch einen Luftspalt unterbrochen sein kann.

Ob der Eisenkern eine Vergrößerung oder Verminderung der Drosselwirkung herbeiführt, ist eine Frage, deren Beantwortung nur dann vollkommen verstanden werden kann, wenn man sich über die Vorgänge im Elektromagneten (Selbstinduktion, induktiver Widerstand usw.) vollkommen klar ist. Da aber die Besprechung dieser Fragen ein Gebäude für sich darstellt, wurde sie in einem eigenen Abschnitt zusammengefaßt. Es empfiehlt sich daher an dieser Stelle das Studium von

ANHANG A

einzuschieben. Es wird darauf hingewiesen, daß für das Studium des Abschnittes „Schaltungen von Widerständen" die Kenntnis des Anhanges A Voraussetzung ist. Wer sich mit einem kleinen Überblick fürs erste zufrieden geben will, dem dienen die folgenden Ausführungen.

Schließen wir eine Spule (Drossel oder Magnetspule) an eine Gleichspannung U an, dann fließt nach dem Ohmschen Gesetz ein Strom $I = U : R$, wobei R der Ohmsche Widerstand der Wicklung ist. Schließen wir die gleiche Spule an Wechselspannung der gleichen Höhe *(U)* an, so hat die auftretende Selbstinduktion eine Verkleinerung des Stromes zur Folge. Wir sagen: Der Widerstand der Spule ist bei Wechselstrom größer als bei Gleichstrom. Wir sprechen von einem *Wechselstromwiderstand*[1] im Gegensatz zum Gleichstromwiderstand.

Die Selbstinduktionswirkung ist eine Folge des wechselnden magnetischen Feldes (s. Bd. I). Durch Einführung

---

[1] Häufig findet man in Lehrbüchern, Formelwerken und Katalogen an Stelle der deutschen Bezeichnung „Wechselstromwiderstand" die Bezeichnung „Impedanz". Man meide dieses Fremdwort. (Primärimpedanz heißt also Wechselstromwiderstand der Eingangswicklung!)

eines Eisenkernes (geringer magnetischer Widerstand!)
wird die Entwicklung eines stärkeren Magnetfeldes ermöglicht. Folge: eine stärkere Selbstinduktionswirkung
und damit eine weitere Vergrößerung des Wechselstromwiderstandes.

Zusammenfassung: Der Wechselstromwiderstand
einer eisenlosen Spule ist größer als der
Gleichstromwiderstand. Durch Einführung
eines Eisenkernes wird der Wechselstromwiderstand noch weiter vergrößert.

Ein praktisches Beispiel soll es erläutern:

Beispiel: Eine Spule ist so eingerichtet, daß man sie mit einem
vorbereiteten Eisenkern versehen kann. Bei Anschluß
der Spule ohne oder mit Eisenkern ergeben sich
folgende Stromstärken:

a) an Gleichstrom 120 V (ohne und mit
Eisenkern) 0,8 A
b) an Wechselstrom 120 V (ohne Eisenkern) 0,3 A
c) an Wechselstrom 120 V (mit Eisenkern)   0,12 A

Zu berechnen sind: Widerstände in den 3 Fällen.

Lösung: Widerstände:

a) $R_{gl} = U : I = 120 : 0,8 = \mathbf{150}\ \Omega$ (Gleichstromwiderstand);

b) $R_{\sim} = 120 : 0,3 = \mathbf{400}\ \Omega$ (Wechselstromwiderstand);

c) $R_{\sim} = 120 : 0,12 = \mathbf{1000}\ \Omega$ (Wechselstromwiderstand).

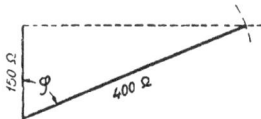

Bild 106

Noch einige Gedankensplitter zur Vertiefung:

a) Solange Gleichstrom in einer Spule fließt, ist es für die
Stromstärke gleichgültig, ob in der Spule ein Kern
enthalten ist oder nicht. Nur beim Einschalten und

Ausschalten des Gleichstromes, also beim Entstehen und Verschwinden des Magnetfeldes treten Selbstinduktionen auf, die besonders in der Fernmeldetechnik sehr störend wirken können.

b) Die „Drosselwirkung" des Eisenkernes ist am größten, wenn er keinen Luftspalt aufweist. Je nach Bauart der Drossel und Frequenz kann das praktisch zur völligen Unterbindung eines Wechselstromflusses führen.

c) Der Wechselstromwiderstand ist (bei gleicher Frequenz) nur von der Bauart und der Größe der Drossel abhängig. Für eine fertiggestellte Drossel kann man also den Wechselstromwiderstand bei einer bestimmten Frequenz durch Messung festlegen. Da solche Drosseln aber nicht immer für die gleiche Frequenz verwendet werden, schreibt man nicht den Wechselstromwiderstand, sondern die *Induktivität*

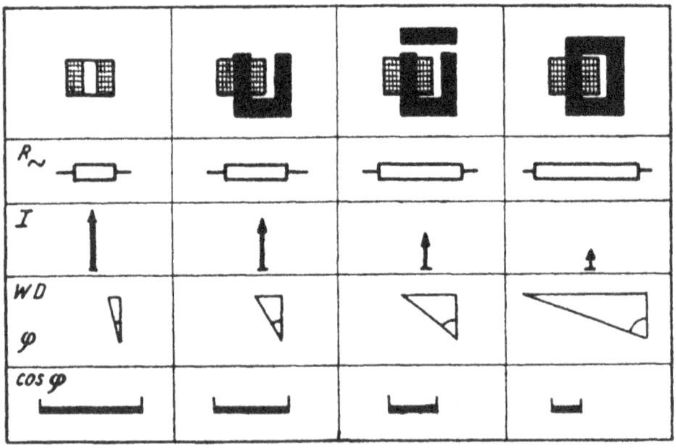

Bild 107

Drossel	Drossel	Drossel	Drossel
ohne Eisen	mit Eisen bei großem Luftspalt	mit Eisen bei kleinem Luftspalt	mit geschlossenem Eisenkern

in Henry (siehe Abschnitt A) auf die Drossel. Aus dem Induktivitätswert und der angewendeten Frequenz läßt sich dann der Wechselstromwiderstand berechnen.

Anschließend noch eine Gegenüberstellung zum Überlegen und Einprägen:

Erläuterungen:

$R\!\sim$: Der Wechselstromwiderstand wird größer, je mehr sich der Kern schließt.

I: Je größer der Wechselstromwiderstand, desto kleiner (bei gleicher Spannung) die Stromstärke.

WD: Das Widerstandsdreieck zeigt die Veränderung des Wechselstromwiderstandes (schräge Linie) bei steigender Induktivität an. Der Gleichstromwiderstand (Ohmscher), der durch die senkrechte Linie dargestellt ist, bleibt immer gleich[1]. Der Phasenverschiebungswinkel φ wird immer größer und kann bei geschlossenem Kern nah an 90⁰ herankommen.

cos φ: Je größer der Winkel φ, desto kleiner der cos φ. Bei der eisenlosen Spule ist der cos φ etwa um 0,9, bei der Drossel mit geschlossenem Kern etwa zwischen 0,2 und 0,4. Bauart und Größe der Drossel sowie Frequenz sind dabei von Einfluß.

Diese Ergebnisse merkt man sich am leichtesten, wenn man neben den Überlegungen *praktische Messungen* ausführt, diese genau zu Papier bringt und vergleicht. Ein alter Klingeltransformator, dessen Netzwicklung noch gut ist, tut dazu gute Dienste. Man schneidet den Kern nach Anbringung von Schrauben für den Zusammenhalt der Bleche entsprechend auseinander, um ihn leicht herausnehmen oder ganz oder teilweise einschieben und den Luftspalt verändern zu können. Aus der Messung der Stromstärke und Spannung bei Gleichstromanschluß errechnet man sich den Gleichstromwiderstand der Spule. Die Stromstärke bei Wechselstrom gibt den Wechselstromwiderstand. Daraus

---

[1] Die Eisenverluste blieben hier unberücksichtigt!

zeichnet man das Widerstandsdreieck, entnimmt den Winkel φ
und berechnet sich den Leistungsfaktor, die Scheinleistung und
die Wirkleistung. (Auf die Bemerkungen bezüglich der Eisenverluste in Anhang A wird hingewiesen!)

Drossel mit Vormagnetisierung

Ein Sonderfall, der in der Fernmeldetechnik, besonders
aber in der Funktechnik häufig ist, ist die Drossel mit
Vormagnetisierung. Dies sind Drosseln, deren Wicklungen von einem Gleichstrom und gleichzeitig von einem
Wechselstrom durchflossen sind. Das ist z. B. der Fall
bei Glättungsdrosseln in Heizstromkreisen von Gleich-
stromrundfunkempfängern und bei Anodendrosseln. Wird
die Röhrenheizung statt von einem reinen Gleichstrom
von einem ,,welligen'' Strom, besser gesagt von einem
Gleichstrom mit Wechselstromüberlagerung durchflossen,
so kann das zum Brummen des Empfängers führen. Die
Drossel aber ,,drosselt'' den überlagerten Wechselstrom,
glättet also sozusagen den Strom. (Siehe 3. Beispiel von
Abschnitt III, B, 1, d.)
Solche Drosseln haben, da sie bereits von einem Gleichstrom vormagnetisiert sind, für den Wechselstrom eine
geringere Induktivität, als sie es ohne Gleichstromfluß
haben würden. Die Vormagnetisierung wirkt sich so
aus: Die vom Gleichstrom herrührenden Magnetfeldlinien benötigen den größten Teil des Eisenraumes,
so daß wenig Platz für die vom Wechselstrom erzeugten
Magnetfeldlinien übrigbleibt. Diese letzteren werden
teilweise hinausgedrängt, verstreut, weswegen man dieses
Feld auch ,,Streufeld'' nennt. Die Verdrängung des
Wechselstromes aus dem Eisen in die Luft hat zur Folge,
daß das Wechselfeld einen größeren magnetischen
Widerstand vorfindet. Vergrößerung des magnetischen
Widerstandes heißt aber soviel wie Verkleinerung des
Wechselmagnetfeldes und damit *Verkleinerung der In-
duktivität.*

Die folgende Tabelle zeigt beispielsweise die Induktivität einer bestimmten Drossel bei verschiedener Vormagnetisierung.

Gleichstrom	 0,3	0,2	0,1	0,05	Ampere
Induktivität	 4,3	5,3	6,0	6,5	Henry

Je größer die Vormagnetisierung, desto kleiner die Induktivität für den überlagerten Wechselstrom.

Regelbare induktive Widerstände

In der Starkstromtechnik braucht man z. B. regelbare Vorschaltdrosseln vor Leuchtröhren. Diese Drosseln sind so ausgeführt, daß durch eine Stellschraube der Luftspalt im Eisenkern fein geregelt werden kann. Dadurch verändert sich der induktive Widerstand der Drossel.

Mehr noch sind solche Regelinduktivitäten in der Fernmeldetechnik notwendig. Der einfachste Fall ist die Spule (mit oder ohne Eisenkern) mit Anzapfungen an der Wicklung (Bild 108). Je mehr Windungen der Spule man zum Anschluß benutzt, desto größer ist der induktive Widerstand des angeschlossenen Teiles.

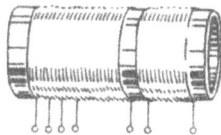

Bild 108

Eine weitere Möglichkeit besteht darin, daß man eine kleine Spule innerhalb einer größeren drehbar anordnet. Je nach der Lage der kleinen Spule innerhalb der größeren wirkt diese einmal im gleichen Sinn und in anderer Stellung im umgekehrten Sinn wie die große Spule. Beide Spulen sind in Reihe geschaltet. Bei gleichsinniger Wirkung wird die Gesamtinduktivität groß, bei gegen-

sinniger Stellung klein oder gar gleich Null, wenn die
Wirkungen der beiden Spulenteile gleich groß sind.
Man nennt solche, mitunter noch in der Rundfunktech-
nik verwendete Spulen Variometer.

Bild 109

Solche Spulen werden aber heute
fast verdrängt durch Spulen mit
Hochfrequenzkern, wie Bild 109 ein
Beispiel der zahlreichen Ausfüh-
rungsarten zeigt (Siemens-H-Kern).
Ein Kern aus Hochfrequenzeisen
(siehe auch Abschnitt XVI, d: Verluste im Eisen) trägt einen Spulen-
körper für eine oder mehrere voneinander getrennte Wicklungen aus
Hochfrequenzlitze. Die Regelung er-
folgt durch Annähern oder Entfernen eines scheiben-
förmigen Ankers (Regelung des magnetischen Widerstandes).

c) KAPAZITIVE WIDERSTÄNDE

Über Kondensator und Kapazität wurde bereits in Bd. I das
Grundlegende gesagt. Anhang B erklärt dazu eingehend das
Verhalten des Kondensators beim Anschluß an Gleich- oder
Wechselstrom. Folgende Angaben sollen Ergänzung und Zu-
sammenfassung zugleich sein.

Wovon hängt die Kapazität eines Kondensators ab?

1. Von der Größe der beiden Belage, die die elektrischen
   Ladungen aufzunehmen haben.

2. Vom Abstand der beiden Belage.

3. Von der Art des zwischen den beiden Belagen liegenden Isolierstoffes. Besteht z. B. die isolierende
   Zwischenlage aus Porzellan, Glimmer, keramischen
   Kunststoffen o. dgl., dann ist die Kapazität des Kondensators größer (bis zum 100fachen) als bei einem
   gleich großen Kondensator mit Luft als Isolation.

Blockkondensator und Elektrolytkondensator

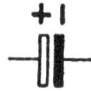

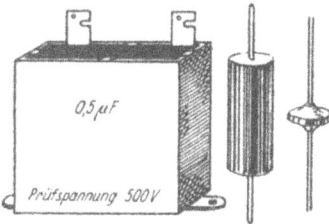

Schaltzeichen für
festen und regelbaren
Kondensator

Schaltzeichen für
gepolten und ungepolten
Elektrolytkondensator

Bauarten:

Bauarten:

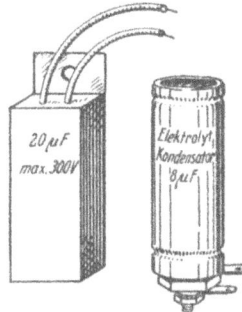

Bild 110
Blockkondensator

Der mit paraffiniertem Papier als isolierender Zwischenlage hergestellte Kondensator hat einen von der Betriebsspannung unabhängigen Kapazitätswert. Auf richtige Polung braucht nicht geachtet werden. Lagerung beeinflußt die Kapazität nicht.

Bild 111
Elektrolytkondensator[1]

Die Kapazität ist von der Betriebsspannung abhängig, da sich die Dicke der Oxydschicht auf der Aluminiumfolie je nach Spannung verändert. Nach längerer Lagerung wie auch nach falscher Polung muß durch richtigen Anschluß eine Erneuerung der Oxydschicht herbeigeführt werden.

---

[1] In einem Metallgehäuse, das den negativen Pol bildet, ist der Elektrolyt und eine Aluminiumanode untergebracht. Der Elektrolyt ist meist eingedickt und durch aufsaugende Mittel (Papier, Gewebe) gebunden, um Auslaufen zu verhindern. Bauart häufig in Form der Rollblocks, Bild 110 Mitte. Beim Anlegen

---

Eine Einführung zur Berechnung des kapazitiven Widerstandes und interessante Einblicke in die Wirkung der Kapazität als Gegenspielerin zur Induktivität gibt

Anhang B,

dessen Studium sehr empfohlen wird.

Der kapazitive Widerstand

Zur Wiederholung: Bei der Nebeneinanderschaltung von Kondensatoren wird die Gesamtkapazität größer und ist gleich der Summe der einzelnen Kapazitäten. Bei der Reihenschaltung (= Hintereinanderschaltung) ist die Gesamtkapazität kleiner als die kleinste der einzelnen Kapazitäten. (Die Berechnung bei der Reihenschaltung entspricht der Berechnung bei Nebeneinanderschaltung von Widerständen!)

Schaltet man in einen Wechselstromkreis einen Kondensator ein, so fließt (mindestens scheinbar und der Wirkung nach) ein Strom durch den Kondensator. Je größer die Kapazität, desto größer die Zahl der von und zu den Belagen wandernden Elektronen, desto größer also der in der Zuleitung fließende elektrische Strom. Vergrößerung der Stromstärke (bei gleicher Spannung) kann man aber auch als Wirkung einer Verkleinerung des Widerstandes auffassen. Man kann also sagen:

Größere Kapazität gibt geringeren Wechselstromwiderstand.

---

einer Gleichspannung mit dem positiven Pol an die Aluminiumanode bildet sich auf dieser eine isolierende Oxydschicht, die den weiteren Stromfluß sperrt. Nun stellt die Anode den einen Belag, die Oxydschicht, die isolierende Zwischenschicht und der Elektrolyt mit dem Gehäuse den zweiten Belag des Kondensators dar. Ein solcher „gepolter" Kondensator darf nicht mit um-

1. Beispiel: Drei Kondensatoren mit 1, 2 und 4 μF werden nebeneinandergeschaltet. Wie groß ist der kapazitive Widerstand bei einer Frequenz von 50 Hz?

Lösung: Die Gesamtkapazität beträgt $1 + 2 + 4\,\mu F = 7\,\mu F$.

$$R_c = \frac{1}{2 \cdot \pi \cdot C \cdot f} = \frac{1}{2 \cdot 3{,}14 \cdot \dfrac{7}{1000000} \cdot 50} =$$

$$= \frac{1000000}{2 \cdot 3{,}14 \cdot 7 \cdot 50} = \textbf{455}\ \Omega\ \text{kapazitiv}.$$

2. Beispiel: Drei Kondensatoren mit 1, 2 und 4 μF werden in Reihe geschaltet. Wie groß ist die Stromstärke in der gemeinsamen Zuleitung bei Anschluß an 220 V Wechselstrom von 50 Hz?

Lösung: Berechnung der Gesamtkapazität:

$$\frac{1}{1} + \frac{1}{2} + \frac{1}{4} = 1{,}0 + 0{,}5 + 0{,}25 = 1{,}75.$$

$$C = \frac{1}{1{,}75} = 0{,}573\,\mu F = \frac{0{,}573}{1000000}\ F.$$

$$R_c = \frac{1000000}{2 \cdot 3{,}14 \cdot 0{,}573 \cdot 50} = 5570\ \Omega.$$

$$I_c = 220 : 5570 = \textbf{0{,}0395 A}.$$

Kapazität bei Leitungen und Wicklungen

Zwei Drähte irgendeiner Leitung, die nebeneinander geführt sind, bilden zusammen mit der dazwischenliegenden Isolation (Luft, Gummi od. dgl.) einen Kondensator. Dadurch kann es kommen, daß in einem langen, aber an den Enden offenen Kabel beim Anschluß an Wechselspannung ein Strom fließt. Dieser Strom muß

---

gekehrter Polarität an Gleichstrom, aber auch nicht an Wechselstrom angeschlossen werden. „Ungepolte" Elektrolytkondensatoren kann man sich als zwei gleich große und gegeneinander geschaltete, gepolte Elektrolytkondensatoren in einem Gehäuse vorstellen. Solche haben daher auch nur etwa die halbe Kapazität als gleich große gepolte Elektrolytkondensatoren.

also nicht von den angeschlossenen Stromverbrauchern
oder von einem Isolationsfehler herrühren, sondern kann
lediglich von der kapazitiven Überbrückung zwischen
den Leitern verursacht sein. Bei Freileitungen spielt
die Kapazität nicht die große Rolle, da
die Drähte weit auseinander liegen.

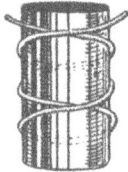

Bild 112

Wie bei ausgestreckten Drähten ergeben
sich auch bei Wicklungen kapazitive
Wirkungen von Drahtwindung zu Drahtwindung bzw. Wicklungslage zu Wicklungslage. In den meisten Fällen stört das
nicht. In der Fernmeldetechnik (beson-
ders aber in der Funktechnik) sieht man sich mitunter
veranlaßt, sogenannte kapazitätsarme Spulen zu verwenden. Bild 112 zeigt die Wicklungsart einer solchen Spule.

Regelbare Kapazitäten

Der Drehkondensator ist die bekannteste Regelkapazität.
Eine weitere Form stellt sich im sogenannten „Trimmer-
kondensator" dar. Hierbei wird beispielsweise einer der
Belage als federnd gebogenes Blech ausgeführt, das mit
dem einen Ende befestigt ist und dessen zweites Ende
mittels einer Stellschraube mehr oder weniger an die
isolierende Zwischenlage
herangezogen wird. Da-
durch kann man die an
sich geringe Kapazität
feinstufig regeln. Solche
Trimmerkondensatoren
werden in der Funk-
technik meist einem grö-

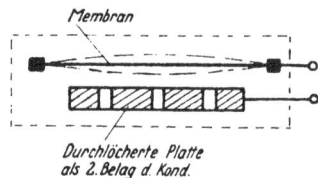

Bild 113

ßeren Kondensator nebengeschaltet, um die gewünschte
Kapazität genauestens einstellen zu können.
In vielen Fällen begnügt man sich einfach mit der Zu-
und Abschaltung von Kondensatoren: Stufige Regelung.

Zu den veränderlichen Kondensatoren kann man auch das *Kondensatormikrofon* zählen. Hier steht (mit Luft als isolierender Zwischenschicht) eine dünne Membran einer stärkeren Membran in geringem Abstand gegenüber und bildet so einen Kondensator (Bild 113). Schalldruck auf die dünne Membran verändert den Abstand der Membranen und damit die Kapazität. Die Änderungen des kapazitiven Widerstandes werden zur Erzeugung von Stromänderungen ausgenutzt. (Für das Kondensatormikrofon ist wie beim Kohlemikrofon eine eigene Stromquelle erforderlich. (Siehe auch Abschnitt X, B und Schaltplan 66.)

d) SCHALTUNGEN VON WIDERSTÄNDEN

Wie man einfache Wirkwiderstände (Ohmsche Widerstände) hintereinander, nebeneinander oder in Gruppen schalten kann, haben wir in Bd. I kennengelernt. Ebenso die Berechnung des Gesamtwiderstandes. Die gleichen Schaltungsmöglichkeiten hat man auch für die induktiven und kapazitiven Widerstände. Im folgenden werden einige dieser Schaltungen, die sich in der Fernmeldetechnik oft wiederholen, behandelt und beim Spannungsteiler wird auch auf die Berechnung näher eingegangen.

Es sei darauf aufmerksam gemacht, daß dieser Abschnitt, soweit es Berechnungen betrifft, die Beherrschung der Anhänge A und B voraussetzt!

Der Spannungsteiler

Ein einfacher Spannungsteiler aus Wirkwiderständen (nicht regelbar) ist in Bild 114 dargestellt. Ersetzt man einen der beiden Widerstände oder beide durch induktive oder kapazitive Widerstände, so erhält man für die Spannungsteilung ganz verschiedene Ergebnisse, je nach-

dem man an Gleichstrom oder Wechselstrom anschließt.
Da bei Wechselstrom schließlich noch die Frequenz
maßgebend ist, nennt man solche Zusammenstellungen „frequenzabhängige Spannungsteiler".

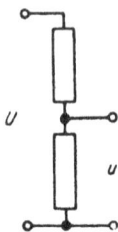

In Bild 115 ist ein Wirk-
widerstand und ein induk-
tiver Widerstand zusam-
mengeschaltet. Nehmen wir
an, man würde an A und C
eine Gleichspannung an-
legen, so müßte der Berechnung der Teil-
spannung an A—B nur der Wirkwiderstand der Drossel B—C in Reihe zu R^0
zugrunde gelegt werden. Bei Anschluß an
Wechselstrom hingegen darf der induktive Widerstand
der Drossel nicht außer acht gelassen werden.

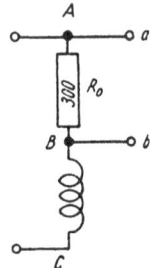

Bild 114

Bild 115

1. Beispiel: Zu Bild 115. $R_0 = 300\ \Omega$.

Drossel: Gleichstromwiderstand $R_{gl} = 140\ \Omega$,
$L = 0,3$ Hz.
Der Anschluß erfolgt
a) an 220 V Gleichstrom,
b) an 220 V Wechselstrom von 300 Hz [50 Hz].
Berechne die Spannung A—B. (An den Klemmen
a—b soll nichts angeschlossen sein!)

Lösung: Zu a. Beim Anschluß an Gleichspannung ist der
induktive Widerstand nicht wirksam (wenn man
vom Ein- und Ausschaltaugenblick absieht). Es
ist also dem Wirkwiderstand von 300 Ω nur der
Wirkwiderstand von 140 Ω (der Kupferwicklung)
zugeschaltet.
Gesamtwiderstand 440 Ω. $I = U : R = 220 : 440 =$
$= 0,5$ A. $U_{AB} = I \cdot R_0 = 0,5 \cdot 300 = \mathbf{150\ A.}$
Zu b. Berechnung des induktiven Widerstandes:
$R_i = 2 \cdot \pi \cdot L \cdot f = 2 \cdot 3,14 \cdot 0,3 \cdot 300 = 565\ \Omega$
[94,2 Ω] induktiv.
Der gesamte Wirkwiderstand beträgt 440 Ω.

Aus dem Widerstandsdreieck (Bild 116) ergibt sich der Wechsel-stromwiderstand des ganzen Spannungsteilers zu 718 Ω [450 Ω].

Daraus: $I = U : R\sim = 220 : 718 = 0{,}305$ A.

$$U_{AB} = I \cdot R_0 = 0{,}305 \cdot 300 = \mathbf{91{,}5 \; V} \; [147 \; V].$$

Man könnte nun den Schluß ziehen, daß für die Drossel eine Spannung von $220 - 91{,}5 = 128{,}5$ V übrig-bleibt. Das wäre aber falsch. Die Drossel hat einen Wirkwiderstand von 140 Ω und einen induktiven Widerstand von 565 Ω. Das ergibt für die Drossel nach dem ihr eigenen Widerstandsdreieck (Bild 117) einen Wechselstromwiderstand von etwa 582 Ω. Also $U_{BC} = 0{,}305 \cdot 582 = \mathbf{177 \; V}$ [81 V]. Woher kommt aber das schein-bar unmögliche Ergebnis?

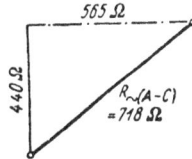

Bild 116

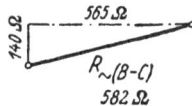

Bild 117

Die Antwort lautet: Genau so wie man den induktiven Widerstand der Drossel und den Wirkwiderstand der Drossel nicht einfach zusammenzählen darf, son-dern sie zur Ermittlung des gesamten Wechselstromwiderstandes im Dreieck zusammensetzen muß, darf man auch den Wechselstromwiderstand der Drossel nicht einfach mit dem Wirkwiderstand R_0 zusammenzählen. Die folgenden Bilder zeigen den Zusammenhang zwischen den Widerständen und den Spannungen. Man beachte dabei, daß immer das Ohmsche Gesetz $U = I \cdot R$ gilt. I ist in diesem Fall in der Drossel so groß wie in R_0.

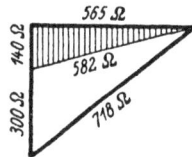

Bild 118

Bild 118: Stark umrandet: Widerstands-dreieck für $A{-}C$ (Drossel $+$ Widerstand). Schraffiert: Widerstandsdreieck für $B{-}C$ (Drossel).

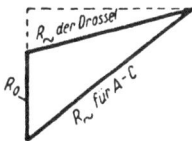

Bild 119

Bild 119: Widerstandsdreieck für die meßbaren Widerstände $A{-}B$, $B{-}C$ und $A{-}C$. R_0 mit $R\sim$ der Drossel „geometrisch" addiert ergibt $R\sim_{AC}$.

Bild 120: Spannungsdreieck für $A{-}C$, das in seinen Größenverhältnissen (nicht dem Maßstab nach!) dem Wider-standsdreieck entspricht, da die Strom-stärke überall gleich ist.

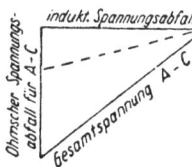

Bild 120

Bild 121: Spannungsdreieck für die mit Spannungsmesser meßbaren Spannungen A—B, B—C und A—C. Man zeichne sich
die vorliegenden Dreiecke in geeignetem
Maßstab auf und wird erkennen, daß die
oben berechnete Spannung von 177 V
stimmt. U_{BC} hat Phasenverschiebung
gegen U_{AB} und auch gegen die Gesamtspannung U_{AC}.

Die Verschiebung der Spannungen im
letzten Dreieck kann man auch so ausdrücken: Die Spannung an der Drossel
hat nicht zu gleicher Zeit ihren Scheitelwert als die Spannung an R_0, ist also
zeitlich verschoben. Phasenverschiebung
zwischen U_{AB} und U_{BC}, weshalb die zeich-
nerische Zusammenrechnung (= geo-
metrische Addition) im Spannungsdreieck
erforderlich ist.

Bild 121

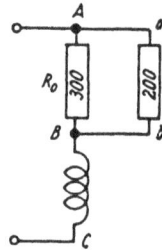

Bild 122

2. Beispiel: Wie verändern sich die Ver-
              hältnisse, wenn an den
              Klemmen a—c (Bild 116)
              ein Wirkwiderstand von
              200 Ω angeschlossen wird? $F = 300$ Hz. (Die
              übrigen Werte bleiben wie in Beispiel 1.)

Lösung: Die Rechnung verändert sich nur insofern, als dem
              Widerstand von 300 Ω ein solcher von 200 Ω
              nebengeschaltet ist. Um Gelegenheit zur Selbst-
              prüfung zu geben, werden nur die Ergebnisse
              für $f = 300$ Hz aufgeführt:

              Gleichstromanschluß: $U_{AB} = 101{,}5$ V,
                                       $U_{BC} = 118{,}5$ V,

              Wechselstromanschluß: $U_{AB} = 42{,}6$ V,
                                       $U_{BC} = 204{,}0$ V.

Schließt man einen solchen Spannungsteiler an eine
Mischspannung an, also an eine Spannung, die aus
Gleichspannung und Wechselspannung zusammengesetzt ist, so verteilt sich die Gleichspannung ganz
anders als die Wechselspannung. Man muß für beide
Stromarten getrennte Berechnungen durchführen. Dazu
ein Beispiel:

3. Beispiel: Bild 123 a. (Dieses Bild zeigt, daß eine Mischspannung durch Überlagerung einer Wechselspannung über eine Gleichspannung entsteht.) $R_0 = 300\ \Omega$. Drossel: $R_{gl} = 40\ \Omega$, $L = 0,5\ \mathrm{H}\ [0,1\ \mathrm{H}]$.

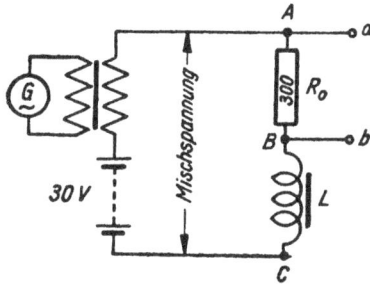

Bild 123 a

Die an A—C anliegende Mischspannung entspricht dem Schaubild 123 b. Berechne und zeichne die an A—B meßbare Mischspannung unter der Voraussetzung, daß nur ein hochohmiger Spannungsmesser an A—B angeschlossen ist.

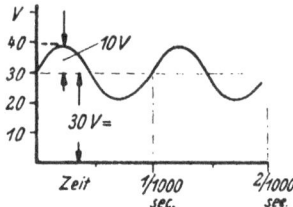

Bild 123 b

Lösung: a) Teilung der Gleichspannung: $300 + 40 = = 340\ \Omega$ Wirkwiderstand. Die Gleichspannung beträgt nach dem Schaubild 30 V.

$I_0 = 30 : 340 = 0,0883\ \mathrm{A}$.

$U_{ABo} = 0,0883 \cdot 300 = \mathbf{26,5\ V}$ ($U_{BCo} = 30 - 26,5 = = 3,5\ \mathrm{V}$).

b) Teilung der Wechselspannung: Eine Periode in einer tausendstel Sekunde gibt $f = 1000\ \mathrm{Hz}$. $R_i = 2 \cdot 3,14 \cdot 0,5 \cdot 1000 = 3140\ \Omega$.

Aus dem Widerstandsdreieck ergibt sich mit 3140 Ω induktivem und 340 Ω Wirkwiderstand ein Wechselstromwiderstand von A—C von 3158 Ω.
Wie groß ist die Wechselspannung? Der Scheitelwert beträgt nach dem Schaubild 10 V. Der wirksame Wert der Wechselspannung ergibt sich demnach zu 10 : 1,414 = 7,07 V. (Siehe Anhang C.)
$I \sim$ = 7,07 : 3158 = 0,00224 A.
$U_{AB \sim}$ = 0,00224 · 300 = **0,672 V.**
Um diese Spannung einzeichnen zu können, muß man den Scheitelwert berechnen:
0,672 · 1,414 = 0,95 = rund **1 V** [2,1 V].
Nun wissen wir die Gleichspannung und die Wechselspannung, die bei der Spannungsteilung an A—B meßbar wären, und können das Schaubild zeichnen (Bild 124).

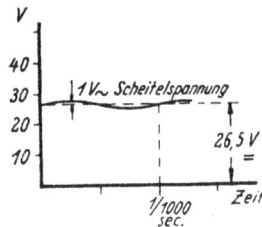

Bild 124

Man erkennt aus diesem Beispiel, daß bei der Teilung der Gleichspannung ein großer Teil an den Anschlußklemmen zur Verfügung steht, während die Wechselspannung fast ganz in dem großen Wechselstromwiderstand der Drossel aufgebraucht wird. An den Klemmen A—B bleibt also eine Mischspannung übrig, die im Verhältnis zu der stark „welligen" Mischspannung an A—C als „geglättet" anzusprechen ist. Diese Spannungsteilerschaltung aus Drossel und Wirkwiderstand heißt man deshalb auch „Glättungs-Spannungsteiler".
Ähnlich wie bei der Zusammenstellung Drossel-Wirkwiderstand sind die Verhältnisse bei einem *Spannungsteiler aus Kondensator und Wirkwiderstand.* Wenn man

überlegt, daß der Wirkwiderstand eines Kondensators
außerordentlich groß ist *(MΩ)*, daß ferner ein Kondensator praktisch keinen Gleichstrom hindurchläßt, andrerseits aber einem Wechselstrom gegenüber einen geringen
Widerstand aufweist, ihn also (wenn auch nur der Wirkung nach) hindurchläßt, so kann man bei der Beurteilung eines solchen Spannungsteilers den Erfolg voraussagen. Wesentlich ist dabei, wo die Anschlüsse des
Spannungsteilers liegen. Die beiden Bilder 125 a und b

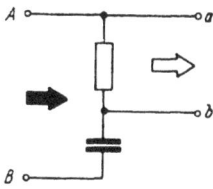 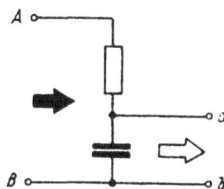

Bild 125 a   Bild 125 b

unterscheiden sich nur durch die ausgangsseitigen Anschlüsse. Schließen wir Schaltung *a* an Gleichspannung
an, dann fließt überhaupt kein Strom. Der Kondensator
würde nur kurz aufgeladen werden. Schließen wir aber
an Wechselspannung an, dann kommt ein Stromfluß
zustande, der vom Wechselstromwiderstand der Zusammenstellung abhängt. Je nach Wahl des Kondensators und des Wirkwiderstandes wird sich die Spannung
verteilen. Ein großer Kondensator bildet einen kleinen
Wechselstromwiderstand und verursacht deshalb einen
geringen Spannungsabfall im Kondensator, so daß der
größte Teil der Wechselspannung an den Ausgangs-
anschlüssen zur Verfügung steht. (Zu beachten ist, daß
auf die Spannungsverteilung selbstverständlich auch
von Einfluß ist, was an den Klemmen *a—b* angeschlossen ist.)
Bei Schaltung *b* sind die Verhältnisse anders. Bei Anschluß von *A—B* an Gleichspannung würde nach Auf-

ladung des Kondensators die volle Gleichspannung für den Ausgang zur Verfügung stehen. Bei Anschluß irgendeines Widerstandes an den Ausgangsklemmen muß mit dem Spannungsabfall des Wirkwiderstandes gerechnet werden! — Schließen wir aber AB an Wechselspannung an, dann hängt die ausgangsseitig zur Verfügung stehende Wechselspannung auch von der Größe des Kondensators ab. Ist die Kapazität sehr klein, dann verändert sich die Spannungsverteilung gegenüber Gleichstromanschluß nur unwesentlich. Ist aber die Kapazität sehr groß, dann liegt im Nebenschluß zu a—b ein „geringer Widerstand". Der Spannungsabfall zwischen diesen Klemmen kann also nur klein sein. (Je höher die Frequenz, desto mehr wirkt sich dieser große Kondensator wie eine „Kurzschlußbrücke" aus.) Die Spannung U_{ab} wird dann schließlich fast gleich Null oder mindestens sehr klein.

Weiche

Eine andere Schaltung von verschiedenen Widerständen bildet die sogenannte „Weiche" (Bild 126). Man denke bei diesem Wort an die Weichenstellung bei den Eisenbahnschienen. Bei der elektrischen Weichenstellung braucht man allerdings keinen Weichensteller. Hier arbeitet die Weiche selbsttätig. Die elektrische Weiche benutzt man dazu, einen in der Zuleitung fließenden Mischstrom in einen Gleichstrom und einen Wechselstrom zu trennen. Jede der beiden Stromarten wird den Weg bevorzugen, auf dem ihr der geringste Widerstand entgegengesetzt wird. Der Gleichstrom fließt also über die Drossel und der Wechselstrom (bei hoher Induktivität der Drossel) über den Konden-

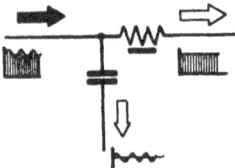

Bild 126

sator. Auch zur Scheidung von Wechselströmen unter-
schiedlicher Frequenz werden solche Weichen eingesetzt.

Dieser Grundgedanke der elektrischen Weiche wird in
der Rundfunktechnik bei den sogenannten *Klang-
reglern* (Bild 127) angewendet.
Man schaltet da zum Aus-
gangstransformator (vor dem
Lautsprecher) einen passend
gewählten Kondensator. Die
Eingangswicklung des Transformators (Übertragers) bildet
die Drossel der Weiche. In der
Zuleitung fließen Tonfrequenzen (Sprechströme) von etwa
40 bis 10000 Hz. Schalten wir den Kondensator zu,
dann werden die Ströme mit hohen Frequenzen den
günstigen Weg durch den Kondensator suchen, da sie
hier den geringeren Widerstand finden.

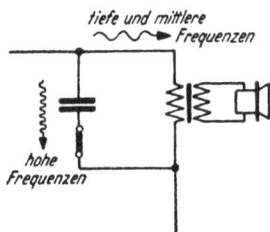

Bild 127

Für die niederen und mittleren Frequenzen ist die Über-
tragerwicklung der geringere Widerstand. Der Erfolg
ist, daß im Lautsprecher die tiefen Töne bevorzugt zu
hören sind. Die „Klangfarbe" wird dunkler, dumpfer.

Ähnlich ist die Sache mit den
Tiefpässen und Hochpässen,
die der Fernmeldetechniker
manchmal braucht. Es sind
dies Spannungsteiler aus Drossel und Kondensator.

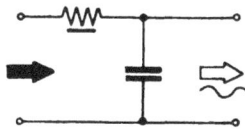

Bild 128

Der *Tiefpaß* (Bild 128) läßt die tiefen Frequenzen
„passieren" (= durchgehen), hält dagegen die hohen
Frequenzen mehr oder weniger zurück, je nach Be-
messung der Drossel und des Kondensators. Der
Kondensator bildet eine Überbrückung für die hohen
Frequenzen.

Der *Hochpaß* (Bild 129) verhält sich anders. Für die hohen Frequenzen bildet der Kondensator einen geringen Widerstand, läßt sie also ungehindert durch. Die tiefen Frequenzen aber werden einerseits vom Kondensator zurückgedämmt (hoher Widerstand), andrerseits durch die Drossel (geringer Widerstand für tiefe Frequenzen) überbrückt.

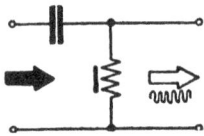

Bild 129

Bei solchen Zusammenschaltungen von Kondensatoren und Drosseln kann man zu sogenannten *Siebketten* übergehen (Bild 130 zeigt einen dreifachen Spannungsteiler). Siebketten werden z. B. dazu verwendet, bei Gleichstrom - Rundfunkgeräten die der Gleichspannung überlagerte Wechselspannung (Brummspannung) zurückzuhalten bzw. auszusieben, damit am Ausgang der Kette eine ganz „geglättete“ Spannung zur Verfügung steht. (Siehe auch bei: „Mechanische Wechselrichter.“)

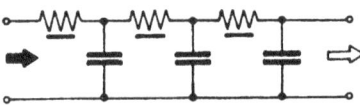

Bild 130

Schwingkreis

Schaltet man eine Kapazität und eine Induktivität nach Bild 131 a zusammen, so entsteht bei entsprechender Wahl der Geräte ein sogenannter Schwingkreis. Das Wort „Schwing“ deutet an, daß hierbei etwas zum Schwingen kommt. Und das ist der Strom.

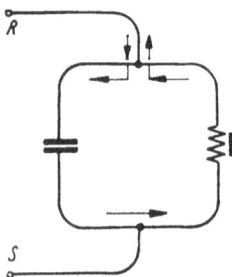

Im Anhang B ist dieser Schwingvorgang eingehend erläutert. Bedingung für einen Einsatz des Schwingvorganges ist, daß Kondensator und Drossel aufeinander

Bild 131 a

„abgestimmt" sind. Meist erfolgt das durch Verwendung
einer regelbaren Kapazität, also eines Drehkondensators.
Die Abstimmung ist dann herbeigeführt, wenn der induktive Widerstand der Drossel so groß ist wie der
kapazitive Widerstand des Kondensators. In diesem
Falle fließen in jedem der beiden Stromzweige gleich
große Ströme (Verlustfreiheit vorausgesetzt). Aber:
Der induktive Strom eilt um 90⁰ der Spannung nach,
der kapazitive Strom dagegen um 90⁰ vor. Das sind also
180⁰ Verschiebung der bei-
den Ströme gegeneinander,
was soviel heißt als: Von
der Zuleitung aus gesehen
fließen die beiden gleich
großen Ströme also ent-
gegengesetzt und gleichen
sich dadurch in der Zuleitung aus, d. h. es fließt in der
Zuleitung gar kein Strom.
Es mutet fürs erste eigen-

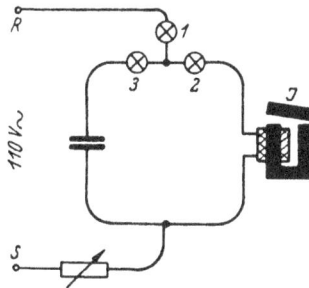

Bild 131 b

artig an, daß im Kreis ein Strom fließt, in der Zuleitung
aber kein Strom festzustellen ist. Die angelegte Spannung
„schaukelt" den Strom zum Schwingen an und wacht
darüber, daß er nicht zu schwingen aufhört. Würde
der Schwingvorgang infolge der im Kreis auftretenden
Verluste kleiner werden, so deckt die Stromquelle die
Verluste, d. h. in der Zuleitung fließt ein wenn auch
geringer Strom.

Sehr schön erkennt man die Stromverhältnisse in einem kleinen
Versuch, den man sich mit einfachen Mitteln zusammenstellen
kann. Man braucht dazu einen Klingeltransformator (z. B. für
110 V), dessen Netzwicklung noch gut ist, und einen Kondensator
von etwa 4 bis 6 μF. Den Kern des Transformators schneidet
man nach Bild 131 b auf, um auf diese Weise eine regelbare
Drossel zu erhalten, mit der wir auf „Resonanz", also auf
„Schwingen" abstimmen können. Die Lämpchen sind aus
Taschenlampen und sollen für etwa 0,2 A bemessen sein.

Versuchsdurchführung:

1. Lampe *3* ausschrauben und den Widerstand so einstellen, daß die beiden Lämpchen *1* und *2* mittelhell brennen. Sie zeigen so den Strom des als Drossel verwendeten Transformators an (die Ausgangswicklung für Kleinspannung ist entfernt oder einfach nicht angeschlossen).

2. Lampe *3* einschrauben. Nun zeigt sich, daß die Lämpchen *2* und *3* verschieden stark brennen, während Lampe *1* schwächer als zuvor brennt. Durch geeignete Einstellung des Jochteiles des Eisenkernes kann man erreichen, daß *2* und *3* gleich stark brennen, während *1* erlischt. Das ist dann der „Resonanzfall", der oben beschrieben wurde. Würde man Lämpchen *1* durch einen Strommesser ersetzen, so könnte man feststellen, daß doch noch ein geringer Strom in der Zuleitung fließt, nämlich der Strom, der zur Deckung der Drosselverluste (Kupfer- und Eisenverluste) nötig ist. Den Glühfaden des Lämpchens kann aber dieser schwache Strom nicht mehr zum Glühen bringen.

Den Kreis aus Drossel und Kondensator nennt man in der Funktechnik „Resonanz- oder Schwingkreis". Die letztere Bezeichnung rührt daher, daß ein schwingender Vorgang (Resonanz = Mitschwingen) zwischen Auf- und Abbau des magnetischen Feldes einerseits und Auf- und Abbau des elektrischen Feldes des Kondensators andrerseits stattfindet.

Ein Vergleichsbeispiel dazu, mit dem versucht wird, das Verständnis zu erleichtern: In einem umzäunten Grundstück sollen zwei Maurer eine Mauer errichten. Dem Maurer D wird die rechte und dem Maurer K die linke Hälfte zugewiesen. Die nötigen Steine erhalten die beiden Maurer von einem außerhalb des Grundstückes stehenden Wagen zugereicht. — Beobachten wir die beiden Maurer: Während D sich Ziegel zureichen läßt und flink ein Stück der Mauer erstellt, sieht Maurer K müßig zu. Er hat sich nämlich einen Spaß ausgedacht und wartet nur, bis D ein größeres Mauerstück erstellt hat. Nun flüstert er mit D und gleich darauf beginnen die beiden ein merkwürdiges Treiben: Fängt da nicht D

an, Ziegel für Ziegel seiner erst errichteten Mauer ab-
zureißen und seinem Kameraden K zuzureichen! K seinerseits macht daraus ein Mauerstück, das solange anwächst,
als die Ziegel der D-Mauer reichen. Kaum aber ist das
zu Ende, so wechseln D und K Zeichen des Einverständ-
nisses und — beginnen umgekehrt zu verfahren. Nun
baut nämlich K seine Mauer wieder ab und mit diesen
Steinen errichtet D wieder ein Mauerstück. Dieses Spiel
wiederholt sich immer wieder, ohne daß der vor dem
Grundstück wartende Wagen einen Ziegel abzugeben
hat. Nur wenn die beiden Maurer in der Hitze des spas-
sigen Vorganges einen Stein zerbrechen, dann lassen sie
sich für diesen Verlust einen neuen Stein als Ersatz zureichen.

Was soll der Vergleich? Der Maurer D stellt unsere
Drossel dar, der Maurer K den Kondensator. Die Steine
sind Vergleichsbild für die Elektronen, die einerseits
zum Aufbau des Magnetfeldes (D-Maurer), andrerseits
zum Aufbau des elektrischen Feldes (K-Maurer) benötigt werden. Solange keine Verluste im Schwingkreis
auftreten, braucht keine Leistung durch Elektronenfluß
zugeführt werden und doch kommt der Auf- und Abbau
der Felder wechselweise zustande. *Bei der Ladung des
Kondensators wird die Energie verwendet, die durch den
Abbau des Magnetfeldes frei wird, beim Aufbau des Magnetfeldes dagegen die Energie, die durch den Abbau des elektrischen Feldes (Entladung des Kondensators) frei wird.*
Und schließlich noch eine andere Betrachtungsweise,
die dem Starkstromtechniker zusagen wird:

Durch den Anschluß von Geräten und Motoren mit
Magnetwicklungen an Wechselstromnetze erhält man
im Netz eine Phasenverschiebung (Nacheilung des Stromes). Das Netz hat dann nicht nur den Wirkstrom bzw.
die Wirkleistung zu liefern, sondern auch Blindstrom
und Blindleistung. Die letzteren sind Erscheinungen,

die nichts Nützliches bringen, vielmehr schaden. Hat
man ein Mittel, diesen Blindstrom unwirksam zu machen,
dann kann man die Leistungsübertragung verbessern.
Dieses Mittel besteht darin, daß man dem *induktiven
Blindstrom* einen anderen Strom entgegenwirken läßt
und ihn damit ganz oder teilweise aufhebt (= kompen-

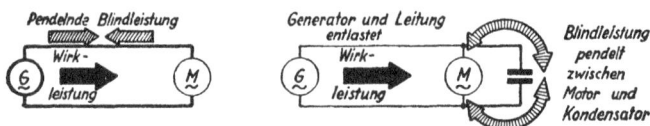

Bild 132

siert). Man führt durch Anschluß eines Kondensators
einen *kapazitiven Blindstrom* ein, der ja der Spannung
nicht nach-, sondern voreilt. Man nennt diesen Vorgang
„*Kompensation der Phasenverschiebung*" (= Ausgleich
der Phasenverschiebung).

Hier anschließend empfiehlt sich das Nachlesen des Anhanges B, letzte Abschnitte! Damit rundet sich das Bild.

e) VENTILE ALS STEUERGERÄTE

Von den verschiedenen Ventilen (siehe Gleichrichter)
ist nur der Trockengleichrichter geeignet, als Steuer-
ventil in Fernmeldeanlagen zu dienen. Es handelt sich
ja dabei überwiegend um geringe Ströme. Ob die Absicht besteht, durch das Ventil nur eine Halbwelle des
Wechselstromes hindurchzulassen (also gleichzurichten)
oder von verschieden gerichteten Gleichstromimpulsen
nur die in bestimmter Richtung zu sperren, bleibt in
der Anwendung gleich. So kann man z. B. durch die
Vorschaltung eines Trockengleichrichters vor ein einfaches Relais die Wirkung eines gepolten Relais erzielen.
Das Relais kann dann nur auf die Impulse ansprechen,

die in einer bestimmten Richtung vom Ventil durchgelassen werden. (Siehe auch die Bilder 77 a und b.)

2. Spannungsregelung

Bei der Spannungsregelung kann es sich entweder darum
handeln, daß eine Spannung auf bestimmter Höhe gehalten oder in bestimmten Grenzen verändert werden
soll. Dem Zweck müssen die Mittel entsprechen. Bekannte Maßnahmen zur Spannungsregelung sind: Spannungsteiler, Stufentransformator (Anzapfungen zum Zu-
und Abschalten von Windungen), Nebenschlußregler für
Generatoren, Sammlerbatterien zur Spannungshaltung und
Spannungsteilung (s. Bd. I). Im folgenden werden Geräte
beschrieben, die ebenfalls der Spannungsänderung dienen.

a) REGELTRANSFORMATOR

Häufig werden beispielsweise für Bühnenbeleuchtungen,
für Verdunklungseinrichtungen u. dgl. bei Wechselstrombetrieb Regeltransformatoren verwendet, die es
ermöglichen, die Spannung zwischen Null und einem
Höchstwert fast stufenlos zu ver-
ändern. Bild 133 zeigt das Schaltbild eines solchen Reglers. Die
Ausgangswicklung (= sekundär) besteht hier aus einer Lage von isolierten Drähten, deren Isolation auf einer
Längsbahn entfernt ist, um mittels
einer Kohlerolle die Stromabnahme

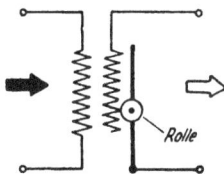

Bild 133

durchzuführen. (Eigentlich ist das auch nichts anderes
als ein Stufentransformator.) Einen solchen Regler kann
man auch als Spartransformator bauen.

b) DREHTRANSFORMATOR

Stellen wir uns einen Transformator ohne Kern vor,
dessen Ausgangswicklung man beliebig um sich selbst

drehen kann. Da ist verständlich, daß die beste Übertragung von der Eingangswicklung zur Ausgangswicklung dann stattfindet, wenn die beiden Spulen die
gleiche Lage haben und dicht nebeneinanderliegen.
Drehen wir die Ausgangswicklung um sich selbst, dann
wird die Spannung in dieser Wicklung immer kleiner,
um schließlich gleich Null zu werden, wenn die Achse der
Ausgangswicklung senkrecht zur Achse der Eingangswicklung steht. Man kann also mit einer solchen Einrichtung die Ausgangsspannung stufenlos regeln. Allerdings: Man baut solche „Drehtransformatoren" selbstverständlich mit Eisenkern, und zwar ungefähr in der
Form eines Schleifringläufermotors. Die Ständerwicklung
ist dabei Eingangswicklung und die Läuferwicklung ist
Ausgangswicklung. Die Drehung des Läufers in die gewünschte Lage wird durch Zahnradübertragung mittels
Handrad vorgenommen.

c) SELBSTTÄTIGE REGELEINRICHTUNGEN

Solche Geräte sollen dafür sorgen, daß die Spannung
eines Netzes gleichbleibt, ohne nennenswerte Schwankungen aufzuweisen. Sie beruhen meist darauf, daß
eine an die Spannung angelegte Relaisspule je nach Höhe
der Spannung einen Kern mehr oder weniger hineinzieht
und dadurch irgendeine Regelvorrichtung mit Widerständen (z. B. Nebenschlußregler) betätigt. Andere
Regeleinrichtungen arbeiten ohne Kontakte, wie z. B.
Eisenwasserstoffröhren (siehe Abschnitt III, B, 1, a),
Drosseln mit Vormagnetisierung (siehe Anhang A),
Resonanzkreise usw.

3. Zeitliche Regelung elektrischer Vorgänge

Schon im Abschnitt „Relais" wurde von zeitlichen Verzögerungen beim Anzug oder Abfall des Ankers gesprochen. Solche Verzögerungen sind in vielen Fällen

erforderlich. Es kann sich z. B. sowohl in der Starkstromtechnik als auch in der Fernmeldetechnik darum
handeln, die Einschaltung irgendeines Gerätes, einer
Spule o. dgl. so weit zu verzögern, daß ein anderes,
gleichzeitig betätigtes Gerät vorher zur Auswirkung
kommt. Je nach der Zeit der Verzögerung wird sie elektrisch, elektrothermisch (z. B.
durch Bimetallrelais) oder mechanisch hervorgerufen. Die
letztere Art ermöglicht Verzögerungen bis zu vielen Minuten. Unter diese Art fallen
die sogenannten Zeitrelais, die
erst eine bestimmte (einstell-

Bild 134

bare) Zeit nach Einschaltung den Stromfluß irgendeines Kreises freigeben oder ihn nach einer bestimmten
Zeit selbsttätig abschalten. Auch die Schaltuhren für
Treppenbeleuchtungen zählen hierzu. Bild 134 zeigt das
Schaltbild einer solchen Schaltuhr. Wird die Taste betätigt, dann zieht die Magnetspule den Kern an und
schließt damit den Lichtstromkreis. Das Zurückfallen des
Ankers nach Auslassen der Taste wird durch eine mechanische Vorrichtung so verzögert, daß es der gewünschten Brennzeit der Treppenlichtlampen entspricht.

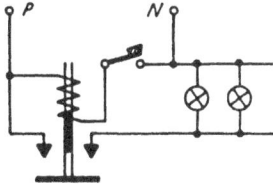

4. Verstärker

a) ZWECK DER VERSTÄRKER

Durch Ableitung in den Fernmeldeleitungen, durch die
Wirkung der Kapazitäten der Leitung und auch durch
die induktiven Widerstände einer langen Fernmeldeleitung werden die gegebenen Zeichen (Telegrafiezeichen,
Sprache) am Ende der Leitung nicht mehr so gut verstanden (zu geringe Sprechspannung), wie das der Fall
wäre, wenn die genannten Einflüsse nicht vorhanden
wären. Man muß in solchen Fällen dafür sorgen, daß

durch Einbau geeigneter Verstärker diese störenden
Einflüsse wieder ausgeglichen werden.

Ein anderer Fall der Verwendung von Verstärkern ist
in der Rundfunktechnik gegeben, wo die im Empfänger aufgenommenen geringen
Wechselspannungen so ver-
stärkt werden müssen, daß
ein oder mehrere Lautsprecher
einwandfrei betrieben werden
können.

Allerdings: Aus nichts wird
nichts! Man muß dem Ver-
stärker Energie zuführen, die er zur Verstärkung der
ankommenden Zeichen benutzen kann.

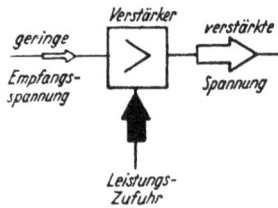

Bild 135

b) WIE GEHT DIE VERSTÄRKUNG VOR SICH?

Die Seele des Verstärkers ist die *Verstärkerröhre*, eine
„Elektronenröhre", wie wir sie schon bei den Zweipol-
röhren kennengelernt haben. Die Verstärkerröhre hat
aber nicht nur Kathode und Anode, sondern noch ein
sogenanntes „*Gitter*", auch „Steuergitter" genannt.
Diese Röhre ist also eine „*Dreipolröhre*" (Triode).
Bild 136 zeigt den Einbau des Gitters zwischen Anode
und Kathode bei zwei verschieden gebauten Röhren.
Links mit indirekter, rechts mit direkter Heizung. (Siehe
Zweipolröhren.) Ein gitterähnlich gespannter, dünner
Draht, der, wie wir noch sehen werden, imstande ist,
den „Elektronenverkehr" von der Kathode zur Anode
zu regeln, zu steuern.

Erklärung der Röhreneigenschaften. Bild 137: Dreipolröhre *ohne Gitteranschluß.* Noch sind die Gitterdrähte
ohne Einfluß auf den Verlauf des Elektronenstromes
von der Kathode zur Anode. Allein die Anodenspannung
und der Widerstand der Röhre sind bestimmend für
den „Anodenstrom" I_d (mA). (Die jeweils nötige Ka-

thodenheizung wurde in den Schaltbildern weggelassen!)
Um den elektrischen Zustand für diesen Fall zeichnerisch
in einem Schaubild
festzulegen, richten
wir uns ein Schau-
bild (Bild 138) ein,
in dem der Anoden-
strom in Abhängig-
keit von der ange-
legten „Gitterspan-
nung" eingetragen
werden kann. Im
Bild ist für die
Gitterspannung null
Volt ein Anoden-
strom von 28 mA als
Punkt eingetragen.
Dieser von der Bau-
art der Röhre ab-
hängige Stromwert
ist vom Gitter noch
nicht beeinflußt.

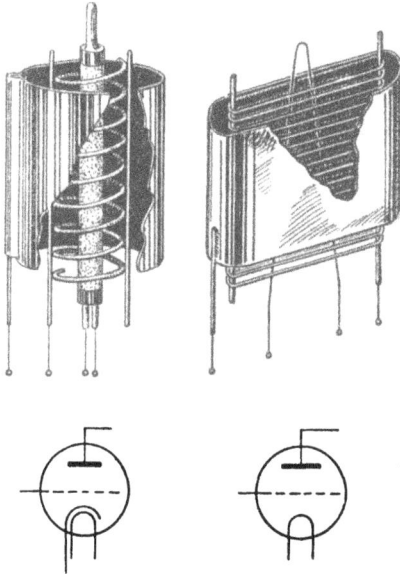

Bild 136

Bild 139: Nun legen wir zuerst einmal *negative Spannung
an das Gitter* an. Wenn ein Punkt als negativ elektrisch

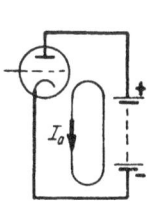

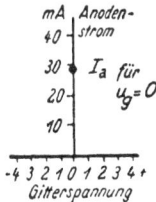

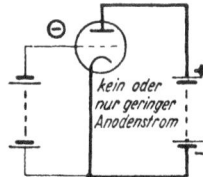

Bild 137   Bild 138   Bild 139

gilt, so heißt das: Hier herrscht Elektronenüberfluß. —
Wenn also am Gitter zufolge der angelegten negativen

Spannung Elektronenüberfluß vorliegt, dann kann nicht erwartet werden, daß von der Kathode zum Gitter nochmals Elektronen wandern. Eher wäre denkbar, daß das Gitter seinen Elektronenüberfluß an die Anode abliefert. Das geht aber auch nicht, da das Gitter kalt und daher nicht zum Aussprühen von Elektronen befähigt ist. Die negative Ladung am Gitter hat aber den Erfolg, daß der Elektronenfluß von der Kathode zur Anode gehemmt oder bei genügend hoher negativer Gitterspannung sogar ganz unterbrochen wird. Man kann sich das so vorstellen, als ob durch die negative Gitterspannung um die Gitterdrähte eine Elektronenwolke bestünde, die zwar ans Gitter gebunden ist, den Raum aber für den Durchgang anderer Elektronen vollkommen sperrt. In Bild 140 ist dieser Fall durch den Punkt N festgelegt (Gitterspannung — 4 V, kein Anodenstrom). Bei welcher negativen Gitterspannung der Anodenstrom Null wird, hängt von der Bauart der Röhre (Abstand der Gitterdrähte von Kathode und Anode und voneinander) ab.

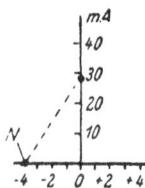

Bild 140

Wie der weitere Verlauf der „Kennlinie" der Röhre zwischen den beiden bisher gefundenen Punkten P und N ist, werden wir später prüfen.

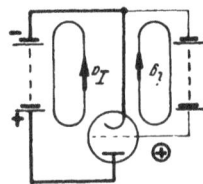

Bild 141

Bild 141: Nun *positive Spannung ans Gitter.* In diesem Fall wirkt das Gitter so wie die Anode, denn auch diese hat positive Spannung gegen Kathode. Es werden also auch zum Gitter Elektronen fließen, ein Erfolg, der gar nicht erwünscht ist. Da aber das Gitter eben nur ein Gitter mit Zwischenräumen ist, wird ein Teil der Elektronen nicht ans Gitter gelangen, sondern zwischen den Gitterdrähten hindurch zur Anode fliegen. Der

Erfolg ist ein erhöhter Anodenstrom, der bis zu einer gewissen Sättigungsgrenze steigen, dann aber nicht mehr höher werden kann. Das Gebiet der *positiven Gitterspannungen* und damit der *Gitterströme* ist für Verstärker nicht brauchbar. Wir betrachten es daher nicht weiter. Soll die Kennlinie einer Röhre festgestellt werden, so bedient man sich der *Prüfschaltung* nach Bild 142.

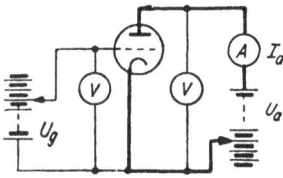

Bild 142

Nach der Einrichtung der Schaltung stellen wir die Anodenspannung auf einen bestimmten Wert ein und sorgen dafür, daß dieser unverändert bleibt. Nun verändern wir die Gitterspannungen und schreiben uns zu jedem Wert der negativen Gitterspannungen den mittels des Strommessers festgestellten Anodenstrom auf. Die Ergebnisse legen wir in einem Schaubild nieder (Bild 143). Die so erhaltene Kennlinie der Röhre gestattet uns abzulesen, welcher Anodenstrom bei bestimmter Gitterspannung und der eingestellten Anodenspannung auftritt.

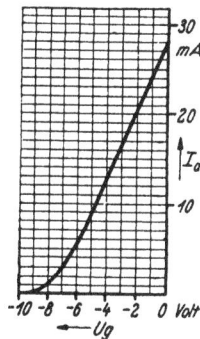

Bild 143

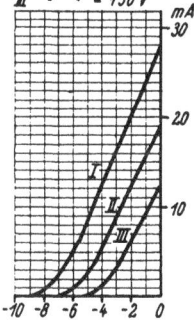

Bild 144

Ändern wir die Anodenspannung und nehmen dann wieder die Kennlinie auf, so bekommen wir eine andere Kennlinie als die erste. Bild 144 zeigt das für drei verschiedene Anodenspannungen. Diese Kennlinienschar ist sozusagen das „Charakter-

bild" der Röhre, aus dem man alles Wissenswerte entnehmen kann. Man nennt es auch das „Gitterspannungs-
Anodenstrom-Bild".

In der Praxis wird mehr mit einer anderen Art von
Röhrenkennlinien gearbeitet: Die *Anodenstrom-Anoden-*
spannungs-Kennlinie. Diese
Kennlinienschar (Bild 145)
bringt die Ergebnisse von
Bild 144 nur in anderer Darstellung. Eine Kennlinienschar ist aus der anderen zu
erhalten. (Man versuche es
durch punktweise Feststellung!) Beide Kennlinien-
arten sagen das gleiche aus:
Abhängigkeit des Anoden-
stromes von Anodenspan-
nung und Gitterspannung.

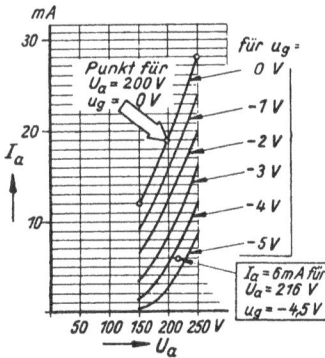

Bild 145

Wie ergibt sich die verstärkende Wirkung? Im letzten
Abschnitt haben wir gesehen, daß wir durch Änderung
der Gitterspannung (bei festliegender Anodenspannung!)
eine Änderung des Anodenstromes herbeiführen können.
Lassen wir nun diesen schwankenden Anodenstrom durch
einen bestimmten Wider-
stand fließen, dann müssen
sich doch an diesem Widerstand schwankende Span-
nungsabfälle ergeben. In
Bild 146 ist die Schaltung
in dieser Weise verändert.
Der Anodenstrom I_a fließt

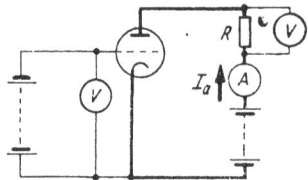

Bild 146

durch den Widerstand R_a. Der Spannungsabfall an
diesem Widerstand ist mittels Spannungsmesser festzustellen und ergibt sich zu $I_a \cdot R_a$. Der Anodenstrom
bei 0 Volt Gitterspannung liegt durch die Bauart und

die gewählte Anodenspannung fest. R_a wollen wir vorläufig irgendwie wählen.

Rechnen wir ein Beispiel:

Unter Verwendung der Kennlinie Bild 143 entnehmen wir, daß bei einer Gitterspannung von — 4 V ein Anodenstrom von 12,5 mA, bei einer Gitterspannung von — 2 V ein solcher von 20 mA fließt.

Wenn wir nun einen Widerstand R_a von etwa 1000 Ω in den Anodenstromkreis geschaltet hatten, so beträgt der Spannungsabfall an ihm bei 12,5 mA: 0,0125·1000 = 12,5 V. Bei einem Anodenstrom von 20 mA dagegen muß ein Spannungsabfall von 20 V entstehen. Mit der Änderung der Gitterspannung von — 4 V auf — 2 V, also um 2 V haben wir also eine Spannungsabfalländerung von 20 — 12,5 = 7,5 V erreicht.

Diese „Verstärkung" der Spannungsschwankung von 2 V Änderung auf 7,5 Änderung ist noch recht gering, und es liegt der Gedanke nahe, daß man einfach durch Verwendung eines recht großen Widerstandes die Verstärkung erhöhen kann. Hätten wir in der Rechnung R_a = 10000 Ω eingesetzt, dann würde eine Spannungsschwankung von 75 V herausgekommen sein. Das verhält sich aber so: Im Stromkreis aus Röhre (Kathode bis Anode), Anodenstromquelle und Außenwiderstand R_a hängt die Stromstärke I_a doch wesentlich vom Widerstand R_a ab. Wählen wir R_a recht groß, dann fließt fast kein Strom mehr, wählen wir R_a recht klein (z. B. 0 Ω), dann können wir keine Spannung mehr abnehmen. irgendwo zwischen diesen beiden Grenzwerten liegt der günstigste Wert. Außerdem sind aber noch verschiedene andere Einflüsse maßgebend, auf die hier nicht eingegangen werden kann. Aus diesen Gründen geben die Röhrenfabriken für ihre Röhren immer den günstigsten Außenwiderstand bekannt. (Siehe z. B. Röhrenlisten der Firmen.)

Außerdem muß darauf hingewiesen werden, daß auch die obige Rechnung nicht ganz stimmt. Wenn man nämlich am Widerstand R einen Spannungsabfall erhält, dann ist die wirksame Spannung an der Anode um diesen Abfall geringer. Geringere Anodenspannung gibt geringeren Anodenstrom. Wir können aber diesen Fehler übergehen, denn das Grundsätzliche des Vorganges wird dadurch nicht geändert.

Nur mit negativer Gittervorspannung! Man darf nicht übersehen, daß die Gitterspannung auf jeden Fall negativ bleiben muß. Solange wir mittels einer „Gitterbatterie" oder einer anderen Stromquelle die negative Gitterspannung festlegen, kann es keine Gefahr haben. Wenn wir aber dieser negativen Gitterspannung eine zu verstärkende Wechselspannung überlagern (und das soll ja der Endzweck sein!), dann besteht die Möglichkeit, daß die Schwankungen der Wechselspannung so groß sind, daß einmal eine positive Gitterspannung entsteht. Mit positiver Gitterspannung aber kommen wir in ein Gebiet der Kennlinie, das nicht brauchbar ist (Gitterströme!). Wenn wir also Spannungen verstärken wollen, die sowohl positiv wie negativ sein können (z. B. niederfrequente Wechselspannungen), dann müssen wir (eine geeignete Röhre vorausgesetzt) eine genügend große *Gittervorspannung* anlegen, damit auch die größte Schwankung der ankommenden Wechselspannung noch nicht zu positiven Gitterspannungen führen kann. In der Kennlinie Bild 143 wählen wir die negative Gittervorspannung zu etwa — 3 V. Nun hat die überlagerte Wechselspannung Gelegenheit, etwa 3 V nach + oder 3 V nach — auszuschlagen. Im ersteren Fall ergibt sich eine Gitterspannung von 0 V, im zweiten eine solche von — 6 V.

Würde die zu verstärkende Wechselspannung einen Scheitelwert von 4 V haben, dann bekäme man im obigen Fall einerseits + 1 V, also positive Gitterspannung, andrerseits eine Spannung von — 7 V, also eine

Gitterspannung, die bereits in den gekrümmten Teil der Kennlinie hineinführt. Das gibt aber Verzerrungen der Verstärkung. Beides muß vermieden werden: Man darf die Röhre nicht „*übersteuern*".

Bei nicht übersteuerter Röhre wirkt sich die Verstärkung der ankommenden Spannungsschwankungen (Wechselspannungen oder Mischspannungen) etwa wie folgt aus:

Diese Spannungen sollen verstärkt werden (Bild 147 a). Der Einfachheit halber ist die Kurve aus geraden Linien zusammengesetzt.

Auf die negative Gitterspannung überlagert ergibt sich dieses Spannungsbild (Bild 147 b). Die Spannung schwankt nur im negativen Bereich.

Diese negativen Gitterspannungen ergeben Schwankungen des Anodenstromes, die wir aus der Röhrenkennlinie ermitteln können. Führen wir das Punkt für Punkt durch, wie das in Bild 148 für sinusförmige Wechselspannung am Gitter gezeigt wird, so erhalten wir einen Anodenmischstrom und am Widerstand *R* eine Mischspannung, aus der wir (z. B. mittels elektrischer Weiche oder Ausgangstransformator) die Wechselspannung aussieben können. So ergibt sich schließlich Bild 147 c, das Bild 147 a in der Form entspricht. Aus den geringen Spannungsschwankungen sind aber verstärkte, große Spannungsschwankungen geworden.

Die Steilheit der Kennlinie beeinflußt den Verstärkungsgrad! Im Bild 148 sind 2 Kennlinien von Röhren gezeichnet. Für diese beiden Röhren ist eine negative Gittervorspannung von 4 V zweckmäßig. Dieser Vorspannung wird eine Gitterwechselspannung von 3 V Scheitelwert überlagert.

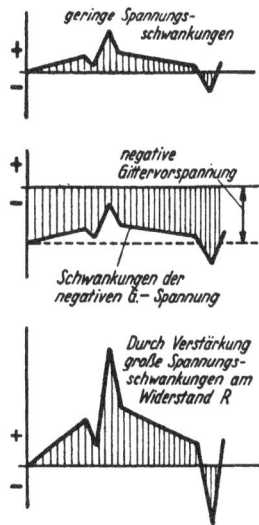

Bild 147 a bis c

8*

Solange keine Wechselspannung am Gitter liegt, wird durch die Vorspannung ein Anodenstrom von 2,2 mA in der Röhre mit flacher Kennlinie und ein solcher von 8 mA in der Röhre mit steiler Kennlinie verursacht. Diesen Strom heißt man auch „Anodenruhestrom",

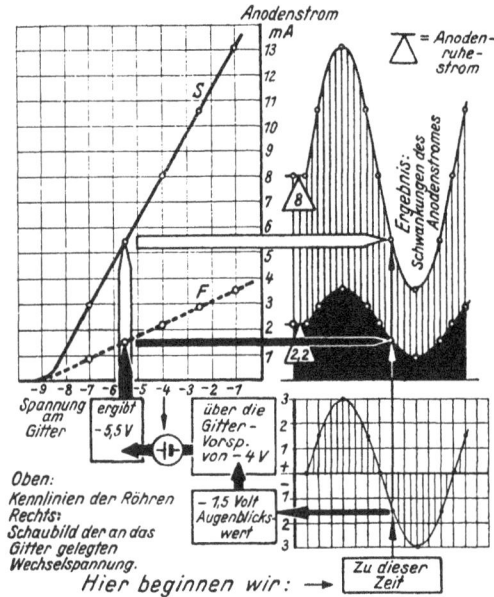

Bild 148

weil die Gitterspannung in Ruhe ist. Beginnt durch die überlagerte Gitterwechselspannung die Spannung am Gitter zu schwanken, so macht diese Schwankungen auch der Anodenstrom mit, es entsteht ein Anodenmischstrom. Die Röhre mit der steilen Kennlinie ergibt, wie man ohne weiteres ersehen kann, größere Schwankungen des Anodenstromes, damit aber auch größere Anodenwechselspannungen (13,5 mA) und eine höhere Verstärkung als die Röhre mit der flachen Kennlinie (4,0 mA).

c) DIE QUELLE DER GITTERVORSPANNUNG

In den bisherigen Schaltungen haben wir als Stromquelle für die Gittervorspannungen einfach eine Gitterbatterie genommen. Das ist aber dann nicht mehr praktisch, wenn schon die Anodenstromquelle und die Heizstromquelle durch das Starkstromnetz ersetzt wurden. Dann hilft man sich wie folgt:

a) Abgriff der Gittervorspannung an einem *Widerstand im Heizkreis* (Bild 149).

Diese Schaltung kommt nur bei Verstärkerröhren mit direkter Kathodenheizung in Betracht. Der Widerstand R_{gv} bringt die Gittervorspannung ($U_v = I \cdot R_{gv}$). Der Gitterwiderstand r (z. B. 0,5 mΩ) muß diese Spannung dem Gitter zuführen. (Der Widerstand r darf nicht klein sein, weil

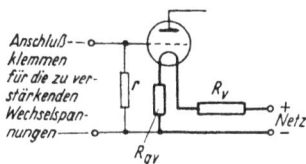

Anschluß-
klemmen
für die zu ver-
stärkenden
Wechselspan-
nungen

R_v

$+$
Netz
$-$

R_{gv}
Bild 149

er ja sonst die ankommenden und zu verstärkenden Wechselspannungen kurzschließen würde!) An Stelle dieses Widerstandes r kann auch die Sekundärwicklung eines Transformators stehen (s. Bild 151). R_v vernichtet die für die Heizung und Vorspannung überflüssige Spannung des Netzes.

Beispiel: Der Heizstrom einer Verstärkerröhre RE 134 (direkt geheizt!) beträgt 150 mA. Der Anschluß der Heizung erfolgt an Gleichspannung 220 [110] V. Die erforderliche Gittervorspannung soll 10 [6] V betragen. Berechne den Widerstand für die Gittervorspannung und den außerdem erforderlichen Vorschaltwiderstand im Heizkreis (Heizfadenspannung 4 V)!

Lösung: Der Gesamtvorwiderstand im Heizkreis ($R_{gv} + R_v$) ergibt sich zu
$R = U : I = 216 : 0,150 = 1440\ \Omega$.
Der Gittervorspannungswiderstand muß sein:
$R_{gv} = u_g : I = 10 : 0,150 = 66,7 =$ rund **67** [40] Ω.
R_v ergibt sich dann zu $1440 - 67 = $ **1373** [668] Ω.

b) Gittervorspannung durch einen *Kathodenwiderstand*.
Bei Röhren mit indirekter Heizung schaltet man nach
Bild 150 einen „Kathodenwiderstand" in die Kathoden-
zuleitung. Dieser Widerstand R_k errechnet sich aus
der gewünschten Gittervorspannung und dem in der
Kathodenleitung fließenden Anodenstrom[1] (s. Bild 137!).

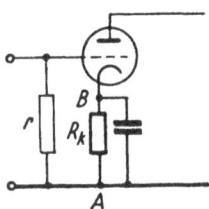

Beachte, daß Punkt *A* gegenüber
Punkt *B* negativ ist! Damit die zu
verstärkende Wechselspannung ungehindert zwischen Gitter und Kathode wirken kann, schafft man ihr
einen besseren Weg durch Überbrückung des Kathodenwiderstandes
mittels eines Kondensators (bis zu
100 μF, meist Elektrolytkondensa-
tor.) (In der Regel 8 bis 20 μF für Niederfrequenz-
Verstärkerröhren, 0,1 μF für Hochfrequenz-Verstärker-
röhren. Berechnung siehe Anhang B.) Der Widerstand *r*
dient dazu, diese Gittervorspannung dem Gitter zuzuführen und wird daher Gitterwiderstand genannt.
Das hat folgende Vorteile:

Bild 150

a) Der Anodenstrom bleibt unbeeinflußt vom Widerstand der
angeschlossenen Leitungen und Geräte (Lautsprecher, Fernmeldegeräte).

b) Durch den Transformator kann man je nach den angeschlossenen Geräten „hinauf" oder „herunter" transformieren.
Im ersteren Fall bekommen wir höhere Wechselspannungen,
im zweiten dagegen höhere Ströme. (Auch die Frage der „Anpassung" spielt hier mit; siehe später.)

c) Die Eingangswicklung (primär) des Ausgangstransformators
wirkt als Drossel. Sie hat für den Anodengleichstrom geringen,
für den Anodenwechselstrom aber großen Widerstand. Das
hat den Erfolg, daß ein geringer Gleichspannungsabfall, aber

---

[1] Man meint damit den sogenannten „Anodenruhestrom", der
dann auftritt, wenn die eingestellte Gittervorspannung allein
wirkt, also keine Wechselspannungen überlagert sind, die ein
Schwanken des Anodenstromes herbeiführen würden.

ein hoher Wechselspannungsabfall vorliegt. (Ein kleiner Nachteil ist allerdings, daß der Wechselstromwiderstand der Wicklung für die verschiedenen Frequenzen verschieden ist!)

Beispiel: Bei einer bestimmten indirekt geheizten Röhre beträgt der Anodenruhestrom $I_a = 45$ mA. Wie groß muß der Kathodenwiderstand gewählt werden, damit eine negative Gittervorspannung von 8 V erhalten wird?

Lösung: $R_k = u_g : I_a = 8 : 0{,}045 = 178$ Ω.

d) VERSTÄRKER MIT ÜBERTRAGER
(Siehe auch Abschnitt X, A, 5.)

Meist wird der Verstärker sowohl eingangsseitig wie auch ausgangsseitig über Übertrager angeschlossen. Beim Ausgangsübertrager bildet die Primärwicklung (Eingangswicklung) gleichzeitig den Anodenwiderstand R.

Größere Verstärker haben nicht nur **eine** solche Verstärkerröhre, sondern 2 oder 3 Röhren so geschaltet, daß die verstärkte Spannung der ersten Röhre mit dem Gitter der zweiten Röhre und die verstärkte Spannung der zweiten Röhre mit dem Gitter der dritten Röhre gekoppelt ist. So ist es möglich, daß vieltausendfache (bis millionenfache) Verstärkungen

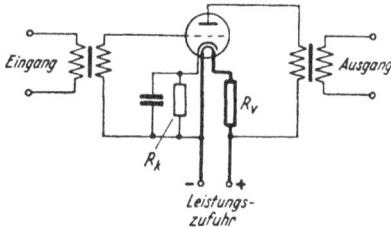

Bild 151

zustande kommen. Nimmt man an, jede der Röhren würde nur fünffach verstärken, so würden 3 Röhren in obiger Schaltung $5 \cdot 5 \cdot 5 = 125$fach verstärken.

Der Netzanschluß für Anode. Wie wird die Anodengleichspannung erhalten? Wenn man ein Gerät für Gleichstromnetzanschluß baut, dann kann man die Anodenspannung direkt aus dem Netz entnehmen (wenn nötig

mit Siebkette geglättet!). Steht aber ein Wechselstromnetz zur Verfügung, dann muß man sich mittels eines
Gleichrichters erst eine Anodengleichspannung herstellen.
In der Regel dient dazu die Gleichrichterröhre (siehe
dort!), manchmal werden aber auch Trockengleichrichter
verwendet. Die gleichgerichtete Spannung ist natürlich
noch keine Gleichspannung. Wie bereits im Abschnitt
,,Röhrengleichrichter" ausgeführt wurde, muß durch
Drosseln, Kondensatoren oder Siebketten geglättet
werden. (Siehe auch Abschnitt X, A, 8.)

Spannungsverstärkung, Leistungsverstärkung, Endstufe. Spannungsverstärkung brauchen wir, um der ,,Endröhre" (also der
letzten Röhre beim Ausgang des Verstärkergerätes, siehe auch
Abschnitt ,,Rundfunkgeräte") möglichst hohe Gitterwechselspannungen zuführen zu können. Die Endröhre hingegen muß
uns möglichst hohe Leistung liefern, denn im Anschluß an sie
sollen doch Lautsprecher oder Fernmeldegeräte mit verhältnismäßig hohem Leistungsbedarf betrieben werden. Je nach dem
Zweck der Röhre muß sie innen ausgestattet sein und müssen
die dazugehörigen Schaltgeräte (Widerstände, Transformatoren usw.) gewählt werden.

Kraftverstärker. Kraftverstärker sind solche Niederfrequenzverstärker, die eine Ausgangsleistung von mindestens 10 Watt
aufweisen und dazu dienen, mehrere oder größere Lautsprecher
zu betreiben. Solche Verstärker werden in der Regel nur für
den Anschluß an Wechselstromnetze gebaut und sind in folgenden
Ausgangsleistungen genormt: 25, 75, 250 und 750 W. (Es
werden auch Zwischenwerte, z. B. 20 W, geliefert.)

IV. DIE LEITUNG

Leitungsarten — Besonderheiten der Übertragung

In Bd. I wurden die Fragen der Fortleitung elektrischer
Energie geklärt, die sich in der Starkstromtechnik ergeben. Wir schließen hier ein Kapitel an, das sich er-
gänzend mit den *Fernmeldeleitungen* befaßt. Selbst-

verständlich sind die Gesichtspunkte ebenfalls zu beachten, die für die Planung von Starkstromleitungen
gelten, wie Spannungsabfall, Leistungsverlust, Isolations-
werte, Belastbarkeit usw. Neben diesen, teilweise zweit-
rangig werdenden Fragen kommen aber noch andere
hinzu, die ebenso oder noch mehr geprüft werden müssen.
Niedere Spannung, zahlenmäßige Vermehrung der Adern
einer Leitung u. ä. verlangen auch mitunter eine Änderung des Aufbaues der Leitungen. Die folgenden Abschnitte sollen einen kleinen Einblick bringen.

A. Leitungsarten[1]

Für den Aufbau und die Verwendung der Fernmeldeleitungen sind die Vorschriften des Verbandes Deutscher
Elektrotechniker maßgebend:

VDE 0800: Vorschriften und Regeln für die Errichtung
elektrischer Fernmeldeanlagen.

VDE 0810: Vorschriften für isolierte Leitungen in
Fernmeldeanlagen.

Während die Starkstromleitungen nach Querschnitten
genormt sind, tritt bei den Fernmeldeleitungen eine Ab-
stufung nach Durchmesser ein.
Normdurchmesser: 0,5 — 0,6 — 0,8 — 1,0 — 1,5 — 1,8—
2,0 mm.

VDE 0800 entnehmen wir folgende Zusammenstellung
der in Fernmeldeanlagen verwendbaren Leitungen. (In
diesen Vorschriften sind auch Angaben enthalten, für
welche Klassen von Fernmeldeanlagen und Raum-
gruppen [trockene, feuchte usw.] die Leitungen verwendet werden dürfen.)

---

[1] Wer sich für die praktische Ausführung von Fernmeldeleitungen interessiert, dem seien die beiden Bändchen von
Ernst Plass, „Bau von Fernmeldeleitungen", Teil 1: Leitungen
in Gebäuden, Teil 2: Außenleitungen, Verlag R. Oldenbourg,
bestens empfohlen.

Bezeichnung	Typenkurzzeichen

I. Isolierte Drähte

Baumwollwachsdraht .... BW
Seidenbaumwolldraht .... SB
Lackpapierdraht .... LP
Seidenlackdraht................ SL, LSL, LUL, LSUL
Gummidraht .... G
Kunststoffisolierter Draht .... YG
Umhüllter wetterfester Freileitungsdraht (Umhüllung nur als Korrosionsschutz .... PLW
Isolierter wetterfester Freileitungsdraht .... GLW

II. Rohrdrähte

a) *Blanke Rohrdrähte*

mit lackpapierbaumwollisolierten Adern .... LPBRZ, LPBRZr
mit gummiisolierten Adern ... GRZ, GRZr
mit kunststoffisolierten Adern YGRZ, YGRZr

b) *umhüllte Rohrdrähte*

mit gummiisolierten Adern ... GRFeU, GRFerU
mit kunststoffisolierten Adern YGRFeU, YGRFerU

III. Innenkabel ohne Bleimantel

a) *mit getränkter Faserstoffumhüllung*

mit papierbaumwollisolierten Adern...................... PBK
mit lackpapierisolierten Adern LPK
mit lackpapierbaumwollisolierten Adern .... LPBK

b) *mit Kunststoffmantel*

mit lackpapierbaumwollisolierten Adern .... YLPBM
mit gummiisolierten Adern ... GYM
mit kunststoffisolierten Adern YGYM

Bezeichnung	Typenkurzzeichen

IV. Innenkabel mit Bleimantel

Innenlackpapierkabel .... JLPM
Innenpapierbaumwollkabel ...... JPBM
Innengummikabel .... JGM

V. Außenkabel (immer mit Bleimantel)

Außenpapierkabel .... APM
Außenlackpapierkabel .... ALPM
Außenpapierbaumwollkabel ...... APBM
Außenlackpapierbaumwollkabel .. ALPBM
Außengummikabel .... AGM

Außer den vorgenannten Leitungen für feste Verlegung braucht man auch *Leitungen zum Anschluß ortsveränderlicher Geräte*: Klingelschnüre, geeignet zum Anschluß ortsveränderlicher Taster in Klingelanlagen bei Spannungen bis 24 V; Fernsprech- und Telegrafenschnüre mit Kupfergespinstleitern, geeignet

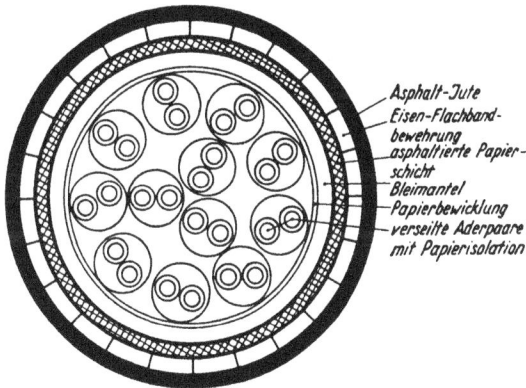

Bild 152: Beispiel eines Außenkabels mit Bleimantel

für hohe mechanische Beanspruchung und leichte Bewegbarkeit in Fernsprech- und Telegrafenanlagen; Fernsprech- und Telegrafenschnüre mit Drahtlitzenleiter, geeignet für geringere mechanische Beanspruchung in Fernsprech- und Telegrafenanlagen.

Freileitungen. Aus VDE 0800 § 19 c entnehmen wir:

„Der zulässige *Mindestdurchmesser* ist für Stahldrähte 2 mm, für Bronzedrähte 1,5 mm."

Folgende Leitungen sind gebräuchlich:

Stahl, verzinkt 2; 3; 4; 5 mm Durchmesser;
Bronze   1,5; 2; 3; 4; 4,5; 5 mm Durchmesser;
Hartkupfer   2; 2,5; 3; 3,5; 4; 4,5; 5 mm Durchmesser.

B. Besonderheiten bei Übertragungen in Fernmeldeanlagen

Haben wir es mit kleinen Fernmeldeanlagen auf verhältnismäßig kurze Entfernungen zu tun, also z. B. um Läutwerkanlagen, Lichtsignalanlagen, Raumschutzanlagen o. dgl., dann ist es lediglich notwendig zu prüfen, ob

1. der Drahtquerschnitt der Belastung entspricht;

2. der Spannungs- oder Leistungsverlust erträgliche Grenzen einhält;

3. die gewählte Isolation der Spannung und den äußeren Einflüssen (mechanisch, Feuchtigkeit, Temperatur) gewachsen ist.

Die Verhältnisse liegen also nicht viel anders als bei Starkstromanlagen. Ganz anders wird die Sache, wenn man es mit Leitungen auf viele Kilometer Entfernung und mit vielen Leitungen auf gleichen Masten oder in Kabeln zu tun hat.

1. Einflüsse im Fernmeldestromkreis selbst

Bild 153 weist auf die Einflußgrößen hin, die bei einer langen Fernmeldeleitung zu beachten sind[1].

---

[1] Unberücksichtigt gelassen wurde die sogenannte Hautwirkung (Skineffekt), derzufolge bei Wechselstrom (besonders bei hoher Frequenz) in der obersten Schicht des Leiters eine höhere Stromdichte auftritt als im inneren Teil des Leiterquerschnittes.

Alle diese Größen bewirken eine Dämpfung des Strom-
flusses, eine Verschlechterung der Übertragung, die bis
zur Unbrauchbarkeit führen kann. Nimmt man an, daß
am Anfang einer längeren Leitung ein Strom von etwa
50 mA fließt, so kann durch Ableitung und, sofern es
sich um Wechselstromübertragung oder um Telegrafie

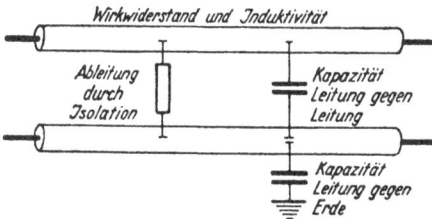

Bild 153

(mit häufigen kurzen Stromimpulsen) handelt, auch durch
die Kapazität der Leitungsdrähte gegeneinander der
größte Teil des Stromes schon im Verlauf der Leitung
seinen Weg zur zweiten Ader suchen, während nur
mehr wenige Milliampere am Ende der Leitung für die
Weitergabe der Zeichen zur Verfügung stehen.

Bei Freileitungen spielt die Induktivität und bei Kabeln
die Kapazität eine besondere Rolle. In geringem Umfang kann man diese unerwünschten Nebenerscheinungen
durch die Bauart verkleinern. Da aber dem aus wirt-
schaftlichen Gründen eine Grenze gesetzt ist, muß man
zusehen, die Induktivität und die Kapazität in ein
geeignetes Verhältnis zueinander zu bringen, etwa so,
wie man bei einem Schwingkreis aus Induktivität und
Kapazität durch Abstimmung einer der beiden Größen
auf „Resonanz" einstellt.

Überwiegend handelt es sich darum, daß die Induktivität
zur Verbesserung der Übertragung vergrößert werden
muß. Es gibt zwei Verfahren:

Die Pupinspule. Die Vergrößerung der Induktivität der
Leitung wird dadurch herbeigeführt, daß in bestimmten
Abständen (bei Normalfernkabeln z. B. 1,7 oder 2 km)
in die Leitung Drosselspulen, sogenannte Pupinspulen
eingeschaltet werden, wie das Bild 154 zeigt.
Die Größe der Spuleninduktivität und die Abstände der
Pupinspulen festzulegen, ist Sache der Berechnung durch
den Fernmeldeingenieur.

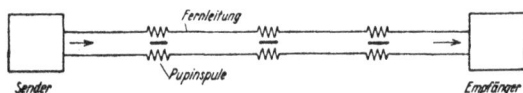

Bild 154

Die Krarupleitung. Während die Pupinspule nur ab-
standsweise zusätzliche Induktivitäten einführt, vergrößert die Krarupleitung die Induktivität der ganzen
Leitung fortlaufend. Der Leitungsdraht ist dazu mit
dünnem Eisendraht oder -band einer Eisennickellegierung
bewickelt. Das begünstigt das um den Leiter entstehende
Magnetfeld und erhöht damit die Induktivität.

2. Beeinflussung anderer Fernmeldestromkreise

Die Beeinflussung anderer Fernmeldestromkreise, die
in der Nähe einer Leitung verlaufen, nennt der Fernmeldetechniker „Übersprechen". Dieses Wort ist aus der
Fernsprechtechnik entnommen und sagt, daß durch
Induktion (von einer Leitung auf die andere) Gespräche,
die in der ersten Leitung laufen, auch über die zweite
Leitung gehört werden können. Das muß natürlich
verhindert werden.
Das Übersprechen wird durch Leitungskreuzung bei Freileitungen bzw. durch Aderverseilung bei Kabeln beseitigt.
Bild 155: Leitung *I* und Leitung *II* mit je 2 Adern laufen nebeneinander. Der Strom in *I b* wird in *II a* und in *II b* durch
sein Magnetfeld Ströme induzieren. In der ersten Hälfte der

Leitung einen starken Strom in *II a* und der größeren Entfernung wegen einen schwachen Strom in *II b*. In der zweiten
Hälfte des Leitungszuges ist es umgekehrt. In dem an *II* angeschlossenen Gerät gleichen sich die Ströme durch die Leitungskreuzung aus, sind also unwirksam. Genau so ist es bei der
Induktion von *I a* auf *II a* und *II b*.

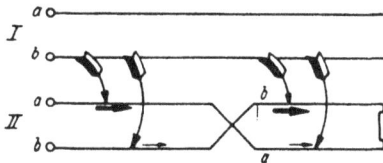

Bild 155

Bei Kabeln werden die einzelnen Adern bei der Herstellung gegeneinander „verseilt" wie die einzelnen
Fäden eines Seiles. Die Auswirkung dieser Verseilung
ist die gleiche wie bei der Kreuzung der Freileitung.

3. Die Anpassung

Wenn wir an die Starkstromleitung irgendein Gerät
anschließen wollen, dann richten wir es so ein, daß das
Gerät für die Spannung gebaut ist, die das Netz hat.
Wir passen sozusagen das Gerät dem Netz an, wenn wir
beispielsweise den Rundfunkempfänger durch Umschaltung einiger Kontakte beim Transformator oder an den
Widerständen auf die Netzspannung einstellen.
In der Fernmeldetechnik nimmt aber die „Anpassung"
einen viel größeren Raum ein und ist besonders mit den
Werten der Leitung eng verbunden. Aus diesem Grunde
soll hier ein Abschnitt über die Anpassung eingeschoben
werden, wenn auch in vielen Fällen die Anpassung
sich nur auf Geräte, Widerstände usw. bezieht
(z. B. Anpassung eines Lautsprechers mittels Übertrager
an die Endröhre). (Siehe Abschnitt X, c, Rundfunk.)
Anpassen heißt, die Verhältnisse so gestalten, daß bei
der Übertragung günstige Ergebnisse erzielt werden,

daß im Empfangsgerät (Fernhörer, Telegrafengerät, Empfangsrelais u. ä.) möglichst hohe Empfangsleistungen bei wirtschaftlichem Aufwand erreicht werden. Durch Beispiele wollen wir einen kleinen Einblick gewinnen:

Schließen wir beispielsweise an eine Batterie von 10 V Spannung einen Widerstand an, dessen Widerstandswert praktisch unendlich groß ist, dann herrscht zwar am Widerstand die ganze Spannung von 10 V, aber es fließt kein Strom. Also Leistung Null! Nehmen wir dagegen einen Widerstand von praktisch 0 Ohm, so fließt zwar die größte Stromstärke, die mit Rücksicht auf den inneren Widerstand der Batterie möglich ist, am Widerstand herrscht aber dafür eine Spannung von 0 Volt. Es ist also auch hier die Leistung im Widerstand 0 Watt. Leistung kann im Widerstand offensichtlich nur dann verbraucht werden, wenn der Widerstandswert zwischen Null und Unendlich beträgt. Bei welchem Widerstandswert die größte Leistungsaufnahme in Betracht kommt, das müssen wir erst ergründen.

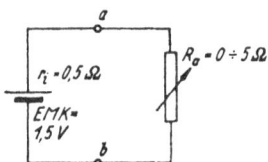

Bild 156

Dazu rechnen wir im Stromkreis nach Bild 156 die im Regelwiderstand auftretende Leistung bei verschiedenen Reglerstellungen aus. Verbindungsleitungen bleiben dabei als praktisch widerstandslos ohne Berücksichtigung. Die ermittelten Leistungswerte für verschiedene Reglerstellungen tragen wir in einem Schaubild in Abhängigkeit vom Widerstand R_a ein und erhalten damit Bild 157.

Der Berechnungsgang:

Gesamtwiderstand im Stromkreis $= R = R_a + r_i$;

$I = EMK : R; \quad U_a = I \cdot R_a; \quad N = U_a \cdot I.$

R_a Ohm	R Ohm	I Ampere	U_a Volt	N Watt
0,0	0,5	3,0	0,0	0,0
0,25	0,75	2,0	0,5	1,0
0,5	1,0	1,5	0,75	1,125
0,75	1,25	1,2	0,9	1,08
1,0	1,5	1,0	1,0	1,0
1,5	2,0	0,75	1,125	0,845
2,0	2,5	0,6	1,2	0,72
3,0	3,5	0,43	1,29	0,55
4,0	4,5	0,333	1,33	0,445
5,0	5,5	0,27	1,35	0,375

Wir sehen, daß dann im Widerstand R_a der größte Leistungsverbrauch auftritt, wenn der Widerstand auf 0,5 Ω eingestellt wird, also auf den gleichen Widerstand, wie ihn das Element selbst aufweist. Würden wir weitere Beispiele mit anderen Worten von r_i durchführen, dann wäre das Ergebnis immer das gleiche: *Günstigste Anpassung bei $R_a = r_i$.*

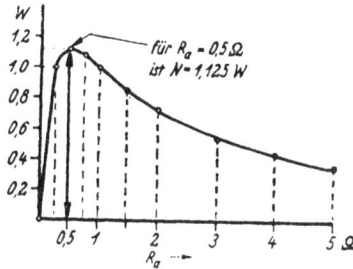

Bild 157

Nun erweitern wir das Beispiel durch Einführung einer Leitung (Bild 158). Da der Widerstand der Leitung bei Fernmeldeanlagen oft den

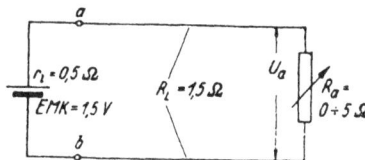

Bild 158

Innenwiderstand der Stromquelle übersteigt, wollen wir auch im Beispiel den Leitungswiderstand größer wählen.

Die Berechnung geht in der gleichen Weise vor sich.
Der Gesamtwiderstand setzt sich jedoch aus den drei
Werten R_a, r_i und R_L zusammen. Die Tabelle mag man
sich zur Kontrolle selbst aufstellen. Hier sind die bei den
verschiedenen R_a-Werten ermittelten „Ausgangsleistungen" gleich in ein Schaubild (Bild 159) eingetragen.
Die größte Leistung im Widerstand R_a ist also dann
gegeben, wenn dieser Widerstand auf den Wert eingestellt wird, den wir durch Zusammenzählen des Lei-

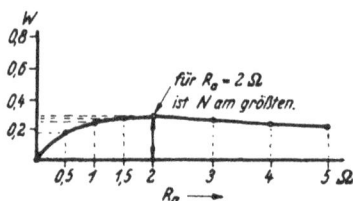

Bild 159

tungswiderstands und des Innenwiderstandes des Elementes erhalten, also auf 1,5 + 0,5 = 2,0 Ω. *Der Leitungswiderstand ist also bei Fernmeldeanlagen wichtig für die
„Anpassung".*
Würde man den Außenwiderstand R_a kleiner wählen als
den „Anpassungswiderstand" (im Beispiel 2,0 Ω), so
wäre das als „Unteranpassung" zu bezeichnen. „Überanpassung" dagegen liegt vor, wenn man den Außenwiderstand größer macht als den berechneten Anpassungswiderstand.
Nicht immer liegt aber der Fall so, daß man den Widerstand des angeschlossenen Gerätes wählen kann. Paßt
der vorhandene Anschlußwiderstand nicht zum Widerstand der Stromquelle und der Leitung, so kann man
sich bei Wechselstrom dadurch helfen, daß man einen
Zwischentransformator (Übertrager) einschiebt, dessen
Eingangswicklung an die Stromquelle und dessen Aus-

gangswicklung an das Gerät angepaßt ist. Das Übersetzungsverhältnis des Übertragers muß dementsprechend berechnet werden. (Siehe Abschnitt X, C.)
Da bei Fernmeldeanlagen mit Wechselstrombetrieb nicht nur der Wirkwiderstand (= Ohmsche Widerstand), sondern auch der Wechselstromwiderstand wichtig ist, *muß die Anpassung sich auf den Wechselstromwiderstand beziehen.* Nun wird aber die Sache verwickelt, weil hier nicht nur die Induktivität, sondern auch die Kapazität der Leitung ein gewichtiges Wort mitspricht. Der Fernmeldeingenieur hat diese Werte mit einer besonderen Formel zu dem sogenannten „*Wellenwiderstand*" zusammengefaßt. Für den Elektropraktiker ist es nicht erforderlich, solche Berechnungen anzustellen. Darum wollen wir es dabei belassen, daß wir einen Einblick in die Gedankengänge der „Anpassung" getan haben und uns in den einfachen Fällen selbst helfen können. Im Abschnitt „Rundfunktechnik" (X, c) wird noch einiges über Anpassung zu sagen sein.

V. SCHUTZEINRICHTUNGEN

Überstromschutz — Überspannungsschutz

Wie in Starkstromanlagen sind natürlich auch in Fernmeldeanlagen Störungen der verschiedensten Art möglich. Man muß deshalb auch in Fernmeldeanlagen Schutzeinrichtungen einbauen zum Schutz der Anlage bei solchen Störungen, wie sie durch *Überstrom* infolge eines Isolationsfehlers, eines Kurzschlusses oder einer Überlastung oder durch *Überspannung* auftreten können. Überspannungen sind möglich durch direkten Blitzschlag, durch Aufladung der Freileitung oder schließlich auch durch direkte Berührung einer Fernmeldeleitung mit einer Starkstromleitung infolge Leitungsbruch.

9*

A. Überstromschutz

Da in Fernmeldeanlagen die Ströme in der Regel verhältnismäßig gering sind, beherrscht die „Schmelzsicherung" das Feld. Überstromautomaten in Fernmeldeanlagen finden nur in den Zentralen von Fernsprechämtern, Telegrafenämtern u. ä. großen Stromversorgungen von Fernmeldeanlagen Verwendung. Wie bei Starkstromanlagen sollen die Stromsicherungen „Geräte und Anlagen gegen Ströme unzulässiger Stärke und Dauer durch Abschmelzen eines vom Strom durchflossenen Leiters schützen", wie es in den „*Leitsätzen für Gerätesicherungen der Fernmeldetechnik, VDE 0820*" heißt. Hierzu sei noch auf § 30 der „*Vorschriften für Fernmeldeanlagen, VDE 0800*" hingewiesen, worin es heißt:

V D E	„Geräte und Leitungen der Fernmeldeanlagen müssen durch Einschaltung geeigneter Sicherungen geschützt werden, sofern unzulässige Erwärmung infolge von Überstrom entstehen kann."

Wenn also beispielsweise eine Läutwerksanlage mit Beutelelementen betrieben wird, so sind Sicherungen überflüssig, denn der innere Widerstand der Elemente ist schon so groß, daß eine höhere, die Anlage gefährdende Stromstärke gar nicht entstehen kann, wenn auch der Kurzschluß in der Anlage direkt bei den Elementen auftritt. — Anders aber bei Betrieb mittels Akkumulatoren. Der innere Widerstand von Akkumulatoren ist verhältnismäßig klein. Ein Kurzschluß der Leitung kann hier unter Umständen zur übermäßigen Erwärmung der Leitungen und damit zu einem Brand führen. Hier muß also gleich nach dem Akkumulator eine entsprechende Stromsicherung eingebaut werden. — Die Grundsätze für die Beantwortung der Frage, „wo Sicherungen eingebaut werden müssen", entsprechen im übrigen den Vorschriften für die Absicherung von Starkstromleitungen.

V
D
E

Die *Nennstromstärken* sind in VDE 0820 wie folgt festgelegt:

0,03 — 0,05 — 0,08 — 0,12 — 0,16 — 0,20 — 0,25
0,4 — 0,6 — 1,0 — 1,6 — 2,5 — 4 — 6 — 10 A.

Der Bauart nach unterscheidet man Grobsicherungen, Feinsicherungen und Zeitsicherungen.

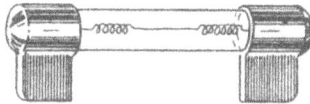

Bild 160

Grobsicherungen. In einem Glasröhrchen mit 2 Anschlußkontakten ist von Kontakt zu Kontakt ein feiner Schmelzdraht gespannt, der so bemessen ist, daß er bei länger dauernder Überschreitung der Nennstromstärke um einen unzulässigen Betrag durchschmilzt (Bild 160).

Feinsicherungen. Die Bauart unterscheidet sich von den Grobsicherungen nur dadurch, daß an Stelle des Schmelzdrahtes eine feine Drahtwendel mit federnder Spannung zwischen den Kontakten liegt. Die Wendel ist in der Mitte unterbrochen und mittels des bei 70° schmelzenden Woodmetalls wieder zusammengelötet. Wird die Stromstärke zu groß und damit die Lötstelle zu heiß, dann schmilzt das Metall und die Federspannung reißt die Verbindungsstelle auseinander.

Zeitsicherungen. Wie man für die Starkstromanlagen die sogenannte „Trägsicherung" gebaut hat, verwendet

man in der Fernmeldetechnik sogenannte „Zeitsicherungen". Der Aufbau sei an Bild 161 (schematisch)
erläutert. Die Metallhülse h ist mit dem leicht schmelz-
baren Woodmetall (Legierung aus Wismut, Blei, Zinn
und Kadmium) gefüllt. Durch diese Füllung f ist ein
Metallstift s geführt. Der Anschlußring a ist von der
Hülse isoliert. Um die Hülse ist eine Heizwicklung H
von etwa 25 Ω isoliert gelegt. Der Vorgang verläuft

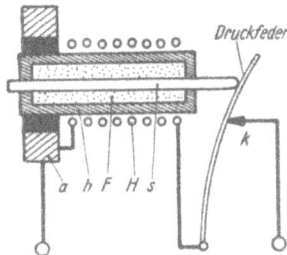

Bild 161

nun so: Vor Einsetzen der Sicherung in eine Kontakteinrichtung mit Druckfeder wird durch Erwärmung
auf etwa 70⁰ das Woodmetall zum Schmelzen gebracht.
Im flüssigen Zustand des Metalls wird der Stift s so verschoben, daß er so liegt, wie das Bild zeigt. Nach Er-
kalten ist der Stift in dieser Lage festgelötet, die Sicherung wird in die Kontakteinrichtung eingesetzt und ist
nun gebrauchsfertig. Tritt eine unzulässig hohe Stromstärke längere Zeit auf, dann wird durch die Heizwicklung das Woodmetall zum Schmelzen gebracht.
Die Druckfeder drückt den freigegebenen Stift durch die
Hülse und unterbricht gleichzeitig durch Öffnung des
Kontaktes k den Stromkreis. Durch geeignete Kontakteinrichtung kann eine gleichzeitige Erdung der Anlage
herbeigeführt werden. Die zeitliche Verzögerung bis zur
Abschaltung kann je nach Stromstärke Sekunden bis
1 Minute betragen.

B. Überspannungsschutz

In § 32 der oben genannten Vorschrift VDE 0800 ist
festgelegt:

<table>
<tr><td>V
D
E</td><td>„Freileitungen müssen an beiden Enden Spannungssicherungen erhalten. Hiervon darf abgesehen werden, wenn die Länge der Freileitung nicht mehr als 25 m und ihre Höhe über dem Erdboden nicht mehr als 5 m beträgt und keine Starkstromfreileitungen gekreuzt werden ...“</td></tr>
</table>

Grobspannungsschutz. Dieses im wesentlichen für hohe
Überspannungen vorgesehene Schutz-
gerät besteht aus zwei in geringem
Abstand gegenüberliegenden Elektro-
den aus Metall oder Kohle. Die Elektroden sind zusammen in einem Gehäuse eingebaut und mit Anschlüssen versehen. Die eine der Elektroden ist oft auch
mit einer Zahnung versehen, die der zweiten Elektrode
gegenüberliegt. Durch die Spitzenwirkung wird der
Überschlag zum gewollten „Erdschluß“ der Überspannungen erleichtert.

Feinspannungsschutz. Dieser auch „Luftleerblitzableiter“
genannte Schutz unterscheidet sich
vom Grobschutz dadurch, daß die
Elektroden in ein luftleer gepumptes
Gehäuse eingebaut sind. Schon bei verhältnismäßig
geringen Überspannungen setzt eine Glimmentladung
ein, die dann einen Lichtbogen einleitet. Durch den
Lichtbogen wird die Überspannung zur Erde ab-
geführt.

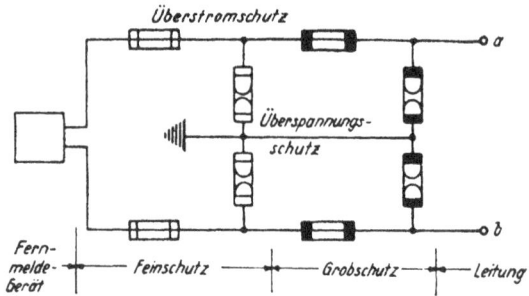

Bild 162

Wie beispielsweise bei einer Freileitung die Überspannungs- und Überstrom-Schutzeinrichtungen eingebaut
werden können, zeigt Bild 162.

ZWEITER TEIL

DER FERNMELDESTROMKREIS

VI. DER FERNMELDESTROMKREIS

Fernmeldestromkreis — Schaltpläne — Fernmeldeanlagen

Ein Unterschied sei zuerst herausgestellt, der sich in der Betrachtungsweise von Starkstromschaltungen einerseits und Fernmeldeschaltungen andrerseits ergibt: Während wir bei Starkstromschaltungen gewohnt sind, den Anschluß eines Gerätes an ein Netz oder eine sonstige Stromquelle als den Hauptvorgang zu betrachten, handelt es sich bei den Fernmeldeschaltungen vor allem darum, daß ein „Geber" (Sender) mit einem „Empfänger" verbunden wird, ohne dabei besonderen Wert auf den Platz der Stromquelle zu legen.

Bild 163 zeigt z. B. die einfachste Schaltung, die man sich denken kann. Ein Taster als Geber, ein Wecker als Empfänger der Zeichen und irgendwo im Stromkreis die Stromquelle.

Bild 163

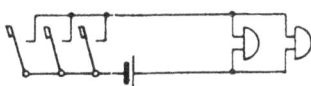

Bild 164

Aus einem derartigen einfachen Stromkreis wird ein verzweigter, verästelter, wenn man die Zahl der Geber, der Empfänger oder beider vermehrt (Bild 164) oder wenn man durch irgendwelche Schaltvorgänge be-

stimmte Geber mit bestimmten Empfängern verbindet
(Bild 165) oder durch eigene Leitungen solche Verbindungen herstellt (Bild 166).

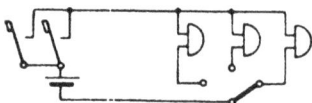 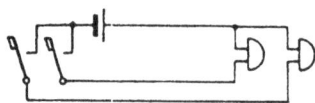

Bild 165   Bild 166

Je weiter man bei solchen Schaltungen mit den Forderun-
den an die Wirkungsweise geht, je mehr Arbeitsgänge
man von den Geräten verlangt, desto vorsichtiger muß
man bei der Überlegung der Schaltung sein. Besonders
bei der Einführung von verschiedenen Schalt- und Regeleinrichtungen, von Relais u. dgl. ist genaue Beachtung
aller in den Schaltplänen enthaltenen Leitungen, Schaltzeichen, Bezeichnungen und Hinweise erforderlich.

VII. SCHALTPLÄNE
ZUR DARSTELLUNG DER SCHALTUNG
A. Übersichtsschaltplan

In DIN 40700, Teil X, wird folgendes erklärt (Auszug):

D
I
N
│ *„Der Übersichtsschaltplan* ist die vereinfachte,
meist einpolige Darstellung der Schaltung einer
elektrischen Anlage, eines Anlageteiles oder eines
Gerätes durch Schaltzeichen. Er soll in großen
Zügen die Übersicht über die Anordnung geben."

Bild 167 zeigt einen solchen Übersichtsschaltplan, der die
Verbindung eines Gebers mit 2 Empfängern über ein
Regelgerät und eine elektrische Weiche darstellt, ohne
über die „innere" Schaltung der Geräte etwas auszusagen.
Will man durch den Plan erläutern, um welche Geräte

es sich handelt (Fernsprech-, Telegrafiegeräte oder
sonstiges), dann muß man zu weiteren, in DIN 40700
vorgeschriebenen Schaltzeichen greifen.

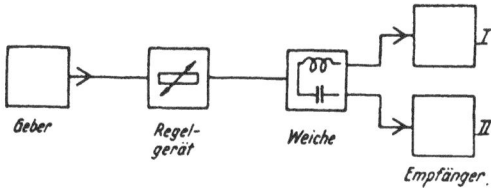

Bild 167

B. Stromlaufplan

Will man Genaueres über die Schaltung wissen, die Wirkungsweise und die einzelnen Schaltelemente erkennen,
so bedient man sich des Stromlaufplanes.

Aus DIN 40700, Teil X, entnehmen wir:

D

I

N

,,Der *Stromlaufplan* ist die nach Stromwegen aufgelöste Darstellung der Schaltung einer elektrischen
Anlage, eines Anlageteiles oder eines Gerätes mit
Hilfsleitungen und bei Plänen für ausgeführte
Anlagen auch mit ihren Klemm- und Lötstellen.
Der Stromlaufplan soll die Schaltung einer
elektrischen Anlage, eines Anlageteiles oder eines
Gerätes und ihre Wirkungsweise klar und deutlich
darstellen. Er dient zum Entwerfen und Erklären
verwickelter Schaltungen sowie zum Verfolgen
der einzelnen Stromwege beim Suchen von Stö-
rungsursachen und gegebenenfalls zum Erkennen
der Schaltfolge. Die Stromwege sollen möglichst
geradlinig und ohne Kreuzungen dargestellt werden,
ohne Rücksicht auf die räumliche Lage und den
mechanischen Zusammenhang der einzelnen Teile.''

Aus dieser Festlegung wollen wir uns die nachstehenden
Satzteile besonders herausgreifen und uns ihrer beim
Entwerfen von Schaltungszeichnungen erinnern:

„nach *Stromwegen* aufgelöste Darstellung",

„Wirkungsweise *klar und deutlich* darstellen",

„Stromwege *möglichst geradlinig* und ohne Kreuzungen",

„*ohne Rücksicht auf räumliche Lage* und mechanischen
Zusammenhang."

Folgende Beispiele sollen das erläutern:

Bild 168 stellt die Schaltung eines Kraftmagneten *KM*
dar, der mittels eines Schaltrelais eingeschaltet wird.
Das Relais *R* sorgt durch seine Selbsthaltung (Einschalten
von r_1) dafür, daß der Magnet auch eingeschaltet bleibt,
wenn der Taster *T* losgelassen wird. Erst beim Nieder-
drücken des Ausschaltetasters *AT* läßt das Relais den
Anker fallen und schaltet damit auch den Magnet *KM* aus.
Dieses Schaltbild ist bestimmt nicht unübersichtlich.
Besser aber zeigt die Wirkungsweise der Stromlaufplan
Bild 169. Zwischen dem positiven und dem negativen
Pol der Stromquelle liegen hier die Anlageteile. Man
erkennt, daß an die Pole der Stromquelle 2 Stromkreise
angeschlossen sind: a) der Relaiskreis und b) der Magnet-

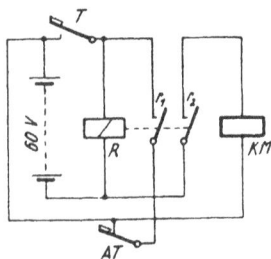

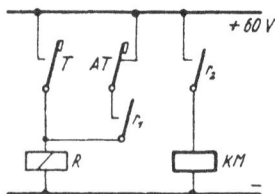

Bild 168   Bild 169

kreis. Wird *T* gedrückt, dann fließt durch *R* Strom.
R zieht seinen Anker an und schaltet die beiden Schaltkontakte r_1 und r_2 ein. Erfolg: Der Relaiskreis bleibt

auch stromdurchflossen, wenn T unterbricht, und der Magnetkreis ist eingeschaltet. Erst bei Betätigung des Ausschalttasters AT fällt das Relais wieder ab und schaltet damit sich selbst und den Kraftmagneten ab.

Hier sei darauf hingewiesen, daß es bei Relais notwendig ist, die Kontakte immer entsprechend so zu bezeichnen, daß man ohne weiteres erkennt, welche Kontakte zu den Relais gehören. Sind beispielsweise in einer Schaltung 2 Relais, die mit R und R_s bezeichnet wurden, so müssen die Kontakte mit r_1, r_2 usw. bzw. mit r_{s1}, r_{s2} usw. bezeichnet werden. Zu einem Relais I gehört Kontakt I_1, zu II Kontakt II_1. Ähnlich auch bei den Tastern für Läutwerke.

Bild 170 und Bild 171 zeigen den Vergleich zwischen einer Schaltzeichnung, wie man sie häufig findet, und einem Stromlaufplan. Dargestellt ist die Schaltung einer Läutwerksanlage mit Tasterplatte, Tastern an den Wohnungs-

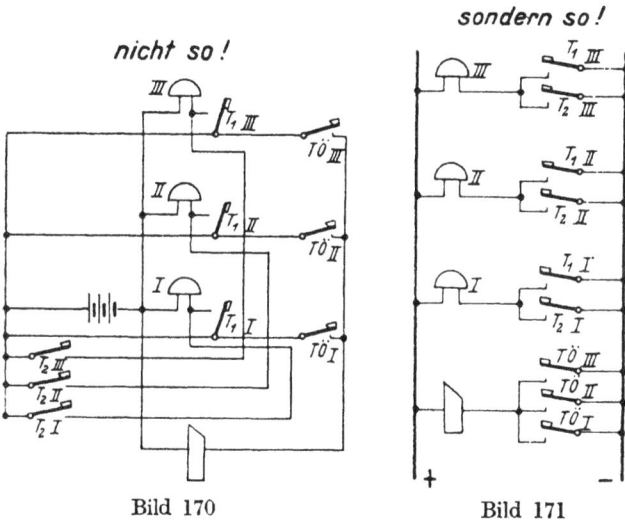

Bild 170   Bild 171

türen, Türöffner und Tortastern. Daß für die Überlegung der Wirkungsweise der Stromlaufplan zweckmäßiger ist, kann man aus der Gegenüberstellung erkennen.

C. Bauschaltplan

„*Der Bauschaltplan* ist die der räumlichen
Anordnung der Bauteile oder Leitungen ent-
D   sprechende Darstellung der Schaltung einer elektri-
I   schen Anlage, eines Anlageteiles oder eines Gerätes.
N   Er dient beim Bau als Grundlage zum Verlegen und
Anschließen der Leitungen und muß deshalb alle
zum Bau erforderlichen Angaben enthalten.“

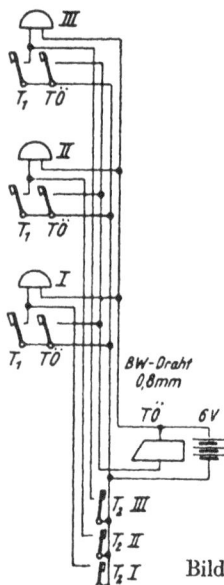

Bild 172

Bild 172 stellt einen Bauschaltplan für eine Läutwerksanlage mit elektrischem Türöffner *(TÖ)* dar, woraus ersichtlich ist, wie viele Leitungen in jeder Leitung zu
führen sind und wie die Geräte an die Leitungen angeschlossen werden müssen. Die räumliche Anordnung
der Geräte ist berücksichtigt, so daß der ausführende
Monteur keine Frage bezüglich Schaltung und Draht-
zahl mehr haben kann.

DRITTER TEIL

FERNMELDEANLAGEN

Einfache Fernmeldeanlagen — Fernsprechanlagen — Rundfunk-
und Übertragungsanlagen — Schutz- und Sicherungsanlagen
Fernmeß- und Fernanzeigeanlagen — Fernschaltung
Elektrische Uhren und Uhrenanlagen

In den Vorschriften für Fernmeldeanlagen VDE 0800 ist
erläutert, was unter dem Begriff „Fernmeldeanlagen"
zu verstehen ist:

„Fernmeldeanlagen im Sinne dieser Vorschriften
sind elektrische Einrichtungen, die mittelbar
oder unmittelbar der Übermittlung von Nach-
richten jeder Art, Zuständen, Vorgängen, Wahr-
nehmungen u. dgl. dienen. Dabei ist es gleichgültig, ob die Entfernung zwischen der sendenden
und der empfangenden Stelle klein oder groß ist.
Zu einer Fernmeldeanlage gehören die Gesamtheit
aller Fernmeldegeräte und alle zur Leitungsführung und zu ihrem Betrieb erforderlichen Einrichtungen und Leitungen."

V
D
E

VIII. EINFACHE FERNMELDE-ANLAGEN

A. Schallsignalanlagen

Unter diese Art von Fernmeldeanlagen sind alle die
Anlagen zu zählen, bei denen irgendein Befehl, eine
Meldung oder Mitteilung durch einfache Schallzeichen
elektrisch weitergegeben wird. Ob das nun unter Ver-

wendung von Läutwerken, von Summern, Klopfern, Hupen u. dgl. Geräten zur Schallerzeugung erfolgt, bleibt dabei gleich.

Die nachfolgenden Schaltungsbeispiele als Auswahl aus der großen Fülle der möglichen Schaltungen geben nicht nur einen Einblick in die Art der Anlagen, sondern wollen auch als *schrittweise Einführung in das Lesen von Schaltbildern* gelten. Man versäume deshalb nicht, während des Studiums seine erworbenen Kenntnisse durch Wiederholung der Schaltungen auf einem Zeichenblatt ohne Zuhilfenahme des Buches zu prüfen.

Sehr zweckmäßig ist die Art, wie es der Verfasser in dem Büchlein „Üben mit 7 Formeln" (für Gesellenprüfung oder Meisterprüfung) gemacht hat. Man zeichnet sich auf Pauspapier die Geräte, Schalter, Stromquellen usw. durch und schreibt dazu kurz den Zweck der Schaltung. Dieses Blatt hebt man sich dann einige Zeit auf und versucht später, die Schaltung zu vervollständigen. Dann vergleicht man mit dem Buch. Die Schaltbilder nur anzusehen und nachzufahren hat geringen Erfolg.

Schaltplan 1 (SP 1)[1]. Einfache Läutwerksanlage mit drei nebeneinander geschalteten Läutwerken. Der Widerstand der Läutwerke muß (unter Berücksichtigung des Leitungswiderstandes) der Stromquelle angepaßt werden. Trotzdem die Anlage so einfach ist, ist doch die Wahl der Wecker für die günstigste Anpassung für guten und energiesparenden Betrieb wichtig.

Beispiel: In SP_1 sei die Entfernung zwischen der Geberstelle und den Läutwerken 70 m. (Die Abstände der Läutwerke voneinander werden vernachlässigt.) Die Leitung wird mittels Gummidraht 0,6 [1,5] mm Alu hergestellt. Es stehen Beutelelemente zur Verfügung, die je 0,55 Ω inneren Widerstand haben

---

[1] Die Schaltpläne sind nach Abschnitt XV eingefügt und können beim Studium der Textangaben rechts herausgeklappt und so praktisch mit den Angaben verglichen werden.

und eine Stromstärke von 0,5 A liefern können. Außerdem steht die Wahl zwischen Hauptschlußläutwerken 0,1 A 30 Ω und solchen mit 0,2 A 12 Ω frei. Welche Läutwerke sind zu verwenden und wie viele Beutelelemente müssen in welcher Schaltung verwendet werden?

Lösung: Der Leitungswiderstand beträgt bei 0,6 mm Alu (= 0,28 mm²):

$$R_L = \frac{2 \cdot 70 \cdot 0,028}{0,28} = 14 \; \Omega.$$

Drei Läutwerke nebeneinander geben einen Gesamtwiderstand von:

$$30 : 3 = 10 \; \Omega \; \text{bzw.} \; 12 : 3 = 4 \; \Omega.$$

Da der Leitungswiderstand schon 14 Ω beträgt und dazu noch der innere Widerstand der Batterie aus mehreren Elementen kommt, kann für die beste Anpassung die Wahl nur auf die Läutwerke mit einem Einzelwiderstand von **30** [12] Ω fallen. Der äußere Stromkreis (Läutwerk + Leitung) hat dabei einen Widerstand von 10 + 14 Ω. Die Stromstärke im Kreis soll betragen: 3 · 0,1 A = 0,3 A. Der Spannungsverlust im Kreis (ohne Batterie) ergibt sich dann zu 24 Ω · 0,3 A = 7,2 V. Da ein Beutelelement eine Spannung von 1,5 V hat, muß man 5 Elemente in Reihe schalten. Eine Nebenschaltung einer zweiten Reihe ist nicht nötig, da nur 0,3 A benötigt werden.

Nun rechnen wir nach, ob auch wirklich die für den Betrieb erforderliche Stromstärke auftritt. Unter Berücksichtigung des inneren Widerstandes der Elemente ergibt sich ein Gesamtwiderstand im Kreis von 24 + (5 · 0,55) = 26,75 Ω. Daraus $I = 7,5 : 26,75 = 0,28$ A, also etwas weniger, als für die Wecker erforderlich wäre. Schalten wir ein weiteres Element zu, so ergibt sich bei gleicher Rechnung ein Strom von 0,33 A. Besonders mit Rücksicht auf die Verminderung der Spannung bei teilweise verbrauchter Batterie ist es also richtig **6** [2] **Elemente in Reihe** zu schalten.

SP 2. Anlagen nach SP 1 haben den Nachteil, daß der Spannungsabfall für das am Ende der Leitung an-

geschlossene Läutwerk erheblich größer sein kann als
der für das Läutwerk in der Nähe der Stromquelle. Um
diesen Nachteil zu verringern, wird (z. B. in Schulen,
Kasernen und ähnlichen großen
Gebäuden mit gemeinsamen Läut-
anlagen) mitunter eine „Ringleitung" gebildet, indem man das
Ende der Leitung wieder zum
Anfang zurückführt und verbindet.

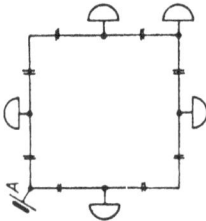

Um den Erfolg der Schaltung
kennenzulernen, rechne man folgendes:

Bild 173

Beispiel: In Bild 173 ist 1 mm der gezeichneten Ringleitung
gleich 4 m Leitungslänge. In Punkt A befindet
sich der Taster und die Batterie aus Beutelelementen
(je Element 2 A höchste Stromstärke, innerer Widerstand 0,3 Ω).

Die Läutwerke sind zur Vereinfachung der Rechnung
gleichmäßig in der quadratisch angelegten Anlage
verteilt. Zuerst ist für die zwischen A und dem
nächsten Läutwerk offene Leitung die Zahl und
Schaltung der Elemente zu berechnen unter der
Annahme, daß jedes Läutwerk einen Widerstand
von 60 Ω hat und eine Stromstärke von 0,1 A benötigt und daß die Leitung unter Verwendung von
Aluminiumdraht von 1,0 mm Durchmesser erstellt ist.

Hat man diese Berechnung durchgeführt, wobei die
Erläuterungen über Leitungsberechnung in Bd. I
als Helfer dienen können, dann nimmt man an, daß
die Ringleitung geschlossen wird, und rechnet die
Leitung unter Beibehaltung der Batterie nochmals
durch.

Man muß hier beachten, daß die beiden Ringhälften
nun in Nebeneinanderschaltung liegen! Der Vergleich zeigt, daß man Elemente spart und keine so
sehr verschiedenen Spannungen an den einzelnen
Läutwerken bekommt.

SP 3. Bei der Schaltung SP 2 haben immer noch die
näher an der Batterie liegenden Läutwerke mehr
Spannung als die am Ende der Leitung. Diesen Mangel
beseitigt die „*Ausgleichleistung*" nach SP 3.
Es ist empfehlenswert, die in der letzten Schaltung
durchgeführte Berechnung nun einmal auf diese Schaltung auszudehnen unter Verwendung von Bild 173.

Bild 174

Bild 174 zeigt die Schaltung ausgestreckt. Man rechnet für
irgendeines der Läutwerke den Spannungsabfall der beiden
Zuleitungen. Im Bild sind für das mittlere Läutwerk die
beiden Zuleitungen stärker gezeichnet. In den Leitungs
teilen fließen verschieden starke Ströme! Bei jedem
Läutwerk ist in dieser Schaltung die gleiche Spannung.
SP 4. Einfache Läutwerksanlage mit drei hinter-
einandergeschalteten *Nebenschlußläutwerken*. Solche Anlagen werden in Schulen, großen Betriebsgebäuden u. dgl.
verwendet. Es führt von einem Läutwerk zum anderen
nur ein Leiter. Bei der Batterie schließt sich der Ring.
Die Spannung der Batterie muß um so höher sein, je
mehr Wecker hintereinandergeschaltet sind.
SP 5. Hier sind die Wecker auch wieder hintereinandergeschaltet, aber es sind *Wechselstromwecker*
ohne Unterbrecher. Als Stromquelle für die Läutwerke
dient hier ein *Kurbelinduktor*, der einen weiteren Schalter
überflüssig macht.
SP 6. Mit dieser *Gegenrufanlage* ist es 2 Stellen möglich, sich gegenseitig Zeichen zu geben. Es sind zwei
aneinandergelegte Rufstromkreise nach SP 1. Man
braucht statt 4 Leitungen nur mehr drei und auch nur
eine Batterie.

SP 7. Will man bei einer Anlage mit „*Gegenruf*"
mit 2 Leitungsdrähten auskommen, dann muß man
2 Batterien aufwenden und nach SP 7 schalten.

SP 8. Diese Schaltung könnte man fast dem SP 6
gleichstellen. Sie gibt aber die Möglichkeit der *Be-
stätigung (Quittung)* des Anrufs durch den Angerufenen.
Drückt ein Teilnehmer den Taster, dann läuten die
Wecker der 2 Teilnehmer solange, bis der Gerufene
ebenfalls seinen Taster drückt. Der Geber des Zeichens
weiß nun, daß der Empfänger den Ruf vernommen hat.

SP 9. Eine Weiterentwicklung der Quittungsforderung
ergibt sich durch die sogenannten „*Anrufklappenmelder*"
(siehe Abschnitt II, A, 2, Schauzeichenmelder!). SP 9
zeigt die einfache Schaltung. Schließt der Geber die
Klappe K des Schauzeichenrelais, dann hält die nun
stromführende Spule die Schaltklappe und der Wecker
des Empfängers läutet solange, bis dieser mittels des
Abstelltasters *AT* den Stromkreis unterbricht. In diesem
Moment fällt die Klappe des Geberrelais. Der Geber hat
die Empfangsquittung.

In diesem Schaltplan ist durch die Stärke der Linien
die Unterscheidung gemacht, was die *grundsätzliche
Schaltung (dicke Linien)* ausmacht und wie sich diese
Schaltung auf mehrere Geber und Empfänger *erweitern*
läßt *(dünne Linien)*. Diese Unterscheidung wird auch
in einigen der folgenden Schaltpläne durchgeführt.

Beispiel: Man erweitere die Schaltung SP 9 so, daß auf der einen
Seite 2 Geber *A* und *B* den Empfänger *C* auf der
anderen Seite rufen können, dieser aber die beiden
Teilnehmer *A* und *B* mit je einem Läutwerk und einem
Klappenmelder rufen kann! *A* und *B* bekommen
je einen Abstelltaster für den Anruf des *C*.

SP 10. Mit dieser Schaltung wird eine Reihe von
Schaltungen eingeleitet, wie sie zahlreich in Hotels,
Krankenhäusern, Bürogebäuden usw. zur Verwendung

kommen. Es handelt sich dabei immer darum, daß von einer größeren Anzahl von Teilnehmern eine oder mehrere Personen gerufen werden sollen. Wenn beispielsweise in einem Hotel mit mehreren Stockwerken je Stockwerk ein Dienstmädchen für die Bedienung der Gäste eingesetzt ist, soll von jedem Hotelzimmer aus diese Bedienung gerufen werden können. Es wird deshalb an geeigneter Stelle eine sogenannte „*Fallscheibenmeldetafel*" (Bild 175, früher Tablo genannt) angebracht, die so viele Fallscheibenmelder besitzt, als Gästezimmer vorhanden sind. Der Gast gibt von seinem Zimmer aus mittels seines Tasters seinen Wunsch, bedient zu werden, bekannt. Es ertönt die Glocke für die Bedienung und gleichzeitig fällt der Melder für das betreffende Zimmer. An der Nummernscheibe dieses Melders kann die Bedienung ablesen, von welchem Zimmer aus gerufen wurde, und kann gleichzeitig den Melder durch den Rückstellschieber wieder in Ausgangsstellung bringen. (Siehe auch Abschnitt „Schauzeichenmelder".)

SP 10 stellt eine ganz einfache Anlage für *3 Schauzeichenmelder mit mechanischer Rückstellung* (angedeutet durch den Pfeil) dar. Man kann z. B. für jeden Bedienungs*bezirk* eine solche Anlage einrichten. Will man die Batterie einer Anlage auch für die Anlage in einem anderen Stockwerk verwenden, so muß man eine Doppelleitung von der Batterie zum nächsten Stockwerk legen. Sonst ändert sich an der Schaltung nichts.

Bild 175

SP 11. Die mechanische Rückstellung der Fallscheibenmelder verlangt, daß die Meldertafel in handlicher Höhe angebracht ist und daß man sich ganz bis zur Tafel begibt. Durch Einrichtung einer *elektrischen Rück-stellung* kann man die Möglichkeit schaffen, von einem beliebigen Platze aus die Rückstellung vorzunehmen.

Bild 176

Der in SP 11 und Bild 176 gezeichnete Rückstelltaster *R* ermöglicht die Einschaltung der Rückstellrelais *R R*. (Siehe auch unter Wirk-geräte: Kippscheibenmelder.)

Wenngleich diese Schaltung noch recht einfach ist, be-ginnt hier schon der *Strom-laufplan* zweckmäßiger zu werden als der gewöhnliche Schaltplan, der noch die Lage der einzelnen Schalt-elemente berücksichtigt und auf dem üblichen „Strom-kreis" aufbaut. Um zu zeigen, daß ein Stromlaufplan die Schaltung übersichtlicher aufzeigen kann, ist in SP 12 die Schaltung 11 als Stromlaufplan wiederholt.

SP. 12 Eine *Fallscheibemeldetafel für 2 Gebestellen mit elektrischer Rückstellung.* Wir betrachten die Grund-schaltung (dicke Linien) und erkennen, daß wir es mit zwei voneinander unabhängigen Stromkreisen zu tun haben. Oberer Kreis: Meldekreis, unterer Kreis: Rück-stellkreis. Man kann die Schaltung leicht auf beliebig viele Geberstellen erweitern, ohne daß dadurch das Bild unübersichtlich wird.

Man vergleiche mit SP 11 und stelle fest, daß einfach die *Schaltung nach Aufschneiden zwischen den Batterie-polen gestreckt* ist.

SP 13. In größeren Hotels, Krankenhäusern usw. will man mitunter überwachen, ob die Anrufe der Gäste oder Kranken schnellstens vom Bedienungspersonal berücksichtigt werden.

Man richtet zu diesem Zwecke eine „*Überwachungs-tafel*" ein, die für jeden Bedienungsbezirk oder für jedes Stockwerk ein Melderelais enthält, das anspricht, wenn ein Teilnehmer ruft. Die Rückstellung dieses Relais auf der Überwachungstafel erfolgt durch den Strom-stoß, den die Stockwerkstafel durch die Rückstelltaste erhält. SP 13 zeigt die Grundschaltung für einen Geber, den dazugehörigen Teil der Stockwerkstafel *(ST)* und der Überwachungstafel *(ÜT)*. Drückt der Geber den Taster *T*, dann läuten die beiden Läutwerke der Stockwerkstafel und der Überwachungstafel und in beiden Tafeln fallen die zugehörigen Fallscheiben. Auf der Stockwerkstafel ist dann die Zimmernummer des Rufenden und auf der Überwachungstafel die Stockwerksnummer (oder Be-zirksnummer) zu lesen. Drückt die Bedienung den Rückstelltaster *RT*, so fällt nicht nur die Scheibe der Stockwerkstafel, sondern auch die der Überwachungs-tafel zurück.

SP 14. Wir wenden nun die Grundschaltung SP 13 einer *Fallscheibenmelderanlage mit Überwachungstafel* auf 2 Stockwerke mit je 2 Teilnehmern (Gebern) an, beachten dabei, daß die Stockwerkstafeln sowie die Überwachungstafel nur je ein Läutwerk benötigen und daß die Rückstellrelais einer Stockwerkstafel zusammen mit dem betreffenden Rückstellrelais der Überwachungs-tafel gleichzeitig mittels *eines* Rückstelltasters bedient werden. Durch gestrichelte Linien sind die zusammen-gehörigen Teile der einzelnen Tafeln zusammengefaßt, was bei dieser Schaltung noch möglich ist, aber nicht dazu verleiten soll, die räumliche Lage im Stromlauf-plan mehr als angängig zu berücksichtigen. Man beachte außerdem, daß hier die Rückstellrelais einer Stockwerks-tafel nicht nebeneinander, sondern hintereinander-geschaltet sind. Ob man so oder so schaltet, hängt von der Ohmzahl der einzelnen Relais ab.

SP 15. Will man für die Montage einer Fallscheibenmelderanlage mit Überwachungstafel einen Bauschaltplan zeichnen, der die räumliche Lage und den Leitungs-
verlauf ersichtlich macht, so ist das aus dem Stromlaufplan heraus keine Schwierigkeit. Man versuche das einmal
und bemühe sich, die Schaltung so zu zeichnen, daß
die Leitungsführung möglichst übersichtlich bleibt. Hat
man selbst eine Lösung gefunden, so vergleiche man mit
SP 15 und überlege, ob man alles richtig und zweckmäßig
gemacht hat. (Die Überwachungstafel soll außerhalb der
beiden Schalttafeln liegen, dabei auch die Batterie.)

SP 16. Ist die Entfernung zwischen Geber und Empfänger außergewöhnlich groß, also z. B. hunderte oder
tausende Meter, dann kann man keine einfache Läutwerksanlage mehr verlegen. Die Spannungsverluste
würden eine Zeichenverständigung unmöglich machen.
Man hilft sich in solchen Fällen durch Zwischenschaltung
eines Relais *(R)*, das auf ganz geringe Ströme anspricht
und mittels seines Schaltkontaktes *r* den zweiten eigentlichen Weckerstromkreis einschaltet. Ein solches Relais
heißt man auch *Arbeitsstromrelais*, weil der Strom erst
fließen muß, wenn die Einschaltarbeit notwendig ist.

Beispiel: Entfernung vom Taster (Geber) zum Wecker (Emp-
     fänger) 500 m. Die Leitung besteht aus Aluminium-
     draht mit 1,5 [0,6] mm Durchmesser. Zur Verfügung
     stehende Wecker für 3, 5, 10, 20, 50 und 100 Ω zur
     Auswahl. Jeder Wecker braucht eine Leistung
     von 3 Watt.

     a) Welcher Wecker wird gewählt und wie viele
        Beutelelemente (in Reihenschaltung) sind er-
        forderlich (ohne Relais!)?

     b) Wie ändert sich die Sachlage, wenn man kurz
        vor dem Wecker ein Relais nach SP. 16 mit einem
        Widerstand von 25 [80] Ω anordnet, das bei
        60 [25] mA noch anspricht.

Lösung: Zu a: $F = \dfrac{1{,}5 \cdot 1{,}5 \cdot 3{,}14}{4} = 1{,}767$ mm².

Leitungswiderstand: $R_L = \dfrac{l \cdot \rho}{F} = \dfrac{2 \cdot 500 \cdot 0,028}{1,767} =$

$= 15,8 \ \Omega$.

Wir wählen zur günstigen Anpassung einen Wecker von **20** [100] Ω Widerstand aus. Die Stromstärke, die der Wecker benötigt, errechnet sich aus

$$N = I^2 \cdot R_w; \quad I^2 = N : R_w = 3 : 20 = 0,15$$

$$I = \sqrt{0,15} = 0,387 \ A,$$

Die erforderliche Gesamtspannung im äußeren Stromkreis ergibt sich zu

$$U = I \cdot R = I \cdot (R_L + R_w) = 0,387 \cdot (15,8 + 20)$$
$$= 0,387 \cdot 35,8 = 13,8 \ V.$$

Es wären also $13,8 : 1,5 = $ **10** [23] *Beutelelemente in Reihenschaltung* erforderlich, ein ganz unwirtschaftlicher Zustand!

Zu b: Bei Verwendung des Relais ist der Widerstand im Geberstromkreis $15,8 + 25 = $ rund $41 \ \Omega$.

$U = 0,06 \cdot 41 = 2,46 \ V$. Man braucht also nur mehr 2 [4] *Elemente* in Reihe zu schalten.

SP 17. Um eine zweite Batterie in der Relaisschaltung sparen zu können, schaltet man nach SP. 17. Der darunter gezeichnete Stromlaufschaltplan zeigt deutlich den „Relaiskreis" und den „Weckerkreis".

SP 18. Diese Schaltung zeigt ein sogenanntes *Ruhestromrelais*. Hierbei fließt der Strom durch die Relaisspule (also Anker angezogen!) dauernd und solange, bis er mittels des Tasters unterbrochen wird. In diesem Augenblick kehrt der Anker in seine Ruhelage zurück und schaltet dabei den Weckerstromkreis ein. Solche Schaltungen werden hauptsächlich für Feuermeldeanlagen, Einbruch- und Diebstahlsicherungen u. ä. verwendet. Jede Unterbrechung der Ruhestromleitung wird durch Ansprechen des Weckers angezeigt.

SP 19. Relais werden aber nicht nur aus dem in SP 16 angegebenen Grunde verwendet. Im wesentlichen ist es ein Schaltmittel, um die verschiedensten Vorgänge in Fernmeldeanlagen bewältigen zu können. Ein einfaches Beispiel zeigt SP 19: eine *Läutwerksanlage für gegenseitigen Ruf mit Dauerruf und Empfangsbestätigung*. (Die beiden Pfeile deuten die Richtung der Meldung an.) Betätigt ein Geber den Ruftaster T, dann sind gleichzeitig das Halterelais, der Summer beim Geber und der Wecker beim Empfänger von Strom durchflossen. Das Relais R zieht seinen Anker r an und überbrückt so den Schalter T. Dadurch ist der Stromfluß auch dann aufrechterhalten, wenn der Ruftaster unterbrochen hat. Erst wenn der Empfänger seinen Abstelltaster AT_1 drückt, dann schweigen Wecker und Summer. Der Geber weiß nun, daß er gehört wurde. Um aber auch auf der Geberseite unterbrechen zu können, wenn der Empfänger nicht hört, ist der Abstelltaster AT_2 eingerichtet.

Aufgabe: Zeichne SP 19 in einen Bauschaltplan um, den man dem Monteur zur Einrichtung der Anlage in die Hand geben kann. (Man erkennt, daß man 3 Leitungsdrähte vom Geber zum Empfänger braucht.)

B. Lichtsignalanlagen

Den im letzten Abschnitt besprochenen Schallsignalanlagen haften einige Mängel an, die es zweckmäßig erscheinen lassen, an Stelle des Schalles zum Licht als Verständigungsmittel zu greifen. Man denke nur, wenn in einem Hotel zu bestimmten Zeiten Dutzende von Klingelzeichen die Ruhe zerreißen würden! Besonders in einem Krankenhaus oder einem Sanatorium, wo Ruhe als Vorbedingung angesehen werden muß, würde eine ausgedehnte Läutwerksanlage untragbar sein.

Ein weiterer Mangel der Schallsignalanlagen besteht darin, daß die Abstellung des Rufes nur immer an einer Stelle, nämlich an der Fallscheibentafel erfolgen kann. Es besteht dabei die Möglichkeit, daß der Gerufene zwei

Rufe abstellt, die Bedienung eines Rufers aber vergißt.
Es erhebt sich daher die Forderung, die Anlage so
einzurichten, daß *die Abstellung* eines Rufes immer *nur
beim Rufenden selbst* vorgenommen werden kann.
Schließlich kann man mit Läutwerksanlagen nicht den
Anforderungen genügen, die heute in Hotels, Kranken-
häusern, Fabrikbetrieben und Geschäftshäusern an eine
Signalanlage gestellt werden.

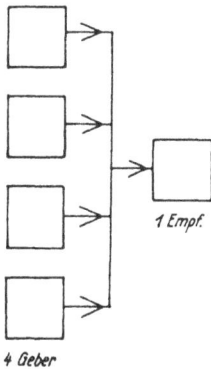   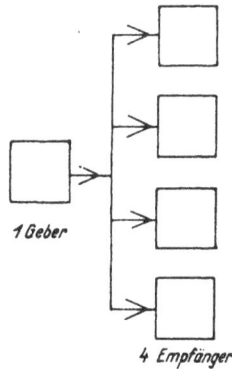

Bild 177	Bild 178
1. *Lichtrufanlagen*	2. *Personensuchanlagen*
mit vielen Gebern zum	mit einem Geber zum Suchen
Ruf eines Empfängers	eines oder mehrerer Empfänger
	an verschiedenen Stellen

Von verschiedenen Firmen wurden die verwickeltsten
Lichtsignalanlagen erfunden. Beispielsweise die Firmen
Zettler (München), Siemens & Halske A.G., Mix & Genest
A.G. und Telefon u. Normalzeit A.G. haben sich mit der
Ausführung solcher Anlagen befaßt. Aus der großen
Zahl der von diesen Firmen entwickelten Schaltungen
wird im folgenden Wesentliches aufgezeigt, um einen Ein-
blick in die Schaltungen und Wirkungsweise solcher An-
lagen zu vermitteln.

Eine grundsätzliche Unterscheidung kann man machen:

3. *Lichtanzeigeanlagen.* Hier handelt es sich darum, zu bestimmten Zwecken durch Leuchtschilder, Wechselzahlentafeln u. dgl. Meldungen, Aufträge, Hinweise oder ähnliches sichtbar zu machen.

1. Lichtrufanlagen

Der Grundgedanke der Lichtrufanlagen liegt darin, die den Geber des Zeichens anzeigende Lampe beim Geber selbst anzubringen, während der Gerufene in seinem Aufenthaltsraum durch ein Weckersignal aufmerksam gemacht wird, daß er gerufen wurde. Die Signallampe wird z. B. vor der Zimmertür des Rufenden angebracht (Bild 179). Wir nennen sie deshalb *Zimmerlampe.* Gleichfalls vor der Tür oder auch innerhalb des Zimmers befindet sich der *Abstelltaster.*

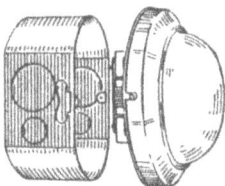

Bild 179

SP 20. In diesem Stromlaufplan für *3 Rufstellen* mit je einem *Abstelltaster beim Zimmerrelais* und je einer Zimmerlampe ist die Grundschaltung für *eine* Rufstelle schwarz hervorgehoben. Wird der Ruftaster T betätigt, so rasselt der Wecker im Aufenthaltsraum der Bedienung, spricht das Relais R_1 an und schaltet die Zimmerlampe vor der Zimmertür mittels des Relaisschalters r_1 (der mechanische Verriegelung besitzt) ein. Diese leuchtet so lange, bis die Bedienung mittels des mechanischen Abstellers, der den Anker und damit den Schalter r_1 aus seiner Sperrung löst, ausschaltet.

SP 21. Ist eine Umzeichnung von SP 20 in einen *Bauschaltplan.* Man erkennt, daß eine dreiadrige Leitung zu allen Zimmern führt. Da die Abstellung des Relais mechanisch erfolgt, muß das Relais in handlicher Höhe

angebracht werden. Die Zimmerlampe wird man in
der Regel höher setzen.

SP 22. Will man den Wecker durch eine Lampe ersetzen, so ist eine Schaltung nach SP 22 möglich. Diese
,,*Gruppenlampe*'' leuchtet bis zur Abstellung. Solche
Gruppenlampen werden bei größeren
Anlagen immer für eine bestimmte
Zimmergruppe in den Gängen vor
gesehen. Die einzelnen Gruppenlampen verschiedener Gruppen werden durch farbige Übergläser unter-
scheidbar gemacht (Bild 180). Bei der mechanischen
Abstellung wird gleichzeitig Zimmerlampe sowie Gruppenlampe gelöscht.

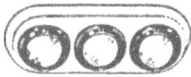

Bild 180

SP 23. Will man von der mechanischen Abstellung
zur *elektrischen Abstellung* übergehen, dann verändert
man nach SP 23 (Grundschaltung für einen Teilnehmer).
Der Abstelltaster *AT* schaltet das Relais und dadurch
Zimmerlampe sowie Gruppenlampe ab.

SP 24. Lichtrufanlage mit Zimmerlampe, Gruppenlampe, Rufwecker und elektrischer Abstellung. (Für
einen Teilnehmer gezeichnet!)

SP 25. Bauschaltplan nach SP 24 für eine Gruppe
mit 2 Zimmern. Nach rechts kann man sich eine zweite
Gruppe angeschlossen denken. (Siehe auch SP 26!)

SP 26. Ist auf einen Ruf hin die Bedienung in einem
Zimmer beschäftigt, so kann sie kein Anruf eines weiteren
Gastes erreichen. Um diesen Mangel zu beseitigen,
richtet man bei den Abstelltastern *Summer* ein, die durch
Einstecken eines *Steckschlüssels* in eine vorgesehene
Klinke angeschlossen werden. Die Bedienung steckt
den Schlüssel, den sie bei sich trägt, in die Klinken-
buchse (*KL* in Bild 181), wenn sie das Zimmer betritt.
Geht nun ein neuer Anruf ein, so ertönt der Summer

oder Klopfer, der in den Ruftasterkasten eingebaut ist.
Wie die Schaltung zeigt, ist der Summer dem Gruppen-
schalter nebengeschaltet.

Außer diesen Schaltungen gibt es noch zahlreiche Einrichtungen, die den verschiedensten Anforderungen entsprechen. Mit Rücksicht auf die gebotene Einschränkung
kann im folgenden nur auf einiges hingewiesen werden.

Beruhigungslampen dienen dazu, dem Rufenden anzu-
zeigen, daß sein Ruf durch die Anlage weitergeleitet
wurde. Diese Lampe leuchtet ebenfalls bis zur all-
gemeinen Abstellung (*BL* in Bild 181).

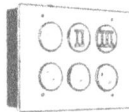

Bild 181   Bild 182   Bild 183

Anwesenheitslampen. Es kommt vor, daß eine in einem
Zimmer beschäftigte Bedienung von jemand im Gang
gesucht wird. Die gleichzeitig mit dem Summer ein-
geschaltete Anwesenheitslampe zeigt an, daß sich die
Bedienung in dem betreffenden Zimmer aufhält.

Rufwiederholer. Soll der eingegangene Tonruf selbsttätig wiederholt werden, so kann das mittels eines
motorisch angetriebenen Walzenschalters oder eines
Wiederholungsrelais (Zettler) erfolgen. In diesen Geräten
sind auf den Schaltwalzen Nocken angebracht, die bei
der Drehung der Walze in bestimmten Abständen Kontakte schließen und öffnen.

Lichtruftafeln. Soll im Aufenthaltsraum des Personals
kenntlich gemacht werden, von welchem Zimmer aus
gerufen wurde, so richtet man eine Lichtruftafel ein,

die für jedes Zimmer eine Lampe enthält. Dazu muß natürlich von jedem Zimmer eine Lampenader zur Tafel verlegt werden (Bild 182). Soll an dieser Tafel auch die Abstellung möglich sein, so verwendet man Tafeln nach Bild 183.

2. Personensuchanlagen

In Betrieben, Krankenhäusern, Ämtern usw. besteht oft der Wunsch, eine Einrichtung zu schaffen, mittels derer man bestimmte Personen aus verschiedenen Räumen rufen kann, ohne zu wissen, wo sich die Personen aufhalten. Man kann dies natürlich dadurch machen, daß man in allen diesen Räumen Läutwerke einrichtet, die durch einen Suchtaster betätigt werden. Je nach der Länge oder Zahl der Tonzeichen lassen sich einige Personen rufen. Je mehr Personen zu rufen sind, desto unangenehmer wird die wiederholte Läuterei, die außerdem die Aufmerksamkeit der Personen mehr in Anspruch nimmt als zweckmäßig. Besser eignen sich für solche Zwecke Suchanlagen mit Lichtzeichen.

SP 31. Suchanlage für 3 Personen. In 4 Räumen sind je 2 Lampen mit weißem und rotem Überglas angebracht. Schalter 1 (meist Kippschalter) ruft mit weißem Licht Person A, Schalter 2 mit rotem Licht Person B, beide Schalter zusammen Person C. Die Einschaltung bleibt so lange bestehen, bis sich der Gerufene einfindet oder fernmündlich meldet.

SP 32. Suchanlagen für 7 Personen mit Weckerruf. Lampen in Reihenschaltung. Bei den Rufkippern je eine Kontrollampe. Als Wecker Nebenschlußwecker.

SP 33. Suchanlage für 15 Personen. Bauschaltplan. Sämtliche Farbenlampen in den Räumen sind nebengeschaltet, deshalb eine zu allen Räumen durchgehende sechsadrige Leitung.

Die SP 31 bis 33 stellen nur einfachste Anlagen dar.
Gesteigerte Anforderungen führen zu umfangreichen
und mitunter verwickelten Schaltungen. So sind z. B.
Ärztesuchanlagen in Krankenhäusern recht leitungs- und
sinnreiche Anlagen. Auch mit Relais, Rufwiederho-
lern usw. wird dabei gearbeitet.

3. Lichtanzeigeanlagen

Lichtanzeigeanlagen verschiedenster Art sind in Gebrauch. Ob es sich um Betriebe, Kaufhäuser, Büros,
Krankenhäuser, Versteigerungslokale, Rennplätze o. dgl.
handelt, überall kann man durch Einrichtung von Lichtanzeigeanlagen zur Verständigung von Personen und
Stellen untereinander Arbeitserleichterungen schaffen.
Die folgenden Schaltungen stellen nur eine kleine Auswahl einfachster Art dar.

SP 41. Einfache *Personenmeldeanlage* für 1 Person und
3 Stellen.
Um die Person immer gleich erreichen zu können, hat
diese jeweils den Kippschalter *1, 2* oder *3* an der Stelle
einzuschalten, an der sie sich befindet. Wird die Person
gesucht, so bedient der Suchende den Taster an der
Suchtafel *T.* Nun leuchtet die betreffende Lampe auf.
Man weiß dann, wo sich der Gesuchte aufhält.

SP 42. *Aufenthaltsmeldeanlage* mit Relais und Starkstromlampen. Besonders geeignet für Anlagen mit
großen Entfernungen von der Meldetafel zu den Räumen.

SP 43. *Einlaßlichttafel.* Ein Beispiel: In einem Raum
wird mit lichtempfindlichen Flüssigkeiten gearbeitet.
Will jemand diesen Raum betreten, so bedient er den
Taster *T.* Der Wecker im Raum ertönt. Solange der
Eintritt in den Raum noch nicht gestattet werden kann,
stellt die im Raum befindliche Person den Kippschalter K_1 um und an der Lichttafel erscheint die be-

leuchtete Schrift „Nicht stören!" oder „Bitte warten!".
Kann der Eintritt nach bestimmter Zeit gewährt werden,
so wird der Kipper K eingelegt. Auf der Tafel erscheint
dann die Schrift „Bitte eintreten!" oder „Herein!".
Gleichzeitig wird der Wartende durch ein Summerzeichen,
betätigt durch TS, aufmerksam gemacht. Bild 184 zeigt
eine Leuchtfeldtafel mit Ruftaster, Bild 185 ein Schaltgerät mit Kippschalter, mehreren Ruftastern für verschiedene Zwecke und einer Kontroll-Lampe (KL in der
Schaltung).

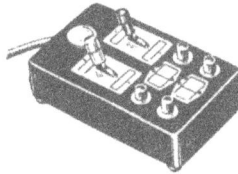

Bild 184   Bild 185

SP 44. Hauseingangsmeldeanlage mit Rückmeldung. Der
Zweck der Anlage ist der, einen Einlaßbegehrenden
(z. B. an der Hoteltür) durch die Einschaltung eines
Leuchtschildes „Komme sofort" zu verständigen, daß
sein Ruf gehört wurde. Die Reihenfolge der Betätigung
ist folgende:
Der Einlaßbegehrende bedient den Taster T. Relais A,
Ruflampe RL und Wecker sprechen an. Relais A schließt
die Schalter a_1 und a_2, die mit mechanischer Sperre versehen sind. Mit a_1 wird die weitere Einschaltung der
Ruflampe und des Weckers sichergestellt, auch wenn
der Ruftaster bereits unterbrochen hat, a_2 bereitet die
Schaltung des zweiten Kreises vor. Der Gerufene
(z. B. Pförtner) muß nun durch den Taster BT, der sich

11 Gruber, Und 2 Formeln

in seinem Aufenthaltsraum befindet, das Relais B und
die Lichttafel LT am Tor einschalten. Die Lichttafel
trägt etwa die Leuchtschrift „Komme sofort". Relais B
schließt den Kontakt b und hält damit den Stromfluß
für das Leuchtschild aufrecht (Kontakt a_2 ist ja noch in
Ein-Stellung). Nun begibt sich der Gerufene zum Tor,
um zu öffnen und durch Betätigung der mechanischen
Abstellung die ganze Anlage wieder stromlos zu machen.

Aufgabe: Zeichne SP 44 in einen Bauschaltplan um! Drei
Plätze kommen in Betracht: Tor, Pförtnerzimmer,
Batterieplatz.

IX. FERNSPRECHANLAGEN

A. Hausfernsprechanlagen

Die bekannten Hauptteile einer Fernsprecheinrichtung:

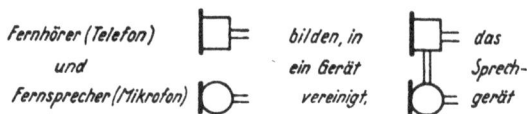

Bild 186

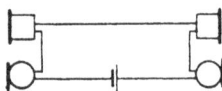

Bild 187

Wir erinnern uns (Kapitel: Veränderliche Widerstände),
daß das Mikrofon eigentlich nur ein durch Schalldruck
veränderlicher Widerstand ist und also eine Stromquelle
braucht. Mit diesen 3 Teilen läßt sich bereits eine, wenn
auch recht unvollkommene Sprechverbindung herstellen.
Einer solchen Anlage fehlt erstens eine Rufmöglichkeit,
die geschaffen werden muß. Zum zweiten besteht der
Mangel, daß der Gleichstrom der Batterie auch durch
das Telefon geht. Das läßt sich ändern:

a) durch Einbau eines Übertragers (Induktionsspule sagen die Fernsprechtechniker), der den Mikrofonkreis und den Telefonkreis galvanisch voneinander trennt, jedoch eine transformatorische Übertragung möglich macht, oder

b) durch Einbau einer elektrischen Weiche, die den Gleichstrom durch das Mikrofon, den Sprechstrom aber durch das Telefon leitet.

SP 51. Einfache Hausfernsprechanlage mit Übertrager und Batterieläutwerk (siehe auch SP. 6!). Im Sprechkreis (dicke Striche) fließen Gleichströme, die durch die Widerstandsänderungen des Mikrofons im Rhythmus der Tonschwingungen schwanken. Der Übertrager nimmt sich aus dem entstehenden Mischstrom die überlagerten Wechselströme heraus und überträgt (transformiert) sie auf das Telefon (Fernhörer). Die beiden Schalter *S* sind in den Griffen der Sprechgeräte eingebaut und werden beim Sprechen geschlossen.

SP 52. Hausfernsprechanlage mit Weiche und Hakenumschalter.

Das Sprechgerät hängt im Ruhezustand im Haken des Hakenumschalters *HUS*. Die Anlage ist damit auf „Ruf" gestellt. *RT* sind die Ruftaster für die Gleichstromläutwerke. Nach Abheben des Sprechgerätes (der Hakenumschalter hebt sich durch Federzug) sind eingeschaltet: Oberer Kreis: *a*- und *c*-Leitung für die Gleichstromversorgung der Mikrofone. Die Drosseln lassen keinen (bzw. nur geringen) Sprechstrom durch. Äußerer Kreis: *a*- und *b*-Leitung für Sprechstrom. Hier kommt der Kondensatoren wegen kein Gleichstrom durch. (Siehe „Sprechströme" und „Weiche"!)

SP 53. Fernsprechanlage mit nur 2 Leitungsadern, mit *Mikrofon-Batterie und Ruf-Batterie.* Von den im Mikrofonkreis fließenden Sprechströmen (Wechselströme, dem

Gleichstrom überlagert) überträgt der Transformator (Übertrager) die Wechselströme auf den Kreis mit den Hörern und die Leitungsadern *a* und *b*.

B. Vermittlungs-Fernsprechanlagen

Bei den bisher aufgeführten Hausfernsprechanlagen wurde Gleichstrom auch als Rufstrom verwendet. Ein Taster diente zur Rufabgabe. Bei mittleren und größeren Fernsprechanlagen verwendet man jedoch Wechselstrom zur Rufabgabe. Auch bezüglich der Gleichstromversorgung für die Mikrofone tritt eine Unterscheidung ein.

Man unterscheidet zwischen

Ortsbatterieanlagen (OB.) und	*Zentralbatterieanlagen (ZB.)*
Batteriespannung 3—6 V	Batteriespannung 12—60 V
An jedem Sprechstellenort ist dem Fernsprechgerät eine Batterie beigegeben.	Alle Fernsprechgeräte der Teilnehmer beziehen den Gleichstrom aus der Batterie in der Zentrale (Vermittlungsstelle, Amt)

Bild 188

Bild 189

Eine ähnliche Unterscheidung für die Rufstromversorgung:

Induktorrufstrom	*Zentrale Rufstrommaschine*
Im Fernsprechgerät ist ein Induktor eingebaut	Die Rufstrommaschine in der Zentrale (Amt) liefert den niederfrequenten Rufwechselstrom.

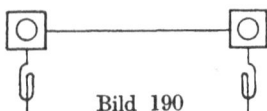

Bild 190

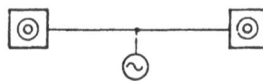

Bild 191

Im nachfolgenden soll ein Beispiel für eine Ortsbatterie-
anlage mit Induktor und ein solches für eine Zentral-
batterieanlage mit zentraler Rufstrommaschine im Schaltplan gezeigt werden. Es sei aber dazu bemerkt, daß es
sich nur um Beispiele handelt, herausgegriffen aus der
großen Zahl der möglichen und praktisch verwendeten
Schaltungen, um einen kleinen Einblick in das große
Gebiet der Fernsprechtechnik zu gewinnen.

SP 54. OB-Sprechstelle mit Induktor. Die Schaltung
zeigt das Gerät in Ruhestellung. Ein durch *a/b* an-
kommender Rufwechselstrom fließt über *i* und *HUS*
durch den Wecker. Der Teilnehmer hebt das Sprechgerät
vom Hakenumschalter *HUS* ab. Mit dem *HUS* ist
noch ein zweiter Kontakt *hu* mechanisch verbunden,
der beim Abheben schließt, wobei der Mikrofonkreis
mit *OB* gleichzeitig geschlossen wird. Die Sprechverbindung ist hergestellt. Will der Teilnehmer selbst
einen zweiten, mit ihm verbundenen Teilnehmer an-
rufen, so bedient er die Kurbel des Induktors. Wie
schon in Bild 16 gezeigt wurde, kann durch die Achsen-
verschiebung ein Kontakt betätigt werden. In unserer
Schaltung ist dies der Schaltkontakt *i*, der bei der Drehung umgelegt wird und damit den Induktor auf *a/b*
schaltet.
Solche und ähnliche Schaltgeräte sind heute nur mehr
für kleine Anlagen, für tragbare Feldfernsprecher u. dgl.
in Verwendung.

SP 55. ZB-Sprechstelle. Diese Schaltung bringt,
so einfach ihr Aufbau ist, eine besondere Verbesserung gegenüber den bisher besprochenen Geräten:
die *Rückhördämpfung.* Bei den einfachen Geräten geht
immer der vom Mikrofon erzeugte Sprechstrom durch den
eigenen Fernhörer. Man muß also die eigene Sprache
und auch Geräusche der Umgebung, die im Mikrofon
aufgenommen werden, mithören, was zu Hörstörungen

führen kann. Die Beseitigung dieses Mangels kann dadurch erreicht werden, daß man nach SP. 55 schaltet.
Das Mikrofon ist dabei an der Mitte der Wicklung des
Übertragers angeschlossen. An diesem Punkt m teilt
sich der Sprechstrom und fließt in den beiden Hälften
der Wicklung entgegengesetzt. Die Induktion auf die
zweite Wicklung hebt sich deshalb auf. Der Erfolg ist,
daß der eigene Sprechstrom im eigenen Hörer (Telefon)
nicht hörbar ist. Der Widerstand w hat den Zweck der
Anpassung des Stromes in der zweiten Hälfte der Wicklung. Der Widerstand r muß vorgesehen werden, weil
während des Anrufes die Möglichkeit besteht, daß das
Mikrofon kurzzeitig unterbricht, was bei ungünstiger
Lage mancher Mikrofone möglich ist. Die Unterbrechung des Gleichstromes hätte aber das Abfallen des
die Verbindung aufrechterhaltenden Relais AR zur
Folge. (Siehe SP 56!) Solange das Sprechgerät im
Hakenumschalter hängt, kann ein von der Vermittlungsstelle kommender Rufstrom aus dem Rufstromgenerator
über den Kondensator zum Wecker. Nach Abheben
des Hakenumschalters ist die Sprechstelle an die a/b-
Leitung und damit an die Zentrale angeschlossen. Der
Mikrofongleichstrom wird über a/b von der Zentral-
batterie der Sprechstelle zugeleitet.

Sprechstrom und Speisestrom

Wir sehen zuerst einmal von den Vorgängen des Anrufens,
Verbindens und Trennens ab und betrachten die Sprechverbindung während des Gespräches:

Um für die Gleichstromversorgung eine Trennung zwischen den Teilnehmersprechstellen herbeizuführen (unter
Aufrechterhaltung der Sprechstromverbindung), baut
man in der Vermittlungsstelle Kondensatoren ein, wie
Bild 194 zeigt. Allerdings muß man dann für jede Seite

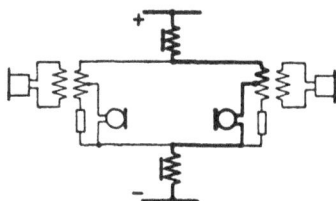

Bild 192

Weg des Speisestromes für das Mikrofon. Man kann dieses Bild als einen Stromlaufplan betrachten. Es ist nur der Speisestromweg für ein Mikrofon dick gezeichnet.

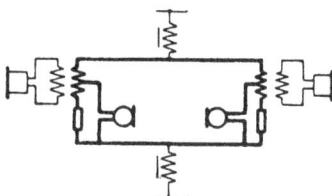

Bild 193

Weg des Sprechstromes zwischen den Sprechstellen. Dem Sprechstrom ist der Weg über die Batterie durch die beiden „Speisedrosseln" verwehrt. Denn diese wirken für die Sprechstromfrequenzen infolge der hohen Selbstinduktion als sehr große Widerstände.

der Verbindung, also für die beiden miteinander verbundenen Sprechstellen eigene Speisedrosseln vorsehen. (Im Bild 194 sind die Speisedrosseln als Relais SR gezeichnet, da sie in Wirklichkeit als solche erstellt sind und noch eine Schaltarbeit zu leisten haben.)

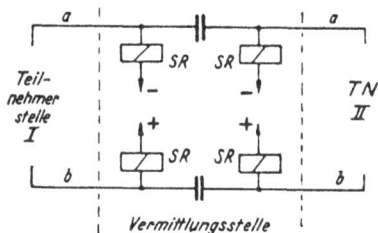

Bild 194

1. Sprechvermittlung

In den seltensten Fällen nur trifft es zu, daß nur 2 Teilnehmer vorhanden sind, daß also eine Vermittlung der Sprechverbindung wegfällt, weil die beiden Sprech-

stellen schon miteinander verbunden sind. Schon wenn
3 Teilnehmeranlagen ein „Fernsprechnetz" bilden, bedarf
es irgendeiner Einrichtung, damit jeder der Teilnehmer
mit dem von ihm gewünschten weiteren Teilnehmer
verbunden werden kann.

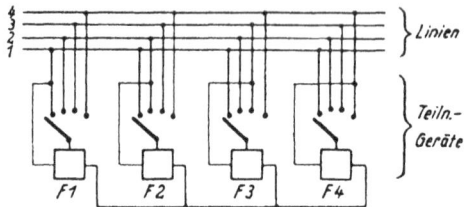

Bild 195

Die einfachste Form einer solchen Verbindung stellt der
Linienwähler dar (Bild 195).

In einer solchen Anlage ist bei jeder Sprechstelle ein
Wählschalter (Drehschalter) eingebaut. Je nach Ein-
stellung des Drehwählers auf eine bestimmte Zahl oder
auf einen angeschriebenen Namen stellt der Schalter
die gewünschte Verbindung her. Es ist verständlich,
daß die Notwendigkeit besteht, zu jeder Sprechstelle
Leitungen (Linien) aller anderen Sprechstellen zu führen.
Derartige Linienwähleranlagen sind bis zu etwa 25 Teilnehmern zweckmäßig. Bei Anlagen für eine größere
Anzahl von Teilnehmern schiebt man den Wählvorgang
und die Wähleinrichtung einer *zentralen Vermittlungsstelle* zu.

Wenn wir in dem Übersichtsplan Bild 195 den Teil
von den „Linien" bis herunter zu den Gerätanschlüssen
der Schalthebel zusammengefaßt in eine Zentrale versetzt denken, dann haben wir ganz roh den Aufbau einer
Anlage mit Vermittlungsstelle. In der Zentrale müssen
die von den Teilnehmern gewünschten Verbindungen
hergestellt werden.

Eine von Hand bediente Zentrale nennt man kurz *Hand-vermittlung*. In einer Handvermittlung erweist sich der Drehschalter nicht mehr als geeignet. Man setzt hier aus „Klinken" in der Zahl der Sprechstellen eine Vermittlungs-tafel zusammen (Klinke: siehe Abschnitt III, A, 1) und stellt die Verbindungen der Klinken bei Ausführung der Sprechverbindung durch sogenannte „Schnurpaare" (Klinkenstecker und bewegliche Verbindungsleitungen mit 2 oder 3 Adern) her. Eine solche, meist pultartig gebaute Vermittlungstafel nennt man auch „*Zentral-umschalter*".

In Bild 196 ist als Beispiel eine Vermittlungstafel für 100 Sprechstellen dem Wesen nach gezeichnet. Das Schnurpaar verbindet die Sprechstellen 82 und 36. Über jeder Klinkenhülse wird eine sogenannte „Anruf-lampe" eingebaut, die aufleuchtet, wenn der Teilnehmer dieser Sprechstelle sein Sprechgerät aushängt. Die Einschaltung dieser Lampe wird später er-läutert. An Stelle von Glühlampen kann man auch Klappenrelais (sie-he Abschnitt II, A, 2) verwenden. Die Relais-spule erhält beim Aus-hängen des Sprechge-rätes Strom und löst die Sperre der Klappe aus. Die Klappe fällt und zeigt so den Anruf an.

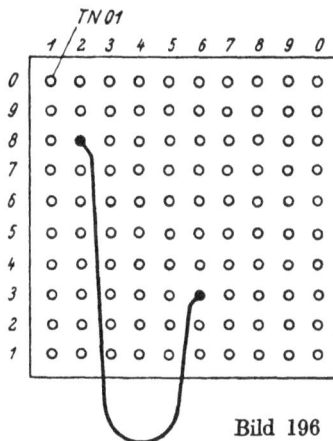

Bild 196

Um einmal in einem Beispiel zu erkennen, wie der Ver-mittlungsvorgang vor sich geht, soll im folgenden die *Vermittlung zweier ZB-Sprechstellen* in ihren wesent-lichsten Vorgängen an Hand von

SP 56 erläutert werden. Die Schaltung der Sprechstelle ist zu diesem Zweck vereinfacht dargestellt (siehe
dazu SP 55). Die zweite Sprechstelle möge man sich in
gleicher Schaltung rechts angefügt denken. Teilnehmer *1*
will mit Teilnehmer *2* verbunden werden.

1. Vorgang: *Teilnehmer 1 hängt aus*, der Hakenumschalter
   schließt. Stromfluß: $+$, Anrufrelais AR_1,
   b-Leitung, Sprechgerät, HU, *a*-Leitung, Anrufrelais AR_2, —. Ergebnis: Anrufrelais AR
   (bestehend aus den beiden Wicklungs-
   hälften AR_1 und AR_2) schaltet durch *ar*
   (Schaltkontakt des AR) die Anruflampe AL
   ein.

2. Vorgang: Der Vermittlungsbeamte sieht das Auf-
   leuchten der Anruflampe, steckt den Klinkenstecker (Abfragestecker AS) in die Klinke
   für Teilnehmer *1*, *verbindet* also das Schnurpaar mit *Sprechstelle 1*.

3. Vorgang: Der *Vermittlungsbeamte schaltet sein Abfrage-
   sprechgerät* mittels des Kippschalters k_1/k_2
   über die *a/b*-Leitung an Sprechstelle *1*,
   frägt den Teilnehmer *1* nach der gewünschten Sprechstelle (Name und Nummer) und schaltet sodann sein Sprechgerät
   wieder ab.

4. Vorgang: Der Vermittlungsbeamte steckt den Verbindungsstecker VS des Schnurpaares in
   die Klinke des gewünschten Teilnehmer-
   anschlusses, bedient den Kipper RK (für
   a und *b*), schaltet also damit den *Rufstromgenerator* auf das Teilnehmergerät *2*. Rufstrom über Kondensator und Wecker.
   Daraufhin läßt er den Rufstromkipper wieder in die Ruhelage zurückspringen.

5. Vorgang: *Der Teilnehmer 2* ist nun gerufen, *hängt sein Sprechgerät ab* und schaltet sich so direkt auf Sprechstelle *1.* Die Verbindung ist zustande gekommen.

Es wird bemerkt, daß bei dieser Erläuterung zur Vereinfachung verschiedenes außer acht gelassen wurde, was für die regelrechte Vermittlung notwendig ist, so z. B. Abschaltung der Anruflampe, Anschluß und Unterbrechung der Schlußzeichenlampe, Prüfung, ob der gewünschte Teilnehmer frei ist u. dgl. m. Relais spielen bei derartigen Vorgängen natürlich eine wesentliche Rolle. In der modernen Fernsprechtechnik wird die Handvermittlung auch schon bei kleineren Vermittlungsstellen mehr und mehr durch eine selbsttätige (automatische) Vermittlung ersetzt, wie das bei größeren Zentralen längst der Fall ist. Man nennt solche Fernsprechanlagen mit selbsttätiger Wahl des anderen Sprechteilnehmers *Wähleranlagen.*

Bei den Wähleranlagen tritt an die Stelle der mündlichen Nummernangabe des rufenden Teilnehmers an den Vermittlungsbeamten die Abgabe von elektrischen Stromstößen entsprechend der gewünschten Teilnehmernummer. Vergleichen wir mit Bild 196. Bei einer solchen Handvermittlung hat der Vermittlungsbeamte für den anzuschließenden Teilnehmer aus der Einerreihe (waagrecht) und der Zehnerreihe (senkrecht) die entsprechende Klinke zu suchen. Würde bei einer solchen Tafel nicht bei jeder Klinke die Nummer stehen und der Vermittler über wenig Übung verfügen, so müßte er z. B. zur Wahl der Klinke *82* zuerst mit den Augen die Zehnerreihe hinaufklettern bis *8* und dann nach rechts bis zu *2* weiterfahren. Dann hat er die Nummer *82.* Stellen wir uns nun an Stelle des Vermittlungsmannes ein Relaisgerät vor, das mit 2 Relais versehen ist: Relais *1,* um schrittweise um eine Stufe (Klinkenreihe) zu heben, Relais *2* zur schrittweisen Verschiebung nach rechts in den Kontakt-

reihen. Wenn wir nun eine weitere Einrichtung schaffen,
um von der rufenden Stelle aus Stromstöße auf die Relais
zu geben, dann können wir auf elektromechanischem
Weg eine Verbindung herstellen, ohne dazu einen Mann
im Fernsprechamt zu benötigen. Diese Geräte sind der
„Nummernschalter" und der „Wähler" (Hebdrehwähler).

2. Nummernschalter

In Bild 197 ist der wesentliche Aufbau eines Nummern-
schalters dargestellt. Wollen wir Nummer 5 wählen,

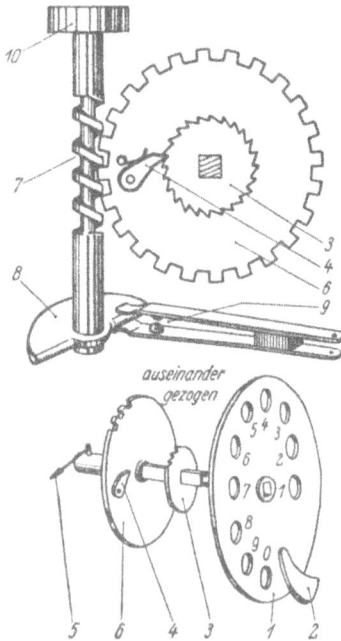

so stecken wir einen Fin-
ger in das Loch 5 der Fin-
gerscheibe 1 und drehen
nach rechts bis zum An-
schlag 2. Diese Drehung
macht auch die Zahn-
scheibe 3 mit. Am Ende
der Drehung sperrt der
Riegel 4 die Zahnscheibe
und verhindert sie an der
sofortigen Rückdrehung
durch die Rückstellfeder 5,
durch Pfeil angedeutet.
Die Federkraft dreht nun
die Teile 1 bis 4 sowie das
Schneckenzahnrad 6 nach
links zurück und treibt damit die Schnecke 7 und die
auf dieser Achse sitzende
Unterbrecherhalbscheibe 8
aus Isolierstoff so lange,
bis die Wählscheibe wieder

Bild 197

in der Ausgangsstellung angekommen ist. Die Bremse 10
sorgt für gleichmäßige Rücklaufgeschwindigkeit. Die
Einrichtung ist so beschaffen, daß z. B. bei Nummerwahl

„5" die Scheibe aus Isolierstoff fünfmal den Schalter
kontakt 9 unterbricht. Die dadurch erhaltenen Stromstöße betätigen das Arbeitsrelais des Drehwählers.

3. Drehwähler

Bild 198 stellt einen Drehwähler für 10 Anschlüsse dar.
In diesem Beispiel ist ein dreiteiliger „Schaltarm" *a*
verwendet, der durch ein Schrittschaltwerk (siehe „Wirkgeräte") in der durch Pfeil angedeuteten Richtung gedreht wird. Der Schaltarm ist mit der Kontaktlamelle *E*
(= Eingang) verbunden. Jeder Kontaktarm besteht
aus 2 gegeneinander stehenden Kontaktfedern *b*,
die die Kontaktlamellen *c* der Ausgänge zu den Teilnehmern bei der Kontaktabgabe in die Mitte nehmen.
Die Kontaktlamellen sind durch isolierende Segmentbänke *d* gehalten. Jede Lamelle ist über Lötösen *e*
mit einer Teilnehmerleitung verbunden. Jeder durch den
Nummernschalter gegebene Stromstoß dreht
den Schaltarm um einen
Schritt, also um einen
Lamellenabstand weiter.
7 Stromstöße führen also
zu Lamelle 7 und verbinden dadurch den
Eingang (anrufender
Teilnehmer) mit dem
Ausgang 7 (gerufener
Teilnehmer). Nach Beendigung des Gespräches
wird durch geeignete
elektrische Einrichtung

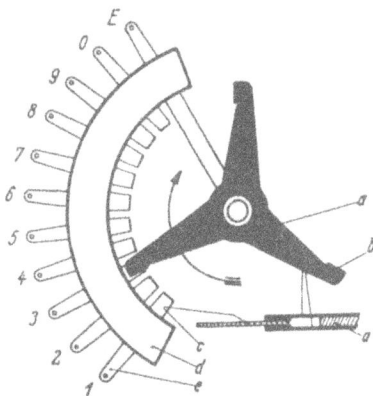

Bild 98

dafür gesorgt, daß sich der Schaltarm um so viel weiterdreht, daß der nächste der 3 Arme wieder in Anfangstellung steht und zur weiteren Teilnehmerwahl bereit ist.

Derartige Drehwähler werden auch mit zweiarmigen Schalt-
armen und auch mit einer größeren Zahl Lamellen je Bank ausgeführt.

4. Hebdrehwähler

Hier sind, wie Bild 199 schematisch zeigt, 10 Bänke
mit je 10 Lamellen übereinander angeordnet. Der
Schaltarm muß bei der Teilnehmerzahl 2 Bewegungen
machen. Zuerst die
Hebbewegung, dann
die Drehbewegung.
Wählt der Rufende
z. B. die Nummer 35,
so dreht er beim
Nummernschalter
erst von *3* aus, dann,
nachdem die Scheibe
in die Ausgangsstel-
lung zurückkam, von
5 aus. Die ersten
3 Stromstöße werden im Hebdreh wähler dazu benutzt,
die Schaltarme um 3 Stufen zu heben, die weiteren
5 Stromstöße drehen dann in der „Dekade 3" auf die
Lamelle *5*. Nun ist der Rufende mit dem Teilnehmer 35
verbunden. (Vergleiche mit Bild 196.)
Nach Gesprächbeendigung wird der Hebdrehwähler
zuerst selbsttätig durchgedreht, abfallen lassen und durch
Federkraft wieder in die Ausgangsstellung zurück-
gedreht.

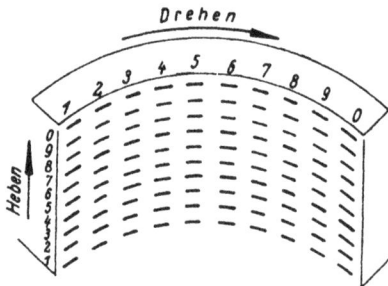
Bild 199

Schlußwort zum Abschnitt „Fernsprechanlagen"

Um eine genauere Kenntnis der Fernsprechanlagen und
der Vermittlung zu ermöglichen, müßte noch viel besprochen werden. Der Rahmen des Buches aber fordert
die Einschränkung auf einen großen Überblick. Wer
sich in der Fernsprechtechnik und ihren vielfältigen

Schaltungen weiterbilden will, greift zweckmäßig zu dem
sehr empfehlenswerten Buch „Taschenbuch für Fernmeldetechniker" von H. W. Goetsch, und zu „Wähl-
technik" von Winkel (beide im Verlag Oldenbourg,
München, erschienen).

X. RUNDFUNK- UND ÜBER-
TRAGUNGSANLAGEN

A. Rundfunkanlagen

„Rundfunkanlage" ist für den Praktiker und den Laien der
Begriff für die Zusammenstellung „Antenne — Empfänger —
Erde". Eigentlich müßten wir uns auch der sendenden Stelle
erinnern. Aber die Rundfunkanlagen machen innerhalb der
Fernmeldeanlagen die Ausnahme, daß der „Sender" unserem
Arbeitsgebiet entrückt ist und als die selbstverständlich vorhandene Stelle betrachtet wird, welche die von unserem Empfänger aufzufangende Energie ausstrahlt. Aus diesem Grunde
wollen wir uns auch an dieser Stelle nicht viel mit dem Sender
befassen und bald zur Empfangsanlage übergehen.

Die Verbindung zwischen dem Sender und dem Empfänger findet „drahtlos" durch hochfrequente elektrische
und magnetische Wellen statt, die, vom Sender aus-
gestrahlt, durch den Äther eilen und im Empfänger
aufgenommen und hörbar gemacht werden können.

Im Sender wie auch im Empfänger spielt der „Schwingkreis" eine große Rolle, wie die folgenden Bilder zeigen:

Der Sender
(Seine Entwicklung aus dem Schwingkreis)

So kann man sich aus Schwingkreis und Energieanlage
(Hochfrequenzerzeugung und Modulationseinrichtung)
den Sender mit Antenne und Erde entstanden denken.
Das zwischen den Kondensatorbelagen entstehende
hochfrequente elektrische Wechselfeld breitet sich aus,
löst sich los und wandert nach allen Richtungen in die

Welt hinaus. Der Ausdruck „loslösen" ist hier angebracht, denn tatsächlich macht sich das entstehende
elektrische Feld schnell von der Bindung zwischen

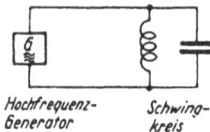
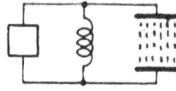
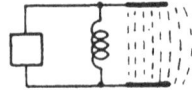

Hochfrequenz-Generator   *Schwing-kreis*

Bild 200 a   Bild 200 b   Bild 200 c

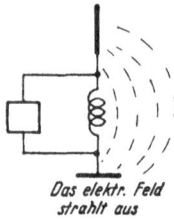
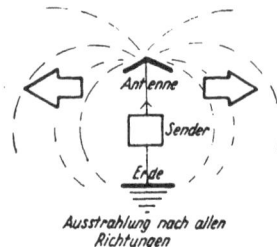

Das elektr. Feld strahlt aus   *Ausstrahlung nach allen Richtungen*

Bild 200 d   Bild 200 e

Antenne und Erde frei und entfernt sich von der Sende-
stelle! (Da in der Antenne und ihrer Zuleitung ein hochfrequenter Wechselstrom fließt, entsteht auch ein
magnetisches Wechselfeld um diese Leiter herum. Dieses
ist aber von untergeordneter Bedeutung.)

Der Empfänger

So setzt sich aus Schwingkreis (Antenne—Spule—Erde),
Gleichrichtegerät (eventuell mit Verstärkergerät) und
Tongerät (Hörer, Lautsprecher) die „Empfangsanlage"

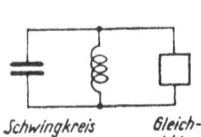
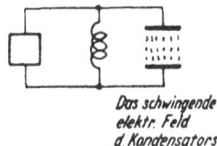
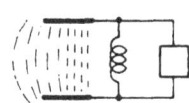

Schwingkreis   *Gleich-richter*   *Das schwingende elektr. Feld d. Kondensators*

Bild 201 a   Bild 201 b   Bild 201 c

zusammen. Die Spule des Schwingkreises mit Gleichrichter und Tongerät nennt man den „Empfänger".
In diesem Empfänger wird „abgestimmt" (auf die zu

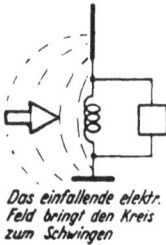

Das einfallende elektr.
Feld bringt den Kreis
zum Schwingen

Bild 201 d

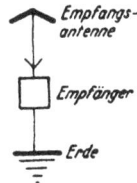

Empfangs-
antenne

Empfänger

Erde

Bild 201 e

empfangende Welle), werden die hochfrequenten Spannungen gleichgerichtet und die entstandenen niederfrequenten Spannungen dem Tongerät zur Hörbar-
machung zugeleitet.

1. Antenne

Mit der Antenne fangen wir sozusagen die elektrischen
Wellen ein, die der Sender ausstrahlt. Je weiter die
Empfangsanlage den Rachen aufreißt, desto größer
wird die verschluckte Wellenmenge, könnte man scherz-
weise sagen. Wir können die Empfangsanlage auch als
Abgriff eines Spannungsteilers auffassen, wie das in
Bild 202 a und b und Bild 203 einfach dargestellt ist.
Denken wir uns irgendeinen Punkt im Äther und nehmen
wir an, daß zwischen ihm und Erde eine Spannung U
herrscht (Spannung des elektrischen Feldes), so greift
die Antenne die Spannung u ab und leitet sie dem
Empfangsgerät zu. Das „Spannungsgefälle je Meter
Höhe" ist ein Maß für die an diesem Ort herrschende
„Feldstärke". Ein starker Sender kann größere Feld-
stärken zur Verfügung stellen als ein schwacher Sender.
Und ein weiterer Grund, warum die Antenne „hoch"

sein soll: Besonders in dicht besiedelten Gebieten ist
die Zahl der „Störer" sehr groß. Störer sind alle funkenbildenden elektrischen Geräte (Motoren, Unterbrecher

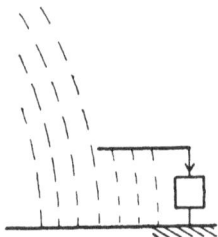

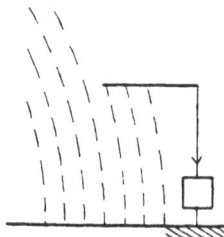

Bild 202 a

Geringe Entfernung zwischen
Antenne und Erde gibt geringe
Empfangsleistung

Bild 202 b

Große Entfernung, also „hohe
Antenne" über Erde gibt hohe
Empfangsleistung

beim Wecker, Hochfrequenzheilgeräte u. dgl.), die nicht
„entstört" sind. Jeder Störer bildet sozusagen einen
Störsender, dessen elektrische Wellen sich nach allen

Bild 203

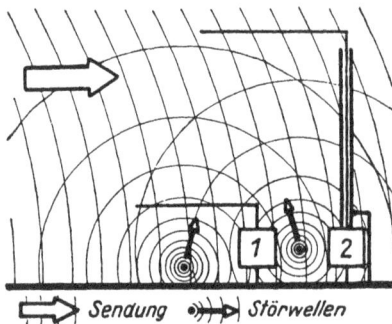

Bild 204

Seiten ausbreiten. Glücklicherweise ist die Sendeenergie
und dadurch die „Reichweite" meist nicht groß. Das
ermöglicht es, durch eine „hohe" Antenne außerhalb des
Störbereiches zu kommen. Bild 204 zeigt zwei ver-

schiedene Antennen. Antenne *1* ist noch ganz im Be-
reich der Störsender (durch Punkte und umschließende
Kreise dargestellt), während Antenne *2* von den Stör-
sendern kaum oder nur wenig beeinflußt wird, zumal die
Antennenableitung „abgeschirmt" ist, um das Ein-
dringen der Störwellen durch diese Leitung zu vermeiden.
Man sagt: Für Antenne *1* ist der „Störpegel" hoch, für
Antenne *2* dagegen gering.

Ob der „Empfang" gut oder schlecht ausfällt, hängt, abgesehen
von der Leistungsfähigkeit des Empfangsgerätes, sehr von der
Ausführung der Antenne, von der Umgebung (geerdete Dächer,
Fabriken mit großen Metallmassen), von der Ausführung der
Antennenableitung, von der Güte der Erdung u. dgl. ab. Eine
gute Antenne, ein gutes Gerät und gute Erdung gibt guten
Empfang. Ganz falsch ist die oft gehörte Meinung, daß bei einem
hochwertigen Empfangsgerät auch eine schlechte Antenne
(irgendein kurzes Drahtstückchen) genüge. Allerdings bringt
ein solches Gerät bei einer schlechten Antenne noch mehr heraus
als ein minderwertiges Gerät. Die schlechte Antenne verlangt
aber Ausnutzung der letzten Kraftreserven des Gerätes und
bewirkt dadurch auch eine Hervorhebung der Störgeräusche.
Wer weiter in diese Vorgänge eindringen will, sei auf die ein-
schlägige und sehr zahlreiche Fachliteratur verwiesen. Besonders
empfehlenswert ist das „Antennenbuch" von Dr. *Bergtold*,
das die Zusammenhänge in leichtverständlicher Weise und
sehr ausführlich klarlegt.
Man lese außerdem die „*Vorschriften für Antennenanlagen*"
VDE 0855 durch, die die Ausführung der Antenne behandelt.

2. Aufnahme und Abstimmung

Der einfachste Empfänger besteht aus einer einlagigen
Abstimmspule mit entsprechend vielen Drahtwindungen
und aus einem Gleichrichtegerät. (Siehe auch Abschnitt X, A, 3.) Diese Spule zusammen mit dem Kondensator aus Antenne und Erde bilden den Empfangsschwingkreis. Die Abstimmung erfolgt durch Anbringung eines Schleifkontaktes auf den blank gemachten
Drahtwindungen (Bild 205 a) oder durch wahlweisen

Anschluß an entsprechende Anzapfungen (Bild 205 b).
Das ist nun eine recht grobe und veraltete Einrichtung.
Besser ist es, wenn man neben die Spule noch einen

  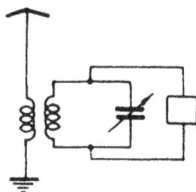 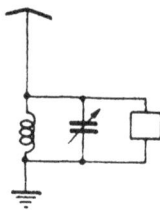

Bild 205 a   Bild 205 b   Bild 206   Bild 207

eigenen Abstimmkondensator schaltet (Bild 206) oder
wenn man den in der Empfangsspule entstehenden
Strom transformatorisch auf einen zweiten Schwingkreis
überträgt, in dem mittels eines Drehkondensators
abgestimmt wird (Bild 207).
Im Abschnitt „Vor allem Strom" (I, A, 4) wurde schon
erklärt, wie die Übertragung der aus Schallwellen im
Sender erzeugten Tonfrequenzspannungen vor sich geht:
Der Sender schickt über die Antenne elektrische Wellen
bestimmter Frequenz und überlagert diesen „Träger-
wellen" die Tonfrequenzwellen. Im Empfänger erfolgt
eine Gleichrichtung des modulierten Hochfrequenzstromes, wodurch die Möglichkeit gegeben ist, die Nieder-
frequenzspannungen wieder für sich allein zu erhalten,
um sie in hörbare Töne umzuwandeln.
Da wir nicht nur einen, sondern viele Sender haben,
die mit verschiedenen Trägerfrequenzen senden, muß die
Abstimmung auf den gewünschten Sender sehr „trennscharf" sein, damit einzig und allein die Sendung aufgenommen und wiedergegeben wird, die wir hören
wollen.
Um den Vorgang der Abstimmung richtig zu verstehen,
muß man Abschnitt X, VII (= Anhang B) und Abschnitt

III, B 1, d, „Schwingkreis", eingehend studiert haben.
Man muß wissen, daß ein Schwingkreis dann fast keinen
Strom aufnimmt (kein Strom in der Zuleitung), wenn der
Kondensator so eingestellt ist, daß sein „kapazitiver
Widerstand" dem „induktiven Widerstand" der Spule
entspricht.

Wir betrachten nun den Kreis aus Sender, Antenne,
Äther, Empfangsantenne, Empfangsschwingkreis und
Erde (als Rückleitung). In diesem Kreis (Bild 208) bildet
der Empfangsschwingkreis (a—b)
einen bestimmten Widerstand.
Der Spannungsabfall an diesem
Widerstand wird durch einen
Spannungsmesser feststellbar.
Ist dieser *Schwingkreis auf*
„*Resonanz*" eingestellt, also auf
die Frequenz der Sendestrom-
quelle abgestimmt, so fließt (wenn man von Verlusten
absieht) in der Zuleitung kein Strom. Das heißt doch
so viel wie: *Der abgestimmte Schwingkreis hat einen so
großen Widerstand*, daß kein Strom fließen kann.
Verstellt man die Abstimmung, dann fließt ein Strom
in der Zuleitung und wir können sagen: Jetzt hat der
Schwingkreis einen geringen Widerstand.

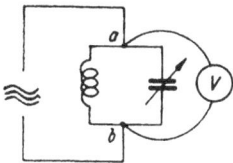

Ist auf die zu empfangende Welle „abgestimmt", dann
zeigt das Meßgerät, dem Ohmschen Gesetz entsprechend,
eine hohe Spannung an, eben die ganze „Feldstärke",
die von dem gewünschten Sender am Empfangsort entsprechend der Antennenhöhe zur Verfügung gestellt werden kann. Ist „verstimmt", dann kann der Spannungsmesser nur wenig oder gar nichts anzeigen, denn der
Schwingkreis stellt ja in diesem   Fall einen kleinen
Widerstand dar (gegebenenfalls sogar einen Kurzschluß
der hochfrequenten Spannungen zwischen Antenne und
Erde).

Bild 208

In Bild 209 ist ein Empfängerkreis gezeichnet, dem ein
Sperrkreis zur „Aussperrung" eines ungewünschten Senders vorgeschaltet ist. Mit dem Abstimmkreis stimmen
wir auf einen Sender *A* ab, während wir mit dem Sperrkreis auf den Sender *B* abstimmen, den wir nicht hören
wollen, der aber, weil seine Frequenz nahe der Frequenz
des Senders *A* liegt, „durchschlägt".

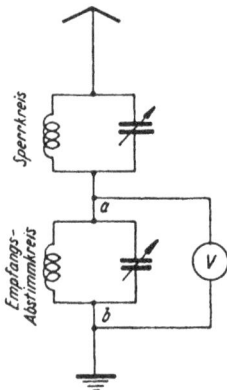

Wir wollen den Sender *B* „aus-
sperren". Der Abstimmkreis hat
für die Senderwelle *A* bei genauer
Abstimmung hohen Widerstand,
weshalb an *a—b* eine hohe Hochfrequenzspannung (der Welle *A*)
festzustellen und ausnutzbar ist.
Der auf *B* abgestimmte Sperrkreis
hat für die Welle *A* einen geringen
Widerstand, für die Welle *B* aber
einen hohen Widerstand. Von
Welle *A* wird also am Sperrkreis
kein nennenswerter Spannungsabfall auftreten, die Spannung der
Welle *B* wird aber am Sperrkreis verbraucht (hoher
Spannungsabfall) und kann deshalb an *a—b* nicht wirken.
Das Ergebnis dieser Einrichtung nach Bild 209 ist bei
guten Geräten mit geringen Verlusten das, daß nur der
gewünschte Sender allein zu hören ist. Die Abstimmung
ist „trennscharf". Mit einfachen einlagigen Zylinder-
spulen ist das kaum zu erreichen. Man verwendet deshalb Abstimmspulen mit Hochfrequenzeisenkern und
hochwertigen Isolierstoffen. Auch der Kondensator
muß bestens isoliert sein.

Bild 209

3. Gleichrichtung

Nun soll der Vorgang besprochen werden, der im Abschnitt „Modulierte Ströme" als das „Herunterholen

des Reiters vom Pferd" bezeichnet wurde. Im Sender
wurde nämlich der Trägerwelle die Tonfrequenzwelle
überlagert und im Empfänger müssen wir diese Tonfrequenzwellen wieder
von der Trägerwelle
herunterholen, um sie
für sich allein hörbar
machen zu können. Das
geschieht durch *Gleich-*
richtung der modulierten
Hochfrequenzströme.

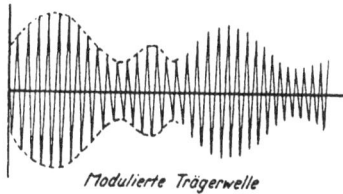

Modulierte Trägerwelle

Bild 210 a

Gleichrichtung durch
Abschneiden der nega-
tiven Halbwellen, wie
es durch ein einfaches
Gleichrichteventil mög-
lich ist, das den Strom
nur in einer Richtung
fließen läßt. Was übrig
bleibt (Bild 210 c) wirkt
in seinem Mittelwert nur
mehr wie ein schwanken-
der, nur in einer Rich-
tung fließender Misch-

gleichgerichtet
(untere Wellen abgeschnitten)

Bild 210 b

Wirksamer Mittelwert der
gleichgerichteten Wellen
(Tonfrequenzschwankungen)

Bild 210 c

strom. (Hier wurde der
Einfachheit halber der Einfluß des Ladekondensators
vernachlässigt, der im Abschnitt I, C, 4, b besprochen
wurde.) Diese niederfrequenten Schwankungen ergeben, durch einen Fernhörer oder (nach Verstärkung)
durch einen Lautsprecher geleitet, Töne als Wiedergabe
der vom Sender übermittelten „Sendung".

Als Gleichrichter dient im einfachsten Fall ein Detektor
(s. Bd. I) oder eine Zweipolröhre (siehe Abschnitt I, C, 4, b)
oder eine Dreipolröhre, die gleichzeitig verstärkt (siehe
Abschnitt X, A, 6).

SP 61. Schaltplan eines einfachen *Detektorempfängers*
mit Hörer. Ein Schwingkreis mit Anschluß von Antenne
und Erde, ein Hörer, ein Detektor und ein kleiner
Kondensator, der dem Hörer nebengeschaltet ist, um
den vom Gleichrichter noch durchgelassenen geringen
Wechselstrom (ein Mangel des einfachen Detektors
wie auch des Trockengleichrichters) kurzzuschließen
und dadurch vom Fernhörer fernzuhalten. Der Schwingkreis ist in der Schaltung stärker gezeichnet.

SP 62. Verbesserte Schaltung eines *Detektorempfängers.*
K_1 und L_1 bilden (über Antenne und Erde als weiteren
Kondensator in Reihe) einen Schwingkreis, der ebenso
abgestimmt werden muß wie der zweite „Kreis" aus
L_2, K_2 und L_3. Zwischen L_1 und L_2 besteht induktive
(transformatorische) Kopplung wie zwischen L_3 und L_4.
Durch die doppelte Abstimmung und doppelte Kopplung
wird der Empfänger trennschärfer.

SP 63. Einfacher Schaltplan eines *Empfängers mit
Zweipolröhre* als Hochfrequenzgleichrichter. Der Schwingkreis ist an die nicht abstimmbare Antennenspule gekoppelt. *LK* ist ein Ladekondensator (siehe Abschnitt I,
C, 4, b: Röhrengleichrichter) von etwa 100 pF. *a—b*
führt zum Hörer oder über eine Verstärkungseinrichtung
zu einem Lautsprecher.

4. Verstärkung

Die Ausführungen über die „Verstärkung" im Abschnitt III, B, 4, a sollen hier noch eine Ergänzung
erhalten:

Je nachdem, ob man hochfrequente oder niederfrequente
Spannungen zu verstärken hat, nennt man die Ver-
stärkerstufe einen „Hochfrequenzverstärker" oder einen
„Niederfrequenzverstärker". Der erstere liegt zwischen
Antenne und Gleichrichter, der zweite zwischen Gleich-

richter und Lautsprecher. Nach der zu erzielenden Leistungsfähigkeit des Rundfunkempfängers richtet sich die Zahl und Art der Verstärkerstufen. Bild 211 a bis d zeigt dem Aufbau nach einige Beispiele aus der großen Zahl der Möglichkeiten ohne Einbeziehung der sogenannten Überlagerungsempfänger.

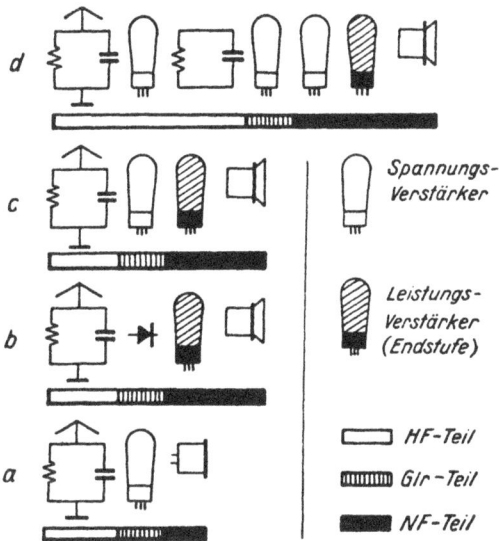

Bild 211 a bis d

a = Einfacher Ortsempfänger mit Audionröhre (siehe Abschnitt X, A, 6) und Hörer.

b = Ortsempfänger mit Detektor, Niederfrequenzendstufe und Lautsprecher.

c = Einkreiszweiröhrenempfänger.

d = Zweikreisvierröhrenempfänger.

Hochfrequenzverstärkung ist dann unbedingt erforderlich, wenn die vom Sender am Empfangsort zur Verfügung gestellte Hochfrequenzspannung (Feldstärke) nicht groß genug ist, um im Gleichrichter einwandfrei (verzerrungsfrei) verarbeitet zu werden. Für Ortsempfang ist aus diesem Grunde eine Hochfrequenzverstärkung überflüssig.

Als Verstärkerröhren kommen neben den Dreipolröhren überwiegend Fünfpolröhren in Verwendung, die außer Anode, Kathode und Steuergitter noch 2 Hilfsgitter besitzen. (Siehe „Mehrgitterröhren", Abschnitt X, A, 9.)

5. Kopplung

Besitzt ein Empfänger oder Verstärker zwei oder mehrere „Röhrenstufen", so ergibt sich die Notwendigkeit, die einzelnen Stufen miteinander zu „koppeln", damit die hochfrequenten oder niederfrequenten Wechselspannungen weitergegeben werden, ohne daß zwischen den einzelnen Stufen Gleichstromverbindung besteht.

Bild 211 zeigt eine „Stufe", d. h. eine Röhre mit den dazugehörigen wesentlichen Schaltteilen: Der Anodenwiderstand R_a, der die positive Anodenspannung (z. B. 250 V) der Anode zuführt und in dem der Wechselspannungsabfall als Ergebnis der Verstärkung der angelegten Gitterwechselspannung auftritt. Als zweiter Widerstand der Kathodenwiderstand zur Erzeugung der negativen Gittervorspannung (fällt beim Audion weg!), mit dem dazugehörigen Kathodenkondensator, der die Durchgangsschleuse für die Wechselspannungen bildet (geringer Widerstand für Wechselspannungen höherer und mittlerer Frequenz!).

Der Gitterwiderstand R, der die Aufgabe hat, die negativen Gittervorspannungen dem Gitter zuzuführen, ohne die angelegten Gitterwechselspannungen kurzzuschließen, beträgt in der Regel 1 bis 2 MΩ.

Sollen die Anodenwechselspannungen der ersten Röhre dem Gitter der zweiten Röhre zugeführt werden, so muß man irgendeine der im folgenden erläuterten Kopplungen anwenden. Welche im Bedarfsfalle zweckmäßig

ist, hängt im wesentlichen von den Eigenschaften der
ersten Röhre ab.

Widerstandskopplung. Diese häufigste Art der Kopplung
besteht darin, daß man die Anode der einen Röhre
mit dem Gitter der zweiten Röhre mittels eines Kondensators (meist um 5000 pF) verbindet. Durch diesen
Kondensator kann die verstärkte Wechselspannung der
ersten Röhre auf das Gitter der zweiten Röhre einwirken,
ohne daß der Anodengleichstrom der ersten Röhre auf
den Gitterkreis der zweiten Röhre Einfluß ausübt.

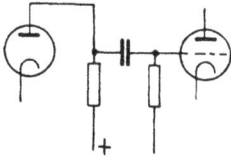 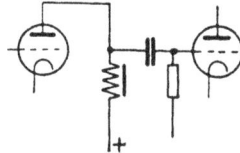

Bild 212   Bild 213

Drosselkopplung. Ersetzt man in Bild 212 den Anodenwiderstand durch eine Drossel, so erhält man die sogenannte Drosselkopplung. Es ändert sich dabei nur
das, daß der Anodengleichstrom in der Drossel einen
geringen, der Anodenwechselstrom dagegen einen hohen
Widerstand findet (Bild 213).

Transformatorkopplung. Ersetzt man den Anodenwiderstand durch die Eingangswicklung eines Übertragers und
den Gitterwiderstand der nächsten Röhre durch die Ausgangswicklung dieses Übertragers, so erübrigt sich der
Kopplungskondensator, denn dann werden die Wechselspannungen transformatorisch übertragen. Durch geeignete Wahl des Übersetzungsverhältnisses ist eine
weitere Verstärkung der Spannung möglich.

Schwingkreiskopplung. Ein Schwingkreis (siehe dort) hat
für Gleichstrom- und für Wechselstromfrequenzen, auf die
nicht abgestimmt ist, einen geringen Widerstand. Für

die abgestimmte Wechselstromfrequenz dagegen ist der
Widerstand des Schwingkreises (zwischen *a* und *b* in
Bild 215) sehr groß. Schaltet man einen solchen Schwingkreis an Stelle eines Anodenwiderstandes ein, so ergibt
sich der Vorteil, daß neben geringem Gleichspannungsabfall eine hohe Wechselspannung (für die abgestimmte
Frequenz!) zwischen den Klemmen *a* und *b* zur Verfügung steht. Denn wenn der Widerstand groß ist,
dann ist auch der Spannungsabfall groß.

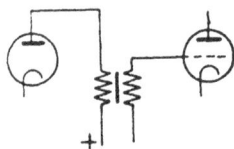
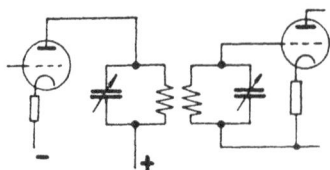

Bild 214   Bild 215

Von der Spule dieses ersten Kreises kann man transformatorisch auf einen zweiten Kreis übertragen, der
dem Gitter der nächsten Röhre die Hochfrequenzspan-
nungen zuführt. Diese beiden Schwingkreise zusammen,
die beide auf die zu verstärkende Hochfrequenz abgestimmt werden, wirken wie ein elektrisches Sieb, das
nur die Hochfrequenz durchläßt, auf die abgestimmt ist.
(Empfänger mit solchen Kopplungen sind sehr *trennscharf*.
Es ist wohl ohne weiteres klar, daß eine solche Kopplung
nur vor der Gleichrichtung der Hochfrequenz, nicht
aber für niederfrequente Spannungen in Betracht
kommen kann.) Häufig werden solche gekoppelte
Schwingkreise für eine bestimmte Hochfrequenz (Zwi-
schenfrequenz in Überlagerungsempfänger) auf Resonanz
fest eingestellt und mit veränderlicher Kopplung (fest
oder lose) versehen. Man nennt sie dann *Bandfilter*, weil
sie nur für ein bestimmtes Frequenzband (z. B. 400 bis
410 kHz) durchlässig sind.

6. Gleichrichtung und Verstärkung in einer Röhre: Audion

Denken wir uns aus einer Dreipolröhre die Anode herausgenommen, dann bleibt Gitter und Kathode übrig. Die so entstandene „Zweipolröhre" (das Gitter als Anode) kann als Hochfrequenzgleichrichter verwendet werden. Die ganze „Dreipolröhre" aber verstärkt zudem die am Gitter gleichgerichteten Spannungen. Die Dreipolröhre kann also hochfrequente Spannungen gleichrichten (s. Bilder 210 a bis c) und die dadurch entstehenden niederfrequenten Spannungen verstärken. In dieser Verwendung ohne negative Gittervorspannung nennt man die Röhre ein Audion. In den meisten einfachen Empfängerschaltungen wird ein Audion verwendet. In hochwertigeren Empfängern werden Zweipolröhren mit vor- oder nachgeschalteten Verstärkerröhren vorgezogen.

7. Röhrenheizung

Die Stromstärke im Heizdraht der Kathode muß genau nach der von der Fabrik gemachten Angabe eingehalten werden. Man muß also dafür sorgen, daß der Heizfaden die richtige Spannung hat. Je nachdem, ob man Gleichstromnetzanschluß, Wechselstromnetzanschluß oder Batteriebetrieb hat, wählt man eine der folgenden Schaltungen[1].

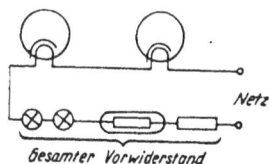

Netz

Gesamter Vorwiderstand

Bild 116

Bild 216: Anschluß an *Gleichstromnetz* (110 oder 220 V) oder sogennanter „*Allstrom*-Anschluß", also wahlweiser Betrieb an Gleichstrom oder Wechselstrom. Bei Allstromanschluß kommen nur indirekt

[1] Siehe auch VDE. 0860, Vorschriften für Rundfunkgeräte, die mit Starkstromanlagen in Verbindung stehen.

geheizte Röhren in Betracht. Da die Röhren nur wenige
Volt Spannung benötigen, muß die überschüssige
Spannung in Widerständen verbraucht werden. Röhren-
spannungen: 2, 4, 13, 24 V und andere. Außerdem kann
man einen Urdoxwiderstand und einen Eisenwasserstoff-
widerstand einschalten. (Siehe Abschnitt III, B, 1, a.)
Eventuell gewünschte Lämpchen zur Beleuchtung der
Senderskala schaltet man ebenfalls in diesen Kreis.

Beispiel: In einem Allstromgerät sind folgende Röhren eingebaut: CF 7 (13 V), CL 4 (33 V), CY 1 (20 V).
Außerdem liegen im Heizkreis 2 Skalenlämpchen
(je 4 V) und ein Eisenwasserstoffwiderstand EU VIII,
dessen höchstzulässige Dauerspannung 125 V beträgt. Der Regelbereich des EU VIII liegt in den
Grenzen von 75 bis 150 V. Die Stromstärke im
Heizkreis muß 200 mA betragen. Netzspannung
220 V. Berechne den noch erforderlichen Vorschaltwiderstand!

Lösung: Der EU VIII soll nach oben und unten regeln.
Man muß also eine mittlere Spannung als Ausgangs-
punkt wählen; wir legen die Spannung dieses Widerstandes zweckmäßig auf etwa 110 V (die Mitte zwischen 75 und 150 V) fest. Damit ergibt sich der gesamte nutzbare Spannungsanteil zu 110 + 13 + 33 +
+ 20 + 4 + 4 = 184 V. Es sind daher noch 220 —
— 184 = 36 V mittels eines Vorwiderstandes zu
vernichten.
$$R = 36 : 0,2 = 180 \ \Omega.$$

Eine Besonderheit unter den Allstromröhren bilden die
Röhren der V-Type (VCL, VF 7, VL 1, VL 4, VY 1),
die für eine Heizspannung von 55 bzw. 110 V gebaut
sind. Je nach Netzspannung und Röhrenwahl kann
man in geeigneter Schaltung ohne jeden Vorwiderstand
auskommen, wie die Bilder 217 und 218 zeigen. Der Heizstrom ist jeweils gleich groß.

Wechselstromempfänger erhalten zur Versorgung der
Röhrenheizung (und für die Beschaffung der Anodenspannung) immer einen „Netztransformator". Von einer

Ausgangswicklung des Transformators wird den Heizfäden (meist in Nebeneinanderschaltung) die Spannung
zugeführt (Bild 219).

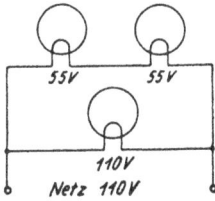

Bild 218

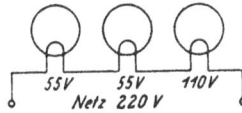

Bild 217

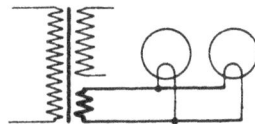

Bild 219

Bei *Batterie-Empfängern* werden die Röhrenheizungen in
Nebeneinanderschaltung an die Batterie gelegt.

8. Anodenspannung

Die Anodenspannung einer Röhre muß ziemlich hoch
sein, um den erforderlichen Anodenstrom in der Röhre
bewirken zu können. Für Empfängerröhren beträgt die
Spannung, die von der Anodenspannungsquelle verlangt
wird, bis zu 250 V. Steht eine Anodenbatterie (bis etwa
120 V) zur Verfügung, so ist die Schaltung einfach
(vgl. Bild 142).

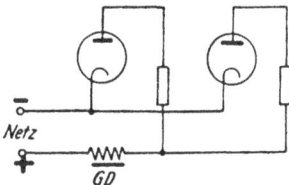

Bild 220

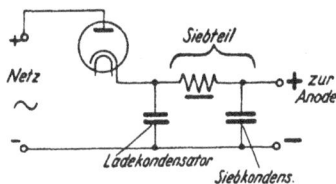

Bild 221

Bei Gleichstromnetzanschluß (Bild 220) muß durch Vorschaltung einer „Anodendrossel" dafür gesorgt werden,
daß die immer vorhandenen (wenn auch geringen)

Wechselstromüberlagerungen (siehe Wellenstrom) un-
schädlich gemacht werden. (Siehe 3. Beispiel von Abschnitt III, B, 1, d.)

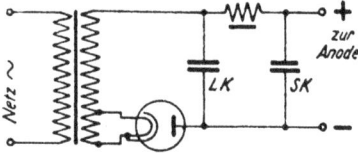

Bild 222

Bei Wechselstrom-
netzanschluß muß
zuerst gleichgerichtet
(Netzgleichrichter-
röhren) und dann
mittels einer Sieb-
kette (siehe dort)
geglättet werden.
Bild 221 zeigt eine Schaltung aus einem Allstromgerät,
Bild 222 aus einem Wechselstromgerät.

9. Und noch einige viel gebrauchte Begriffe

Lautstärkeregelung. Von den möglichen Fällen der Lautstärkeregelung sollen zwei herausgegriffen werden.

Nach Möglichkeit ist von der Regelung nach Bild 224 Gebrauch
zu machen. Eine gegenüber Bild 223 verbesserte Schaltung wird
später im Abschnitt „Anpassung von Lautsprechern" erläutert.

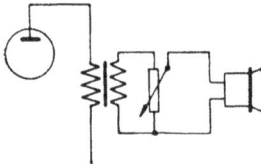

Bild 223
Spannungsteiler vor dem
Lautsprecher

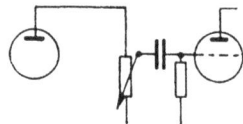

Bild 224
Spannungsteiler vor der
Gitterkopplung der Endröhre

Mehrgitterröhren. Die meisten der heute gebräuchlichen
Empfängerröhren besitzen außer Kathode und Anode
nicht nur ein Gitter, sondern deren mehrere, die verschiedene Aufgaben haben (sozusagen Elektronenver-
kehrspolizei). So gibt es z. B. Schutzgitter, Brems-

gitter, Raumladegitter. Immer aber ist das „Steuergitter" dabei.

Geradeausempfänger und Überlagerungsempfänger (Super). Aus den in vorstehenden Abschnitten erläuterten Bauteilen können wir uns einen Empfänger zusammenstellen: Abstimmung — Gleichrichtung — Verstärkung mit den nötigen Kopplungsgliedern. In diesem Fall kann man sagen, daß in ein paar Arbeitsgängen aus der elektrischen Welle ohne viel Umwege, also recht „geradeaus" Töne gemacht werden. Man nennt einen solchen Empfänger deshalb auch einen „Geradeausempfänger". Beim „Super" oder „Superhet", den wir aber besser deutsch *Überlagerungsempfänger* heißen, wird mittels einer besonderen Röhre und eines Schwingkreises eine hochfrequente Wechselspannung erzeugt. Diese Wechselspannung wird mit der zu empfangenden Senderspannung „gemischt", d. h. die Schwingkreisspannung wird der Senderspannung *überlagert.* Die Frequenz der im Gerät erzeugten Wechselspannung wird immer so gewählt (Einstellung des Schwingkreises!), daß das Ergebnis der Mischung eine Wechselspannung bestimmter und gleichbleibender Frequenz ist. Dadurch sind für den Bau des Gerätes Vorteile erzielbar, auf die jedoch an dieser Stelle nicht näher eingegangen werden kann.

SP 64. Allstrom-Geradeausempfänger mit drei indirekt geheizten Empfängerröhren, einem Abstimmkreis (Einkreiser) und einer Gleichrichterröhre zur Erzeugung des Anodengleichstromes. Alle besonderen Feinheiten, die eine solche Schaltung haben könnte, sind zur Vereinfachung der Schaltung weggelassen. Schaltung I ist so gezeichnet, wie man es in Lehrbüchern und Schaltungssammlungen gewöhnt ist. Schaltung II zeigt den gleichen Aufbau in Art eines Stromlaufplanes. Es bedeutet: Au = Audionröhre zur Gleichrichtung des Hochfrequenzstromes mit erster Verstärkung, AK = Abstimmkreis,

Schwingkreis, NF = Niederfrequenzverstärkerröhre, E = Endröhre zur Leistungsverstärkung, AT = Ausgangsübertrager, AD = Anodendrossel, G = Netzgleichrichterröhre, HF = 4 in Reihe geschaltete Heizfäden der Röhren, V = Kathodenwiderstand (mit Überbrückungskondensator).

Der Antennenkreis ist induktiv (Spule mit Hochfrequenz-Massekern) mit dem Abstimmkreis gekoppelt. Die Audionröhre ist mit der Niederfrequenzverstärkerröhre und diese wieder mit der Endröhre durch Widerstandskopplung verbunden. Die beiden Verstärkerröhren erhalten negative Gittervorspannung durch einen Kathodenwiderstand V. Vom Netz kommt man zuerst zu den 4 in Reihe geschalteten Heizfäden der Röhren. Da keine Widerstände vorgeschaltet sind, muß es sich um Röhren der V-Type handeln. Die Gleichrichtung zur Erzielung des Anodengleichstromes erfolgt durch eine Zweipolröhre, nach der ein Ladekondensator, eine Anodenstromdrossel und ein Kondensator zur Glättung des Anodenstromes eingebaut sind. Der Lautsprecher ist über einen Ausgangstransformator der Endröhre „angepaßt".

1. Beispiel: In SP 64 betragen die Anodengleichströme der 3 Röhren: Au 6 mA, NF 3 mA, E 25 mA. Welcher Strom fließt durch die Anodendrossel?

Lösung: Durch die Drossel fließt die Summe der 3 Ströme $6 + 3 + 25 =$ **34 mA.**

2. Beispiel: Der Heizstrom der 3 Röhren in SP 64 beträgt 50 mA. Welche Heizleistung ist erforderlich?

Lösung: $N = 220 \cdot 0{,}050 =$ **11 W.**

3. Beispiel: Welchen Widerstand muß der Kathodenwiderstand der Endröhre haben, damit eine negative Gittervorspannung von 12 V erzielt wird?

Lösung: Der Anodenstrom beträgt 25 mA. $U_v = I_a \cdot R_k$; $R_k = 12 : 0{,}025 =$ **480 Ω.**

Rückkopplung. In Bild 225 ist die einfache Schaltung der Abstimmung und der ersten Röhre insofern ergänzt,

als die Anodenwechselspannung mittels einer eigenen
,,Rückkopplungsspule" auf die Abstimmspule transformiert wird. In der
ersten Verstärkerstufe
wird also nicht nur die
Gitterwechselspannung
des Senders, sondern
auch die Spannung ver-
stärkt, die durch die
RK-Spule und über den
Rückkopplungskonden-
sator RKK dem Ab-
stimmkreis zugeführt wird. Größere Leistung des Empfängers ist die Folge. Die Stärke der Rückkopplung wird
durch den zwischengeschalteten Drehkondensator RKK
(kapazitiver Widerstand) geregelt. *Vorsichtige Bedienung
der Rückkopplung* durch den Kondensator ist erforderlich.

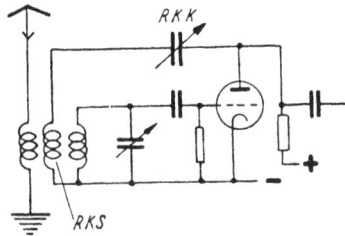

Zu starkes Koppeln hat nämlich zur Folge, daß die Anordnung elektrische Schwingungen erzeugt und diese
hochfrequenten Schwingungen durch die Empfangsantenne aussendet, wobei die Antenne also als Sende-
antenne wirkt. Diese Sendung ist aber für benachbarte
Empfänger sehr störend, denn sie macht sich in Heul- und
Pfeiftönen bemerkbar.

Gemeinschaftsantenne. Es gehört zweifellos nicht zu den
schönsten Einrichtungen eines Hauses, wenn Dutzende
Antennen in verschiedenster Form, Lage und Ausführung das Haus umspannen. Die beste Abhilfe besteht
in der Einrichtung einer *Gemeinschafts-Antennenanlage.*
Eine solche Anlage hat nur e i n e gut ausgeführte Antenne.
Von dieser gehen zu allen gewünschten Empfänger-
anschlüssen Zuleitungen. Da diese Leitungen mitunter
recht lang sein können, schirmt man die Zuleitungen von
der Antenne aus ab, d. h. man führt die eigentliche
Antennenableitung innerhalb eines Metallschlauches

(z. B. aus Drähten geflochtener Schlauch) so, daß sie
genau in der Mitte liegt und von ihm bestens isoliert ist.
Der Metallschlauch wird geerdet[1].

Gemeinschaftsantennen (Antenne, Verstärker, Leitungs-
anlage und Anschlußeinrichtungen) sind besonders mit
Rücksicht auf UKW-Empfang zu ausgeklügelten Einrichtungen geworden, bei denen man sich zweckmäßig
ganz an die Angaben und Anleitungen der Herstellerfirmen hält, um nicht Mißerfolge zu erleben. Die
Firmen unterstützen den ausführenden Installateur
in der Regel aufs beste. Im nachfolgenden soll nur
ein kleiner Einblick in die Grundzüge solcher Anlagen gegeben werden.

Man unterscheidet 2 Arten von Gemeinschaftsantennen-
anlagen:

1. Anlagen mit *Übertragern*, geeignet für etwa 6—8 Anschlußstellen,

2. Anlagen mit *Verstärkern*, geeignet für Anlagen bis etwa
   50 Anschlußstellen.

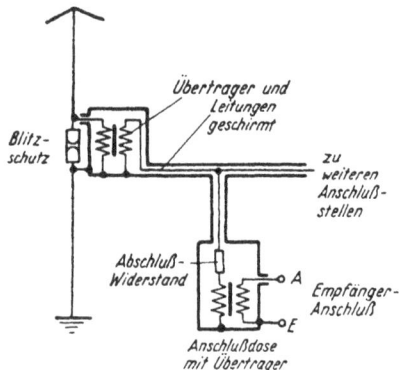

Bild 226

---

[1] Siehe auch VDE 0856, Vorschriften für Gemeinschafts-
antennenanlagen.

Zu 1. Wie Bild 226 zeigt, geht von der Antenne (Stab-
antenne, Schirmantenne o. dgl.) eine kurze, geschirmte
Leitung zu einem Übertrager, der die Antennenspannung
heruntertransformiert. Von da aus führt eine geschirmte Leitung zu den einzelnen Anschlußstellen der
Empfänger. Vor dem Empfänger liegt aber noch ein
Übertrager, der die Spannung wieder hinaufsetzt.
(Der vorgeschaltete Widerstand dient der Anpassung
und wird Abschlußwiderstand genannt.) Über einen
Luftleerblitzableiter steht die Antenne mit der Erde
in Verbindung.
Zu 2. Die Anlage unterscheidet sich von der Anlage
mit Übertrager darin, daß an Stelle des Übertragers nach
der Antenne ein Verstärker eingeschaltet ist, der alle ankommenden Rundfunkwellen (verschiedener Frequenz)
verstärkt. Dadurch fallen die Übertrager bei den Emp-
fängeranschlüssen weg (Bild 227). (Der Abschlußwiderstand wird in solchen Anlagen am Ende der Leitung zu-

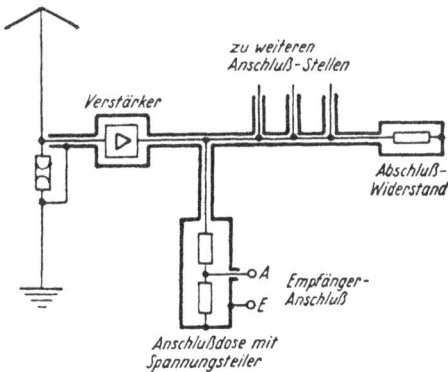

Bild 227

sammengefaßt.) Der Verstärker muß, wenn den Mietern
die Möglichkeit gegeben werden soll, jederzeit Rundfunk
zu hören, Tag und Nacht eingeschaltet sein.

Es wird darauf hingewiesen, daß bei derartigen Gemein-
schaftsantennenanlagen die angeschlossenen Empfänger
keinesfalls an bestimmte Sender gebunden sind. Alle von
der Antenne aufgenommenen Wellen der verschiedensten
Sender werden, wie man sagt, „aperiodisch"[1] verstärkt und den Anschlußstellen zugeleitet. Die Auswahl
erfolgt dann im Empfänger wie üblich durch Abstimmung.

B. Übertragungsanlagen

Unter Übertragungsanlagen versteht man Lautsprecher-
anlagen für große Räume, freie Plätze, Betriebe usw.,
die den Zweck haben, ein Rundfunkprogramm, eine
Rede in einer Veranstaltung u. dgl. einem großen Hörer-
kreis zu vermitteln.

Die folgenden Übersichtspläne zeigen verschiedene Möglichkeiten und die wesentlichsten Teile der Anlagen.

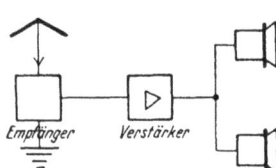

Bild 228: Übertragung eines
Rundfunkprogramms, das
mittels eines gewöhnlichen
Empfängers aufgenommen,
durch einen *Verstärker* verstärkt und den Lautsprechern
zugeführt wird.

Bild 228

Der grundsätzliche Aufbau eines Verstärkers wurde bereits früher besprochen. Eine oder mehrere Röhren mit
dem erforderlichen Zubehör und einem Ausgangsübertrager bewirken die Verstärkung der Spannung
(= Steuerverstärker) bzw. der Leistung (= Leistungsverstärker). Bei solchen Verstärkern muß man bei der
Angabe der Leistung sehr unterscheiden, ob die Leistung
gemeint ist, die der Verstärker aus dem Netz aufnimmt,

---

[1] Aperiodisch heißt hier: nicht eine bestimmte Periodenzahl,
sondern alle Wellen der verschiedensten Frequenzen.

oder die Leistung, die der Verstärker über den Ausgangstransformator an die Lautsprecher abgibt, die sogenannte
Ausgangsleistung. Diese Ausgangsleistung, die uns hauptsächlich wichtig ist, beträgt je nach Ausführung des Verstärkers wenige bis hunderte Watt (viel verwendet sind
solche für 20 Watt). Diese Ausgangsleistung darf selbstverständlich ohne Schaden für den Verstärker bzw. für
die Güte der Verstärkung nicht durch Anschluß zu großer
oder zu vieler Lautsprecher überschritten werden.
Die Leistung, die die Lautsprecher benötigen, beträgt
zwischen 2 und 60 Watt. Übliche Werte der kleineren
Lautsprecher sind: 3, 4, 6 Watt, Großlautsprecher
10, 20, 60 Watt.

Bild 229

Bild 229: Übertragung einer Rede oder von Musik von
einem bestimmten Aufnahmeplatz aus (hier das *Mikrofon*) über einen *Steuerverstärker* zur Spannungserhöhung
und einen *Leistungsverstärker* (zur Erzielung der für die
Lautsprecher nötigen Sprechleistung) zu den Lautsprechern.
Man muß beachten, daß beim Kohlemikrofon eine eigene
Stromquelle und ein Übertrager nötig sind. Beim Kondensatormikrofon wird die Spannung von der für den
Steuerverstärker erforderlichen Stromquelle entnommen.
Bändchenmikrofon und Tauchspulenmikrofon benötigen
keine eigene Stromquelle.
Bild 230: Übertragung von Schallplattenmusik mittels
eines *Tonabnehmers*. Auch hier ist ein ein- oder mehr-
stufiger Leistungsverstärker erforderlich. Für kleinere
Verhältnisse begnügt man sich mit der Verstärkung durch

einen Rundfunkempfänger (Bild 231). In diesem Falle
wird der Tonabnehmer in der Regel an das Gitter der
ersten Niederfrequenzverstärkerstufe angeschlossen.

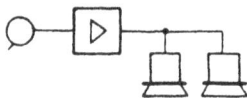 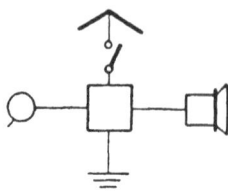

Bild 230   Bild 231

SP 65. Anschaltung eines *Kohlemikrofons* mit Batterie
über einen Zwischenübertrager auf einen Verstärker.
SP 66. Anschaltung eines *Kondensatormikrofons* (mit
besonderer Stromquelle höherer Spannung) über Kon-
densatorkopplung, Verstärkerröhre (Spannungsverstärkung) und Zwischenübertrager auf einen Leistungsverstärker. Der erste Übertrager dient der Anpassung an
die Vorverstärkerröhre einerseits und an die lange und
daher verhältnismäßig hochohmige Leitung andrerseits.
Der zweite Übertrager besorgt die Anpassung an die
Leitung und die Erhöhung der Spannung für das Gitter
der ersten Röhre des Leistungsverstärkers.
SP 67. Übertragungsanlage mit Mikrofon, Mikrofon-
übertrager, Mikrofonverstärker (Spannungsverstärker),
Ausgangsübertrager auf die lange Leitung, Eingangsüber-
trager des Endverstärkers, Endverstärker, Ausgangsübertrager und Lautsprecherschaltung. Angeschlossen sind
2 Lautsprecher mit gemeinsamer Regelung (*T*-Regler)
und ein magnetischer Überwachungslautsprecher mit Ab-
schaltwiderstand.
Bild 232: Drahtfunkübertragung. Für den Empfang von
Rundfunksendungen stellt die Reichspost auf Antrag
und gegen Bezahlung das öffentliche Fernsprechnetz zur
Verfügung. Man unterscheidet zwischen „niederfrequen-

tem" und „hochfrequentem" Drahtfunk. Beim niederfrequenten Drahtfunk kann der Teilnehmer über seine
Leitung entweder fernsprechen *oder* Drahtfunk empfangen; beim hochfrequenten
Drahtfunk ist jedoch über
die gleiche Leitung beides
gleichzeitig möglich. Beim
niederfrequenten Draht-
funk wird der Teilnehmerleitung die Tonfrequenz des
Rundfunksenders zugeleitet, beim hochfrequenten
Drahtfunk dagegen wird die Tonfrequenz eines
oder mehrerer Sender einer oder mehreren Trägerfrequenzen (hochfrequent) überlagert und der Teilnehmerleitung zugeleitet. Während man also beim hochfrequenten Drahtfunk mittels eines normalen Empfängers den Sender empfangen kann, braucht man beim
niederfrequenten Drahtfunk entweder einen Hörer oder
einen Verstärker und einen Lautsprecher, um die ton-
frequente Sendung zu hören. Mitunter stellt die Reichspost auch eigene Drahtfunkleitungen für besondere Fälle
zur Verfügung.

Bild 232

Der niederfrequente
Drahtfunk ist heute
bereits verschiedener
Nachteile halber fast
verlassen worden. Beim
hochfrequenten Draht-
funk wird die Trennung
der auf einer Leitung
fließenden Fernsprech-
ströme und hochfre-
quenten Trägerströme

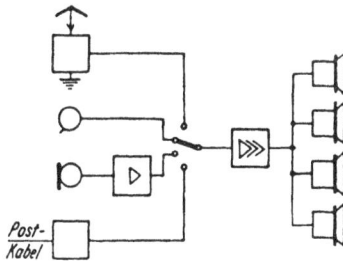

Bild 233

(moduliert) durch elektrische Weichen (Hochpaß, Tiefpaß)
ermöglicht. Für den Anschluß des Rundfunkgerätes baut
die Reichspost eine eigene Drahtfunkanschlußdose ein.

Bild 233: In großen Übertragungsanlagen wird jeder der vorbeschriebenen Anschlüsse eingerichtet und durch geeignete Umschalteinrichtungen die Möglichkeit einer wahlweisen Benutzung geschaffen.

C. Anpassung

Im Abschnitt IV, „Die Leitung", wurde schon der Grundgedanke der *Anpassung* aufgezeigt. Auch beim Zusammenschluß von Tonfrequenzwiedergabegeräten mit Verstärkern oder von Verstärkern mit Lautsprechern ist die Beachtung der Anpassung von besonderer Wichtigkeit, da bei falscher Anpassung einerseits die Geräte nicht mit größter Leistung betrieben werden und andrerseits Verzerrungen des Tones die Folge sein können.

Vor allem: Die Anpassung kann hierbei immer nur auf die *Wechselstromwiderstände* bezogen werden, da wir es ja auch mit Wechselspannungen von Tonfrequenz zu tun haben. Wenn beispielsweise bei einem Verstärker angegeben ist:

„Ausgangswiderstand 200 Ω",

dann ist das der Widerstand, der als Mittelwert zugrunde zu legen ist, um eine möglichst günstige Übertragung zu erhalten (bezüglich Leistung und Tongüte). In der Regel entspricht dieser Wert dem Wechselstromwiderstand bei etwa 800 bis 1000 Hz. Der anzuschließende Lautsprecher muß also einen Gesamtwiderstand von 200 Ω in diesem Beispiel haben. Große Genauigkeit ist dabei weder erzielbar noch erforderlich.

Ist auf einem Verstärker angeschrieben:

„Ausgangsanpassung 6-500-4000 Ω",

so sagt das, daß der Verstärker einen Ausgangsübertrager besitzt, dessen Ausgangswicklung verschiedene Anzapfungen hat. Es ist also möglich, ohne weiteres einen Lautsprecher mit 500 Ω Wechselstromwiderstand

direkt anzuschließen (Bild 234). Das gleiche trifft zu für
einen dynamischen Lautsprecher, dessen Schwingspule
einen Widerstand von 6 Ω aufweist (Bild 235). (In
letzterem Fall darf
der Widerstand der
Leitung vom Über-
trager zur Schwing-
spule aus Anpas-
sungsgründen nur
sehr klein sein! Also
kurze Leitung!)
Bei der *Wahl eines
Zwischenübertragers*
ist das zu beachten,
was bereits im Ab-
schnitt I, C, 2 über
das Widerstandsver-
hältnis gesagt wurde:

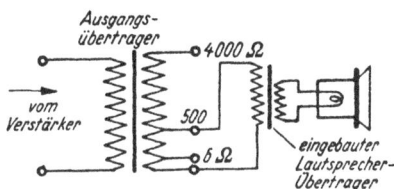

Bild 234

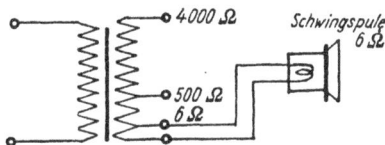

Bild 235

Die *Widerstandsübersetzung* ergibt sich als das *Quadrat
des Übersetzungsverhältnisses* für Strom und Spannung.
Nehmen wir zur Erläuterung Bild 234 vor unter der Annahme, daß der Wechselstromwiderstand der Schwingspule selbst 10 Ω betrage. Dann wäre doch das Widerstandsverhältnis für den Zwischenübertrager 500 : 10 =
50 : 1, da der Ausgangswiderstand des Endübertragers
500 Ω und der Widerstand der Schwingspule 10 Ω beträgt. Einer Widerstandsübersetzung ins Fünfzigfache
entspricht aber ein Übersetzungsverhältnis (für Strom und
Spannung) von etwa 7, denn 7 mal 7 ist 49, also rund 50.
Genauer zu rechnen hat hier keinen Zweck, denn die
Übersetzungsverhältnisse werden in der Praxis immer
nach ganzen Zahlen ausgeführt.

Sind mehrere Lautsprecher an ein Gerät anzuschließen,
so muß dafür gesorgt werden, daß der „Gesamtwiderstand" der Lautsprecher dem Ausgangswiderstand des

Gerätes entspricht. Man hat dabei die Möglichkeit der
Reihen- oder der Parallelschaltung und auch gemischte
Schaltungen, wie es Bild 236 zeigt, sind möglich. Solche

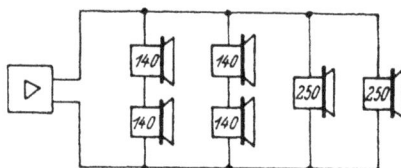

Bild 236

Schaltungen werden jedoch heutzutage nur mehr in Aus-
nahmefällen angewandt. Die Regel bildet die Parallelschaltung unter Verwendung geeigneter Anpassungs-
übertrager.

In dieser Schaltung müßte der Ausgangswiderstand des
Verstärkers etwa 65 bis 70 Ω betragen.

Man wähle bei der Anpassungswahl grundsätzlich eher
eine *Überanpassung* als eine *Unteranpassung*, da die
letztere gerade die bei der Musikübertragung so wichtigen
tiefen Frequenzen unterdrückt. Überanpassung liegt
vor, wenn der Gesamtwiderstand der angeschlossenen
Lautsprecher größer ist als der Ausgangswiderstand des
Verstärkers oder Rundfunkgerätes. Überanpassungen
bis zu 50% können ohne wesentliche Beeinträchtigung
der Klanggüte zugelassen werden.

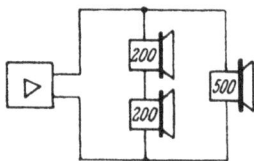

Bild 237

Bei der Berechnung der Anpassung spielt aber auch die
Leistung eine Rolle. Trotz
richtiger Anpassung kann die
Leistung, die ein Lautsprecher
zu verarbeiten bekommt, zu
groß oder zu klein sein. Im
ersten Fall ist der Lautsprecher
der Beschädigung ausgesetzt, im zweiten Falle gibt
er zu geringe Lautstärke.

Die Leistungsberechnung läßt sich leicht unter Anwendung der Grundformeln durchführen. Es sei im folgenden ein Beispiel einer solchen Berechnung gebracht:

1. Beispiel: In einer Übertragungsanlage nach Bild 237 seien 2 Lautsprecher von je 200 Ω/5 W und ein Lautsprecher 500 Ω/10 W zusammengeschaltet. Es ist nachzurechnen, welche Leistung die einzelnen Lautsprecher wirklich erhalten.

Lösung: Der Gesamtwiderstand der Lautsprecher in dieser Schaltung beträgt rund 220 Ω. Die gesamte Leistung ergibt sich zu $2 \cdot 5 + 10 = 20$ W. Hieraus läßt sich die Gesamtstromstärke errechnen, die der Verstärker zu liefern hat:

$$I^2 = N : R = 20 : 220 = 0{,}09.$$

$$I = \sqrt{0{,}09} = 0{,}3 \text{ A.}$$

Die Spannung am Ausgang des Verstärkers errechnet sich zu: $U = I \cdot R = 0{,}3 \cdot 200 = 66$ V. Diese Spannung liegt auch am dritten Lautsprecher von 500 Ω. Seine Stromstärke erhält man also zu

$$i_{500} = U : r = 66 : 500 = 0{,}132 \text{ A.}$$

Seine Leistung: $N_{500} = U \cdot i = 66 \cdot 0{,}132 = \mathbf{8{,}7 \ W.}$
Die Stromstärke in den beiden anderen Lautsprechern ist $0{,}3 - 0{,}132 = 0{,}168$ A.
Die Leistung in einem Lautsprecher ist also:

$$N_{200} = 33 \cdot 0{,}168 = \mathbf{5{,}55 \ W}$$

(33 muß es heißen, weil jeder Lautsprecher die halbe Spannung hat!)

Probe: $8{,}7 + 5{,}55 + 5{,}55 = 19{,}8$ W = rund 20 W. Das Ergebnis zeigt aber, daß in dieser Anordnung der eine Lautsprecher zuwenig, die beiden anderen zuviel Leistung erhalten. Mitunter können die Über- bzw. Unterlastungen noch viel schlimmer ausfallen. Die Schaltung müßte dann auf jeden Fall geändert bzw. zu einer Parallelschaltung mit Zwischenübertragern gegriffen werden (s. Bild 238).

Ein anderer Weg zur Durchrechnung kann beschritten werden, wenn die einzelnen Leistungen der nebeneinandergeschalteten Lautsprecher sowie der Ausgangswiderstand des Übertragers bekannt sind und die erforderlichen Lautsprecherwiderstände gesucht werden, wie das folgende Beispiel erläutert.

2. Beispiel: An einen Verstärker mit 800 Ω Ausgangsanpassung sollen 3 Lautsprecher mit 10, 5 und 2 W Leistung angeschlossen werden (Nebeneinanderschaltung!). Berechne die erforderlichen Lautsprecherwiderstände.

Lösung: $10 + 5 + 2 = 17$ W. Aus dieser Leistung und dem gesamten Anpassungswiderstand von 800 Ω errechnet sich die Gesamtstromstärke zu ($I^2 R = N$)

$$I = \sqrt{\frac{N}{R}} = \sqrt{\frac{17}{800}} = \sqrt{0{,}0212} = 0{,}1455 \text{ A.}$$

Daraus die Spannung U:

$$U = I \cdot R = 0{,}1455 \cdot 800 = 116{,}4 \text{ V.}$$

Hieraus die einzelnen Ströme der Lautsprecher:

$$i_1 = N_1 : U = 10 : 116{,}4 = 0{,}0858 \text{ A}$$
$$i_2 = N_2 : U = 5 : 116{,}4 = 0{,}0429 \text{ A}$$
$$i_3 = N_3 : U = 2 : 116{,}4 = \mathbf{0{,}0171\ A}$$

Probe (Rechenschiebergenauigkeit): $I = 0{,}1458$ A.
Nur ergeben sich die einzelnen Anpassungswiderstände der Lautsprecher zu:

$$R_1 = U : i_1 = 116{,}4 : 0{,}0858 = \mathbf{1356}\ \Omega$$
$$R_2 = U : i_2 = 116{,}4 : 0{,}0429 = \mathbf{2720}\ \Omega$$
$$R_3 = U : i_3 = 116{,}4 : 0{,}0171 = \mathbf{6780}\ \Omega$$

Bei der Beschaffung der Lautsprecher gilt es also, solche geeigneter Leistung mit Anpassungswiderständen zu wählen, die den berechneten Werten möglichst nahekommen.

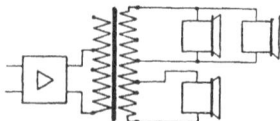

Bild 238

Günstige Anpassungsverhältnisse kann man schaffen, wenn man geeignete Übertrager zur Verfügung hat, die man zwischenschalten kann. Besonders Übertrager mit beiderseitig mehreren Anzapfungen sind sehr praktisch. Bild 238 zeigt die Anwendung eines solchen Übertragers.

Anpassung bei Lautstärkeregelung. Bei der Lautstärkeregelung nach Bild 239 a (siehe auch Bild 223) nimmt
man den Nachteil in Kauf, daß die Anpassung des Laut-

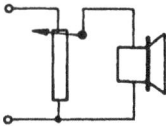

Bild 239 a
Einfacher Lautstärkeregler

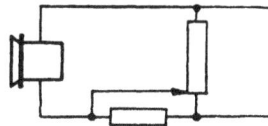

Bild 239 b
L-Regler

sprechers an den Verstärkerausgang bei jeder Regel-
stellung anders, also nicht immer richtig ist. Bessere
Schaltungen, die diesen Fehler verringern oder, wie der
nach seiner Form genannte *T*-Regler, ganz vermeiden,
zeigen die folgenden Bilder.
Die Regler sind so angezeichnet, wie sie bei höchster
Lautstärke stehen müssen. Im T-Regler werden die
3 Regelkontakte gekuppelt und mittels eines Regel-
griffes bedient. Bild 239 d entspricht in der Wirkung
Bild 239 c.
Es wird darauf aufmerksam gemacht, daß bei allen diesen
Reglern auch in der Stellung höchster Lautstärke ein
Widerstand (der sogenannte Querwiderstand) dem Lautsprecher nebengeschaltet ist, was bei der Berechnung
der Anpassung berücksichtigt werden muß.

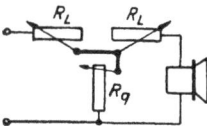

Bild 239 c   T-Regler

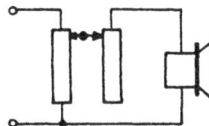

Bild 239 d

Abschaltung von Lautsprechern. Wird in einer Übertragungsanlage die Forderung gestellt, daß einer oder
mehrere der angeschlossenen Lautsprecher während des

Betriebes zu- und abgeschaltet werden können, so muß durch Umschaltung auf einen Widerstand dafür gesorgt werden, daß durch die Abschaltung des Lautsprechers die Gesamtanpassung nicht geändert wird. Dieser Widerstand (Wirkwiderstand) muß seinem Ohmwert nach dem Wechselstromwiderstand bei 800 oder 1000 Hz des abzuschaltenden Lautsprechers entsprechen. (Siehe auch SP 67, Lautsprecher 3.)

XI. ALARM- UND SICHERUNGS-ANLAGEN

Einen weiten Raum nimmt das Gebiet der elektrischen Gefahrmeldeanlagen ein. Sei es, daß es sich um den Raumschutz gegen Einbruch, um den Diebstahlschutz bestimmter wertvoller Gegenstände (Kassenschränke, Gemälde usw.), um die Meldung von unzulässig hohen Temperaturen oder von Brand u. dgl. handelt, immer bildet die Fernmeldeanlage die sicherste Gewähr der rechtzeitigen Meldung. Besonders durch die Verwendung der verschiedensten Relais sind die Fernmeldeanlagen den schwierigsten Anforderungen gewachsen. Im folgenden sollen die einfachsten Anlagen dieser Art erläutert werden, um einen kleinen Einblick in diese Art von Fernmeldeanlagen zu geben.

SP 71. Raumschutzanlage mit Ruhestrom. Die Schaltung entspricht SP 18. Die verschiedenen Kontakteinrichtungen K werden an Türen, Fenstern und anderen Plätzen angebracht, wo die kleinste Bewegung des betreffenden Gegenstandes zur Unterbrechung des Kontaktes führen muß. Der Strom in diesem Kreis darf nur wenige Milliampere betragen, da er ja dauernd fließt. Das Relais muß so gebaut sein, daß es bei dieser geringen Stromstärke den Anker noch zuverlässig hält. Wird ein Kontakt unterbrochen, so fällt der Anker ab und r schließt den Weckerkreis. Schalter S dient zur Außer-

betriebsetzung der Anlage. Anlagen in Ruhestromschaltung haben den Vorteil gegenüber solchen in Arbeits-
stromschaltung, daß eine Unterbrechung der Leitung
ebenfalls zum Ansprechen des Relais führt.

SP 72. Lichtschranken. Um das Betreten eines Raumes
oder Eingangs durch Unbefugte zu bestimmten Zeiten
zu sperren bzw. zu melden, wurden verschiedene optische
Raumschutzanlagen entwickelt. Eine ganz einfache Einrichtung besteht darin, daß man im zu schützenden Raum
durch eine Lichtquelle einen schmalen Lichtstrahl zu
einem kleinen Spiegel an der Türe werfen läßt, von wo
aus der Lichtstrahl zurückgespiegelt wird, um dann auf
eine kleine Selenzelle zu treffen. Durch die Bestrahlung
der Selenzelle besitzt sie einen *kleinen* Widerstand. In
Reihe mit der Zelle wird ein Ruhestromrelais an eine
Stromquelle angeschlossen. Solange der Lichtstrahl auf
die Zelle fällt, fließt im Relais Strom. Wird die Tür
bewegt, so läuft der Lichtfleck aus der Zelle, der Zellen-
widerstand wird *groß*, der Strom also klein und das
Relais läßt seinen Anker fallen. Das aber führt zur
Einschaltung einer
Signaleinrichtung
(Glocke, Hupe o. dgl.).
Solche Einrichtungen
haben aber Mängel
verschiedener Art.
Im SP 72 und in
Bild 240 ist eine
verbesserte optische
Raumschutzanlage
(S u. H) dargestellt.

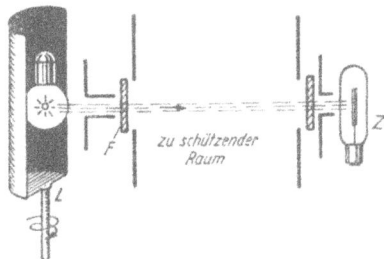

Bild 240

Die Lichtquelle ist eine kleine, schwach glühende Lampe,
der noch ein besonderes Filter *F* vorgesetzt wird, damit
nur die unsichtbaren „ultraroten" Strahlen zur lichtempfindlichen Zelle *Z* gelangen können. Außerdem

dreht sich, motorisch angetrieben, um die Lampe eine
Blende in Form eines halben Zylinders so schnell, daß
in der Sekunde etwa 20 Lichtstöße zur Zelle kommen.
Diese Lichtstöße verursachen in der Zelle wechselnden
Widerstand und damit in der Eingangswicklung des
Transformators einen Wellenstrom (in der Stärke
schwankender Strom), der als ein dem Gleichstrom über-
lagerter Wechselstrom aufgefaßt werden kann). Weiterer
Erfolg ist Wechselstrom in der Ausgangswicklung, der
durch den Verstärker verstärkt wird. Dann folgt Gleichrichtung durch Trockengleichrichter. Der Gleichstrom
hält den Anker vom Relais R, dessen Kontakt r den
Signalkreis schließt. Wird nun der unsichtbare Licht-
strom von L zu Z z. B. durch eine unbefugt eintretende
Person unterbrochen, so hört der Wechselstrom im Transformator und damit der Gleichstrom im Relais auf, der
Anker fällt und der Signalstromkreis wird geschlossen.
(Im Schaltplan ist der Verstärker nur durch eine Röhre
mit Ausgangsübertrager und Anodenstromquelle angedeutet.)

SP 73. Geräuschmeldeanlage. Mittels eines Mikrofons
(z. B. Kohlemikrofon) und eines Verstärkers zum Betrieb
eines Lautsprechers läßt sich ohne Schwierigkeiten eine
Geräuschmeldeanlage einrichten, die sogar die Art des
Geräusches genauestens wiedergibt. Da aber eine solche
Anlage sehr teuer in der Anschaffung und im Betrieb ist,
greift man zu einfacheren Anlagen. Das Mikrofon ersetzt
man durch eine ähnliche Einrichtung. In einer Kapsel
ist eine Membran M eingespannt, die nur an einer Stelle
von einem Federkontakt leicht berührt wird. Solange
die Membran keine Schallwellen treffen, ist der Kontakt
geschlossen. Jedes Geräusch bringt aber die Membran
zum Vibrieren, was zur Unterbrechung des Kontaktes
führt. Auf diese Unterbrechungen spricht ein besonders
empfindlich gebautes Relais (Vibrationsrelais RV) an

und führt durch Abfallen des Ankers zum Ansprechen des Signals (z. B. Starkstromhupe).

SP 74. Türverriegelung (S u. H). Ein Beispiel: In einer Sammlung wertvoller Gegenstände soll eine Einrichtung so geschaffen werden, daß der Aufseher im Bedarfsfall von einer Stelle aus alle Ausgänge sperren kann, um einem Dieb das Entkommen unmöglich zu machen. Mittels eines verdeckt angebrachten Tasters wird die Verriegelung der Tür oder mehrerer Türen eingelegt. Der Taster T schaltet den Strom für Relais R ein. r_1 schließt den Kreis für den Verriegelungsmagneten VM zur Verriegelung der Tür und gleichzeitig wird durch Kontakt r_2 das Relais A angeschlossen, das sich über Kontakt a selbst hält und die Alarmglocke einschaltet. Nach Beendigung des Alarms muß wieder „entriegelt" werden. Durch Umlegung der Taste E wird erstens Relais A stromlos und die Glocke abgeschaltet und zweitens Relais B an Spannung gelegt. Der zu diesem Relais B gehörige Kontakt b schaltet den Entriegelungsmagneten EM ein. (VM und EM arbeiten auf denselben Riegel. Siehe auch Bild 46.) Die Tür kann nun wieder geöffnet werden.

SP 75. Selbsttätiger Feuermelder. Selbsttätig insofern, als ein besonders gebauter Kontakt selbsttätig einen Stromkreis schließt, wenn die Temperatur an dem zu schützenden Platz unzulässig hohe Werte annimmt. Ein Meldekontakt kann z. B. bestehen aus einem Bimetallstreifen (siehe auch Abschnitt III, A, 3, e), der sich bei Erwärmung durchbiegt und dabei einen Stromkreis schließt oder öffnet, je nachdem ob man die Anlage als Arbeitsstrom- oder Ruhestromanlage ausbilden will. Andere Melder arbeiten mit zweiseitig eingespannten Blattfedern, die sich bei Erwärmung durchbiegen, mit Quecksilberthermometern, die mit Anschlußkontakten versehen sind, oder mit Schmelzlot, das bei Erwärmung flüssig wird und eine gespannte Feder freigibt, ähnlich wie die Zeitsicherungen für Fernmeldeanlagen.

SP 75 zeigt eine Melderschleife mit 4 Meldern K. Das Relais F arbeitet in Ruhestromschaltung. Die Nebenwiderstände zu den Kontakten haben den Zweck, daß der Strom bei Feuermeldung nur auf einen kleinen Wert absinkt, der das Feuermelderelais F, nicht aber das Drahtbruchrelais D zum Ansprechen bringt. Erst bei Unterbrechung einer Verbindungsleitung zwischen K und K fällt auch D ab und zeigt damit den Fehler der Anlage an.

SP 76. Spannungsrückgangsmeldung. Bei manchen Fabrikationsvorgängen ist es wichtig, daß das Ausbleiben der Spannung einer Phase oder auch nur der Rückgang unter eine bestimmte Grenze sofort gemeldet wird. Zu diesem Zweck werden zwischen M_p und je einen Hauptleiter Relais geschaltet, die bei Rückgang der Spannung unter einen bestimmten Wert den Anker abfallen lassen. Die Schalter schließen dann den Stromkreis einer Signaleinrichtung (z. B. Summer), die natürlich mit einer eigenen Batterie versehen sein muß, da ein Anschluß an das Netz zwecklos wäre. An Stelle von 3 Relais kann man ein Relais mit 3 Wicklungen verwenden. Der Anker muß dabei schon abfallen, wenn nur an einer der 3 Wicklungen die Spannung unter einen festgelegten Wert sinkt.

XII. FERNMESS- UND FERNANZEIGE-ANLAGEN

SP 81. Temperaturfernmessung mittels Thermoelement. Eine solche Einrichtung kann nur für die Messung höherer Temperaturen verwendet werden. Der durch das Thermoelement erzeugte Strom wird mit dem Strommesser gemessen, der nach Grad Celsius geeicht ist.

SP 82. Widerstandsthermometer. Der Grundgedanke dieser Einrichtung geht auf die Widerstandsmeßbrücke

zurück. *F* sind Festwiderstände. Mittels des Regel-
widerstandes *W* wird die Brückenschaltung so eingestellt, daß das Meßgerät, das nach Grad geeicht ist,
auf die normale Raumtemperatur zeigt. Steigt die
Temperatur an der Meßstelle, so ändert sich der Widerstand *R* und das Meßgerät gibt einen Ausschlag.

SP 83. Kontaktthermometer, in das ein Kontaktdraht
eingeführt ist, dessen Spitze auf den Temperaturgrad
zeigt, der für das mit elektrischer Heizung versehene
Gerät (z. B. elektrolytisches Bad) gewünscht wird. Da
im Bereich der Gebrauchstemperatur die kleinste Sen-
kung bzw. Hebung des Quecksilberfadens im Thermometer infolge der Temperaturschwankungen zur Ein-
bzw. Ausschaltung des Relais führt, muß mit sehr
häufiger Schaltfolge gerechnet werden. Die Schalt-
vorrichtung *r* muß also sehr gut gebaut sein. Vielfach
verwendet man dazu Quecksilberschaltröhren. Da aber
die häufige Schaltfolge nicht günstig und außerdem
meist eine so genaue Einhaltung der Temperatur (auf
Zehntel Grad) nicht notwendig ist, verwendet man
manchmal Kontaktthermometer nach SP 84.

SP 84. Kontaktthermometer mit Eingrenzung, das durch
Einschmelzen von Plantindrähten dazu verwendet werden
kann, die Temperatur eines elektrisch geheizten Wärme-
schrankes, Brutapparates o. dgl. in bestimmten Grenzen
zu regeln. Wie der Schaltplan zeigt, wird ein Draht da
eingeschmolzen, wo die höchste Temperatur vom Thermometer angezeigt wird, die der Wärmeschrank haben darf,
und ein zweiter da, wo die geringst zulässige Temperatur
angezeigt wird. Außerdem schafft ein dritter Draht Verbindung mit dem Quecksilber. Steigt das Quecksilber im
Thermometer bis *a*, dann zieht erst das Relais *R* den
Schalter *r* (meist Quecksilberschaltröhre) in Aus-Stellung.
Durch die aussetzende Heizung sinkt nun die Temperatur
und damit auch der Quecksilberfaden im Thermometer.

Solange der Punkt b noch nicht erreicht ist, ist das Relais immer noch über den Widerstand W an Spannung (Kleinspannungstransformator).

Der Widerstand muß so bemessen sein, daß das Relais gerade noch den Anker hält. Erst bei Absinken unter den Punkt b wird der Relaiskreis unterbrochen, der Anker fällt ab und die Heizung wird wieder eingeschaltet. Steigt der Quecksilberfaden nun wieder über b hinaus, so erhält zwar das Relais über W wieder Strom, aber dieser reicht nicht aus, um das Relais zum Ansprechen zu bringen. Bei Erreichung der dem Punkt a entsprechenden Temperatur erfolgt wieder Abschaltung des Heizkörpers. Das Relais muß so gebaut sein, daß es bei ganz geringen Stromstärken von wenigen mA einwandfrei arbeitet, da höhere Stromstärken den Kontaktstellen im Thermometer schaden.

SP 85. Wasserstands-Voll- und Leer-Melder. Eine solche Einrichtung besteht aus einem mechanischen Teil (Bild 241) und dem elektrischen Schaltwerk (SP 85). Der Schwimmerkontaktgeber besitzt einen Kippschalter S, der einen Stromschluß mit dem linken oder rechten Kon-

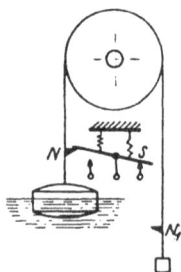

Bild 241

takt herbeiführt, je nachdem, ob bei höchstem Wasserstand die Nocke N oder bei niederstem Wasserstand die Nocke N_1 anstößt. Nehmen wir an, daß die Füllung des Wasserbehälters dem Ende zugeht, dann schließt Nocke N den Kreis „$+$, S, V, Wecker, r, —" und der Fallklappenmelder zeigt auf „voll". Der Wecker rasselt. Die bedienende Person stellt nun die Wasserpumpe ab und betätigt den Taster AT. Dabei wird R von Strom durchflossen, schließt den Kontakt r und hält so den Stromfluß aufrecht. Wird nun Wasser entnommen, so öffnet S infolge des Federzuges den

Kreis. r fällt ab. Schreitet die Wasserentnahme bis zur
untersten Grenze „leer" fort, so schließt S den Kreis
über L (Leer-Meldung). Der gleiche Vorgang wiederholt
sich wie bei Voll-Meldung.

SP 86. Laufende Standmeldung (Wasserstand, Aufzugs-
stand). Wird der in der Schaltung gezeichnete Schleifkontakt des Spannungsteilers über eine mechanische Über-
tragungseinrichtung so mit dem Schwimmer des Wasser-
standmelders (oder einer Einrichtung mit ähnlichem
Zweck) verbunden, daß die Endstellungen des Spannungsteilers dem niedersten und höchsten Stand entsprechen, so
zeigt der Spannungsmesser jeweils die den jeweiligen Stän-
·den entsprechende Spannung an und kann nach Metern,
Stockwerken (bei Aufzügen) o. dgl. geeicht werden.

XIII. FERNSCHALTUNG

Das Gebiet der Fernschaltungen wird bestimmt durch die
Steigerung der Anforderungen an die Schaltvorgänge bei
elektrischen Motoren, Geräten und Beleuchtungen. Die
Zuhilfenahme von Relais macht die schwierigsten Schaltvorgänge möglich und gestattet eine weitgehendste Einsparung von Handschaltarbeit. Praktisch unbegrenzte
Räume zwischen Befehlsstelle und Arbeitsstelle können
überbrückt und dadurch die Schaltarbeit vereinfacht
werden. Auch die aus Sicherheitsgründen vielfach gewünschte Verriegelung von Maschinen, Aufzügen u. dgl.
wird durch Fernschaltungen mit Relais ermöglicht. Signal-
gebung und Schaltvorgang verbinden sich hierbei in sinn-
voller Weise.

SP 91. Die Einschaltung eines Pumpenmotors für
einen Wasserbehälter kann durch Anwendung eines
Kippschaltrelais (ähnlich Bild 49, Quecksilberschaltröhre
auf dem Kipper montiert) selbsttätig erfolgen. Wasserbehälter und Pumpmotor können dabei weit voneinander
entfernt sein. Nehmen wir an, der Wasserbehälter wird

entleert und der Schwimmer kommt auf Leer-Stellung.
Der Kipper S bringt den Fallklappenmelder und die erste
Wicklung M_1 des Kippschaltrelais unter Strom. Der
Kontakt m (Quecksilberschaltröhre) schließt den Motor-
kreis. Die Pumpe arbeitet. Steigt der Wasserspiegel, so
öffnet S und M_1 wird stromlos. Da aber die Schaltröhre
gekippt bleibt, laufen Motor und Pumpe weiter. Erst
wenn der Behälter voll und die zweite Nocke des Schwim-
mergerätes den Schalter S umlegt, wir durch M_2 die
Quecksilberschaltröhre gekippt und der Motor steht still.
Will man mit dieser Einrichtung eine Meldeeinrichtung
ähnlich SP 85 verbinden oder eine Einrichtung schaffen,
die die Ein- und Ausschaltzeiten selbsttätig aufnimmt,
so bietet das keine Schwierigkeiten.

SP 92. Eine ähnliche Einrichtung zur *Einschaltung
eines Pumpenmotors* zeigt SP 92. Die Schaltung wird
dabei durch eine Nockenwelle (Bild 242) ausgelöst, die
entweder den linken oder den rechten Kontakt schließt,
je nachdem ob die mit der Schwimmereinrichtung ver-
bundene Welle mit der Nocke nach links oder rechts gedreht ist. Wird der Ein-Kontakt EK geschlossen, so
schließt ER die Schaltkontakte er_1 und er_2. Dadurch
ist der Kraftmagnet zur Einschaltung
des Motorschalters unter Strom und ER
hält sich selbst über er_1 und ar. Schließt
sich (nach Füllung des Behälters) AK,
so schaltet AR durch Trennung bei ar
das Relais ER und damit den Kraftmagneten aus. Der Motorschalter fällt
durch sein Eigengewicht oder durch
Federspannung in Aus-Stellung.

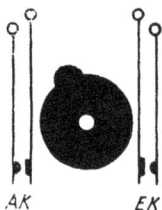

AK   EK
Bild 242

*SP 93. Schaltung eines Stromverbrauchers von ver-
schiedenen Stellen aus.* Es kann die Forderung gestellt
sein, daß eine Beleuchtung von verschiedenen Stellen
aus geschaltet werden muß. Wenn man sich auch mit-

unter mit Umschaltern oder Kreuzschaltern helfen kann,
so geht dies doch nicht in allen Fällen. Hier helfen die
Umkehrschalter, die im Abschnitt III, A, 3, f beschrieben sind und die mit Batterien, Kleintransforma-
toren oder Netzspannung betrieben werden können. (Im
SP 93 ist nur eine Schaltstelle eingezeichnet.)

Solche Schaltungen wer-
den im übrigen auch
zur Einsparung von
Leitungsmaterial ver-
wendet. Es ist billiger,
eine lange Fernmelde-
leitung bis zu einem
Taster zu verlegen als
eine zwei- oder mehr-
drähtige Starkstrom-
leitung zu einem Schal-

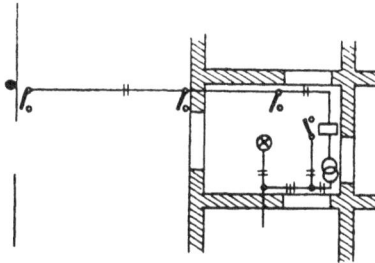

Bild 243

ter. Bild 243 zeigt eine solche Anordnung zur Einschaltung einer Hoflampe von einem Tor, von der
Haustür und vom Gang aus. Wenn man sich überlegt,
wie man die Anlage bei Starkstromausführung zu
verlegen hätte (Kreuzschaltleitung), dann wird die
Zweckmäßigkeit einer Fernschaltanlage offensichtlich.

XIV. ELEKTRISCHE UHREN UND UHRENANLAGEN

A. Elektrische Einzeluhren

Darunter haben wir solche elektrische Uhren zu verstehen, die ihren fortlaufenden Antrieb durch elektrischen
Strom bekommen und nicht dazu dienen, weitere Nebenuhren zu regeln.

1. Uhren mit elektrischem Aufzug

Als Beispiel wird der „Schönbergsche Schwungradauf-
zug" (Bild 244) erläutert:

Durch den Zug des Gewichtes drehen sich die Schnur-
scheibe *1*, das Schwungrad *3* mit der darauf befestigten
Sperrklinke *8* mit Druckfeder *9* und dem Kontaktstift *10*.

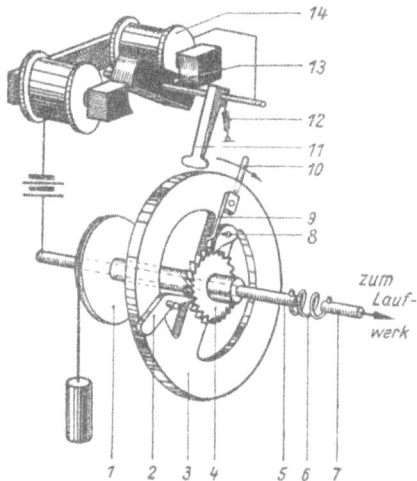

Bild 244

Über das Aufzugszahnrad *4* wird die Achse *5* und die
eigentliche Uhrwerksachse *6* an der Drehung beteiligt.
Schreitet durch den Ablauf des Uhrwerks die Drehung
der genannten Teile so weit fort, daß der Kontaktstift *10* mit dem Kontakthebel *11* des elektromagnetischen
Antriebes in Berührung kommt, so ist der Stromkreis
„Batterie—Achse—Schwungrad—Kontakt — Spulen —
Batterie" geschlossen. Der sich drehende Anker schleu-
dert das Schwungrad durch den Kontaktstift um ein
Stück zurück. Diese Drehung kann das Zahnrad *4* nicht
mitmachen, da es durch eine eigene Sperrklinke daran gehindert wird. Die Sperrklinke *8* hingegen rückt um eine
bestimmte Zahnzahl vor und greift hier neu ein. Das
Gewicht wird während der Drehung des Schwungrades

gehoben, d. h. das Werk aufgezogen. Während des Aufzuges übernimmt eine Kupplungsfeder den Kraftantrieb für das Uhrwerk. Der Aufzug erfolgt jeweils nach einigen Minuten.

2. Uhren mit Magnetantrieb

In den Uhren mit Magnetantrieb erfolgt der Antrieb des Pendels nicht durch Gewichtszug, sondern durch magnetische Kraft. Am unteren Ende des Pendels ist dazu ein Eisenanker angebracht, der bei der Schwingung des Pendels gerade noch über dem Pol eines Elektromagneten vorbeischwingt. Am Pendel selbst ist eine besonders gebaute Kontakteinrichtung befestigt, die dann den Elektromagneten kurz an Spannung legt, wenn die Pendelausschläge nicht mehr weit genug sind und wenn das Pendel in der Abwärtsbewegung ist. Der kurze magnetische Anzug genügt, um dem Pendel wieder für einige Zeit genügend Antrieb zu verleihen. Die Uhr selbst ist eine einfache Pendeluhr.

3. Synchronuhren

Wie der Name schon andeutet, erfolgt der Antrieb solcher Uhren durch Synchronmotoren. In Bild 245 ist ein solcher kleiner Motor dargestellt. Nach dem Einschalten der Magnetspule muß der Anker von Hand „angeworfen" werden, damit er sich so schnell dreht, als Periodenzahl des Wechselstromes und Ankerzahnzahl erfordern. Je mehr Zähne der

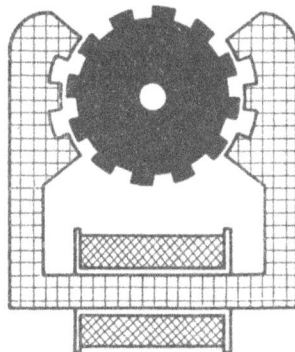

Bild 245

Anker hat, desto geringer wird die Drehzahl des Ankers (üblich sind 26 bis 40 Zähne). Die Ankerdrehung wird

über ein Zahnrad oder eine Schnecke zum Antrieb des
Uhrwerkes ausgenutzt. Auch Synchronuhren können
mit Gangreserve ausgerüstet werden. Durch Anbau
eines kleinen „Asynchronmotors" kann der *Selbstanlauf*
ermöglicht werden.
Zu beachten ist, daß Synchronuhren nur da Verwendung
finden können, wo das Wechselstromnetz des Elektrizitätswerkes „zeitgerecht" geregelt ist, wo also die
Periodenzahl auf die Sekunde genau eingehalten wird
oder wo geringe Fehler von Zeit zu Zeit wieder ausgeglichen werden. Nur so können die angeschlossenen
Uhren richtig gehen.

B. Elektrische Uhrenanlagen

Elektrische Uhrenanlagen mit Haupt- und Nebenuhren
haben bereits weiteste Verbreitung gefunden in Betrieben,
Ämtern, auf Bahnhöfen und für städtische Straßenuhren.

1. Die Hauptuhr

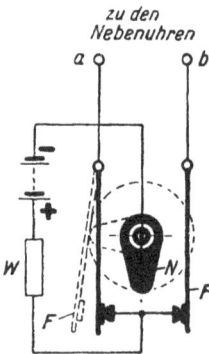

Bild 246

Der Zweck der Hauptuhr ist, eine
größere Zahl von Nebenuhren
zeitrichtig zu steuern. Sie besteht
deshalb aus dem eigentlichen Uhr-
oder Laufwerk (meist mit Pendel,
Gewichtsantrieb und elektrischem
Aufzug) und der Gebereinrichtung.
Die Gebereinrichtung ist in Bild 246
skizziert. Die Nocke N sitzt auf
einer Achse, die durch eine geeignete
Auslösevorrichtung der Hauptuhr in
Abständen von einer oder einer halben
Minute eine halbe Umdrehung (180°)
macht. Dabei wird eine der beiden Kontaktfedern berührt, gehoben und wieder fallen gelassen. Bei der ersten
Berührung ist der Stromkreis über den Widerstand W

geschlossen (*W* wird so bemessen, daß keine schädliche
Stromstärke auftreten kann.) Beim Heben der betreffenden Feder wird die zugehörige Ader (*a* oder *b*) an den
negativen Pol der Batterie gelegt. Auf diese Weise erhalten die Nebenuhren Stromstöße wechselnder Polarität,
die ihren Betrieb ermöglichen, wie bei der Beschreibung
der Nebenuhren gezeigt wird.

An einen solchen Geber können höchstens 50 Nebenuhren angeschlossen werden. Sind mehr Nebenuhren zu
steuern, so benutzt man ein oder mehrere „Linienrelais".

2. Linienrelais

Den grundsätzlichen Aufbau dieser Relais (auch Impuls-
relais genannt) zeigt Bild 247. Dieses polarisierte Relais,
dessen Wirkung mit dem Wechselstromwecker zu vergleichen ist, wird durch den Geber der Hauptuhr mit
wechselnden Stromstößen betrieben und gibt gleiche
wechselnde Stromstöße
weiter an die an-
geschlossenen Neben-
uhren. (Einmal wird
durch den linken Relais-
kontakt *a* an Plus der
Batterie gelegt und dann
durch den rechten die
„*b*"-Leitung an Plus.)
SP 101 läßt die Zu-
sammenschaltung von
Geber und Linienrelais
erkennen. Reicht nach
der Zahl der Neben-
uhren ein Linienrelais

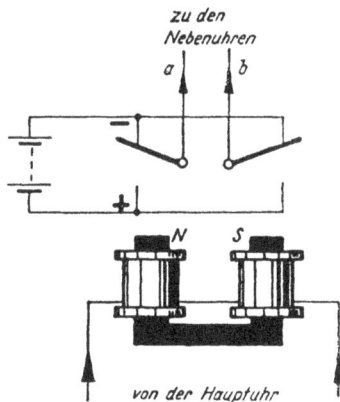

Bild 247

nicht aus, so können beliebig viele solche Relais in
Nebeneinanderschaltung durch den Geber gesteuert und
dadurch Hunderte von Nebenuhren versorgt werden.

3. Nebenuhren

Nebenuhren müssen so gebaut sein, daß sie auf die wechselnden Stromstöße des Gebers (oder des Linienrelais) je Minute oder Halbminute ansprechen und ihr eigenes Werk um diese Zeit weiterstellen. Die Bilder 248 bis 250 zeigen 3 Beispiele der zahlreichen Ausführungsformen, die aber alle den Grundgedanken des gepolten Relais (wie Wechselstromwecker) entsprechen. Beim *Schaukelanker* (Bild 248)

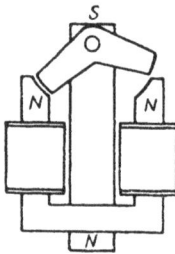

Bild 248

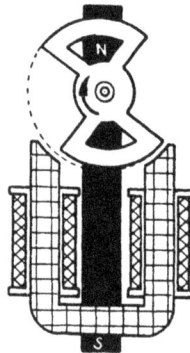

Bild 249

muß die schaukelnde Bewegung des Ankers auf mechanischem Wege in eine Drehbewegung um-

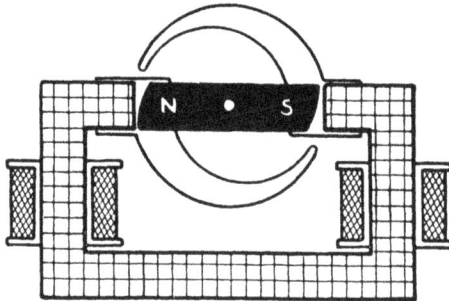

Bild 250

gewandelt werden, während bei den *Drehankern* (Bild 249 und 250) mittels Zahnrad oder Schneckentrieb die Drehbewegung aufs Werk weitergeleitet wird.

Form und Lage des Ankers und der Pole müssen die Gewähr geben, daß beim nächsten Stromstoß mit Sicherheit der andere Pol des Ankers angezogen und dadurch die fortlaufende Drehbewegung (ruckweise) herbeigeführt wird. Diesem Zweck dienen auch die hornartigen Gebilde in Bild 250 (im Bild sind nur die vorderseitigen Hörner gezeichnet!).

Der Leistungsbedarf der Nebenuhren beträgt je nach Bauart 0,1 bis 0,3 W (meist 0,15 W), die Spannung zwischen 4 und 24 V. Um den Nebenuhren die volle Betriebsspannung zuführen zu können, ohne den Spannungsabfall im Widerstand W (Bild 246) hinnehmen zu müssen, wird eine eigene Schalteinrichtung vorgesehen, die während der Stromstoßabgabe diesen Widerstand kurzschließt.

Bemerkung: Bei jedem Stromstoß entstehen in den Wicklungen der Nebenuhren Selbstinduktionsspannungen, die zu Funkenbildung an den Kontaktstellen des Gebers und daher zu seiner Zerstörung führen können. Man schaltet daher neben jeden Geber und neben das Linienrelais einen Widerstand, der sozusagen die Selbstinduktionsenergie (Abbau des Magnetfeldes) aufnimmt und außerdem eine Funkenlöscheinrichtung aus Kondensatoren und Vorwiderständen.

SP 102. Fünf *Nebenuhren* (an einer Hauptuhr mit Magnetaufzug) in *Nebenschaltung.* Am Ende der unter Umständen sehr langen Linienleitung kann infolge des Spannungsabfalles die Spannung so gering werden, daß ein einwandfreier Betrieb der Nebenuhren nicht gewährleistet ist. Um das zu vermeiden, kann man nach

SP 103 schalten. *Ausgleichsleitung* entsprechend SP 3.

SP 104. Nebenuhren in *Schleifenschaltung* (Reihenschaltung).

Diese Schaltung kann nur für verhältnismäßig wenige Nebenuhren in Betracht kommen.

Schlußbemerkung. Wer eingehender über elektrische Uhren und Uhrenanlagen unterrichtet sein will, dem sei das Buch „Uhr und Strom" von Scheibe-Stamm, Verlag R. Oldenbourg, besonders empfohlen.

XV. MESSEN IN FERNMELDE-ANLAGEN

Strommessungen — Spannungsmessungen — Widerstandsmessungen

Mehr noch als in der Starkstromtechnik ist das Messen und Berechnen auf Grund der Messungen in der Fernmeldetechnik ein Mittel, die Vorgänge genauer zu erkennen, die Einflüsse der einzelnen Schaltteile zu beobachten und die geeigneten Schaltelemente zu ermitteln. In den folgenden Ausführungen sollen nur Messungen und Meßschaltungen beschrieben werden, die mit einfachen Betriebsmeßgeräten ausgeführt werden können und für die Praxis genügende Meßgenauigkeit gewährleisten. Auf Leistungsmessungen wird verzichtet, da diese durch Stromspannungsmessungen ersetzt werden können (s. Bd. I).

Als Meßgeräte kommen hauptsächlich in Betracht: Hitzdrahtmeßgeräte, Dreheisen- (Weicheisen) Meßgeräte und Drehspulenmeßgeräte. Die beiden ersteren sind ihres hohen Eigenverbrauches wegen nicht immer verwendbar. Sehr geeignet für alle Verhältnisse sind Drehspulenmeßgeräte mit hohem Eigenwiderstand, die durch Nebenwiderstände und Vorwiderstände für Strom- und Spannungs-

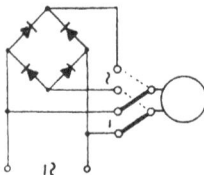

Bild 251

messungen und durch Vorschaltung geeigneter Gleichrichter (Trockengleichrichter oder Thermogleichrichter) für Wechselstrommessungen verwendet werden können (Bild 251). Selbstverständlich müssen dann 2 Skalen für Gleich- und Wechselstrom angebracht werden. Meßgeräte mit Thermogleichrichter ermöglichen auch die Messung von hochfrequenten Strömen und Spannungen.

Für gute Strommesser muß die Forderung gestellt werden, daß sie einen geringen Spannungsabfall (etwa 50 bis

100 mV) verursachen, für gute Spannungsmesser dagegen, daß sie einen hohen Eigenwiderstand besitzen
(etwa 100 bis 300 Ω pro Volt des Meßbereiches).

A. Strommessungen

1. Direkte Strommessung

Welchen Einfluß der direkt in den Fernmeldestromkreis
geschaltete Strommesser auf die Meßgenauigkeit hat,
zeigt das folgende Beispiel.

Beispiel: In Bild 252 ist: $R_a = 2{,}0\ \Omega$, $R_L = 0{,}5\ \Omega$ (= Widerstand der Leitungen). U (= Spannung der Strom-
quelle) = 4 V. Es stehen 2 Strommesser zur Verfügung:

Strommesser A: Meßbereich 5 A, Eigenwiderstand
$R_m = 0{,}6\ \Omega$;

Strommesser B: Meßbereich 2 A, Eigenwiderstand
$R_m = 0{,}03\ \Omega$.

Welches Gerät ist geeigneter und wie groß ist bei
diesem noch der Meßfehler?

Lösung: Ohne Berechnung kann man schon gleich sagen,
daß Meßgerät A unbrauchbar ist, weil es einen Spannungsabfall von $5 \cdot 0{,}6 = 3$ V beim Vollausschlag
verursacht.

Stromstärke im Kreis ohne Meßgerät:

$$I = 4 : (2{,}0 + 0{,}5) = 1{,}6\ \text{A}.$$

Mit A: $I_A = 4{,}0 : (2{,}0 + 0{,}5 + 0{,}6) = 1{,}29$ A (!)

Mit B: $I_B = 4{,}0 : (2{,}0 + 0{,}5 + 0{,}03) = 1{,}583$ A.

$1{,}6 - 1{,}583 = 0{,}017$ A   Fehler. $1\% = 1{,}6 : 100 =$
$= 0{,}016$ A. Der Fehler ist also etwa **1%.**

(Man sagt hier: „—1%" Fehler, weil
weniger angezeigt wird, als wirklich
Stromstärke vorhanden wäre ohne
Meßgerät. Bemerkt sei, daß ein even-
tueller Eigenfehler des Meßgerätes,
der auch bis 1,5% für Betriebs-
geräte mit Drehspulen betragen kann,
im berechneten Fehler nicht enthalten ist!)

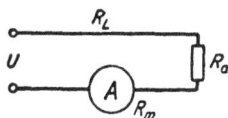

Bild 252

2. Indirekte Strommessung

Manchmal steht ein geeigneter Strommesser nicht zur Verfügung. Man hilft sich dann so, daß man entweder den Spannungsabfall an einem bekannten Widerstand des Kreises mißt und daraus die Stromstärke berechnet oder einen eigenen Meßwiderstand in den Kreis schaltet, der im Vergleich zum Widerstand des Kreises klein ist (Bild 253).

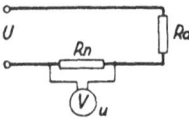

Bild 253

Beispiel: Zu Bild 253: $U = 6,4$ V, $R_n = 2,0$ Ω.

u = 2,2 V. Wie groß ist die Stromstärke, wenn nur R_a im Kreis liegt?

Lösung: I_1 (bei Einschaltung von R_n) $= u : R_n = 2,2 : 2 = 1,1$ A.

$R = (R_a + R_n) = 6,4 : 1,1 = 5,82$ Ω.

$R_a = 5,82 — 2,0 = 3,82$ Ω.

I (ohne Einschaltung von R_n) $= 6,4 : 3,82 = $ **1,68 A.**

B. Spannungsmessung

1. Direkte Spannungsmessung

Auch bei Verwendung bester Spannungsmesser mit 500 Ω pro Volt Eigenwiderstand ist es geboten, mit Überlegung vorzugehen, wenn es gilt, die Spannung an einem hohen Widerstand zu messen. In Bild 254 ist das Beispiel die Messung der Spannung an einem Anodenwiderstand gezeichnet. Angenommen die Anodenspannung betrage 200 V, so daß ein Spannungsmesser mit etwa 250 V Meßbereich Verwendung finden kann, so ergibt sich bei Verwendung eines Gerätes mit 500 Ω/V ein Eigenwiderstand von 125000 Ω, der dem Anodenwiderstand von 0,5 MΩ = 500000 Ω neben-

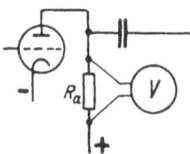

Bild 254

geschaltet ist. Daß eine solche Spannungsmessung falsche Werte ergibt, ist ohne weiteres klar. In solchen Fällen muß man zur indirekten Spannungsmessung greifen.

2. Indirekte Spannungsmessung

Man schaltet in den Kreis einen Strommesser ein und berechnet aus Strom und bekanntem Widerstand die Spannung (Bild 255).

Beispiel: $R_a = 0{,}1\,M\Omega$, $I = 1{,}2\,mA$,
    $R_m = 6\,\Omega$.

Lösung: Der Eigenwiderstand des Meß-
    gerätes von 6 Ω kann vernach-
    lässigt werden.
    $U_a = 0{,}0012 \cdot 100000 = \mathbf{120\ V.}$

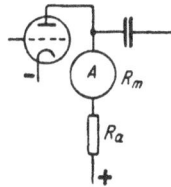

Bild 255

C. Widerstandsmessungen

1. Indirekte Widerstandsmessung

Diese beiden Schaltungen sind möglich. In der ersten wird der Strom des Spannungsmessers und in der zweiten der Spannungsabfall des Strommessers mitgemessen.

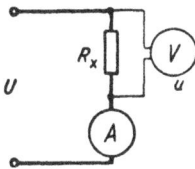

Bild 256

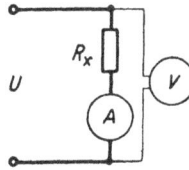

Bild 257

Welche Schaltung besser ist, hängt jeweils vom Eigenwiderstand der Meßgeräte ab. Soll die Messung ganz genaue Werte ergeben, so muß auf jeden Fall eine Berichtigungsrechnung durchgeführt werden, wie folgendes Beispiel für die erste Schaltung zeigt.

15*

Beispiel: In einer Messung nach Bild 257 zeigt der Spannungs-
messer 5,965 V und der Strommesser 21,85 mA. Der
Eigenwiderstand des Spannungsmessers beträgt beim
Meßbereich von 10 V 3000 Ω. Wie groß ist der
Widerstand R_x?

Lösung: Ohne Berichtigungsrechnung ergäbe sich
$R_x = 5,965 : 0,02185 = 273$ Ω.

Berichtigung: Strom im Spannungsmesser:
$$I_m = 5,965 : 3000 = 0,00199 \text{ A.}$$
Strom in $R_x = 0,02185 - 0,00199 = 0,01986$ A.
Daraus $R_x = 5,965 : 0,01986 = \textbf{300}$ Ω.

Man erkennt aus diesem Beispiel, daß man ohne Berichtigungsrechnung unter Umständen erheblich falsche
Ergebnisse erhält, wenngleich man gute Meßgeräte verwendet. Die Benutzung von Meßgeräten, die nicht mit
Angabe des Eigenwiderstandes oder des eigenen Spannungsabfalles versehen sind, ist daher ganz unzweck-
mäßig. In solchen Fällen muß man mit anderen Meßgeräten zuerst einmal die Meßgeräte selbst prüfen und
ihre Werte feststellen.

2. Widerstandsmessung durch Stromvergleich

Was man dazu braucht, zeigt Bild 258. Der Regelwiderstand (am besten ein Drehregler, wie man sie in der
Funktechnik verwenden) muß mit einer geeichten Skala

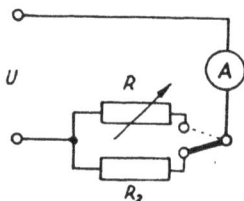

Bild 258

versehen sein. Wenn man in
allen Bereichen messen will,
empfiehlt sich die Verwendung
von etwa 3 Reglern (auswechselbar), einen mit 10 Ω, einen mit
1000 Ω und einen dritten mit
100000 Ω. Man kann dann
zwischen 0,1 und 100000 Ω genügend genau messen.

Die Messung geht so vor sich, daß man den Schalter zuerst auf R_x legt und die Stromstärke abliest. Dann stellt

man den Schalter um auf *R* und stellt den Regler so ein,
daß wieder die gleiche Stromstärke auftritt. Dann kann
man an der Reglerskala den gesuchten Widerstand ablesen. Wichtig ist, daß man eine Stromquelle hat, der
man die erforderlichen Spannungen entnehmen kann.
Für die Messung kleiner Widerstände braucht man
kleine Spannungen (etwa 2 V), für die Messung hoher
Widerstände dagegen hohe Spannungen (etwa Netzspannung 110 oder 220 V). Ob das durch Spannungsteiler oder durch Auswechslung der Stromquelle erfolgt,
bleibt gleich. Voraussetzung ist, daß die Spannung der
Stromquelle nicht während der Messung schwankt. Die
Messungen erfolgen mit Gleichspannung, sofern es sich
nicht darum handelt, induktive oder kapazitive Widerstände zu messen (siehe später).

3. Messung mittels Meßbrücke

Alle Meßbrücken, so unterschiedlich sie in der Schaltung
und äußerlich aussehen mögen, leiten sich von der einfachen Meßbrücke ab, wie sie in Bd. I erläutert wurde.
Eine besondere Ausführung stellt die *Erdungsmeßbrücke*
zur Messung von Erdübergangswiderständen dar.
Zur Vermeidung elektrolytischer
Einflüsse an den Übergangsstellen
der Erdung und damit einer
Verfälschung des Meßergebnisses
wird hierbei mit Wechselstrom
gemessen, der durch einen Unterbrecher (Summer) mit Transformator und einer Gleichstromquelle (Trockenbatterie) erzeugt
wird (Bild 259). Bei der Messung
wird auf geringsten Ton im Hörer eingestellt. Ist an
Stelle eines Hörers ein Meßgerät (Wechselstromgerät!)
eingebaut, so wird auf Nullstrom eingestellt. Der Ver-

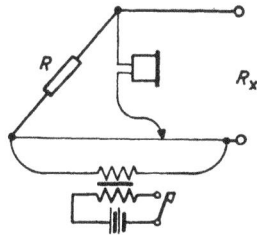

Bild 259

gleichswiderstand R wird zweckmäßig auswechselbar oder durch Schalter oder Stöpsel veränderbar ausgeführt.

4. Erdungsmessung

Einen Erdübergangswiderstand kann man nie allein messen. Man muß sich dazu noch zwei weitere „Hilfserden" einrichten oder wählen. (Eisenrohr

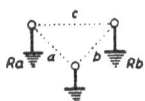

Bild 260

in Boden treiben; Wasserleitung, Gasleitung, Straßenbahnschienen, Regenrohre, größere eiserne Gartenzäune o. dgl. können als Hilfserden dienen.)

Entsprechend Bild 260 mißt man

1. zwischen den Klemmen von R_x und R_a
$$R_x + R_a = a \ \Omega;$$

2. zwischen den Klemmen von R_x und R_b
$$R_x + R_b = b \ \Omega;$$

3. zwischen den Klemmen von R_a und R_b
$$R_a + R_b = c \ \Omega.$$

Aus diesen Meßwerten kann man durch geeignetes Einsetzen den Wert R_x errechnen.

Beispiel: $R_x + R_a = 25 \ \Omega; R_x + R_b = 15 \ \Omega; R_a + R_b = 8 \ \Omega.$
Lösung: $R_x + R_a + R_x + R_b = 25 + 15 = 40 \ \Omega.$
$2 R_x + R_a + R_b = 40 \ \Omega;$ da aber $R_a + R_b = 8 \ \Omega,$
so ist $2 R_x + 8 = 40 \ \Omega; 2 R_x = 40 - 8 = 32 \ \Omega;$
$R_x = 32 : 2 = \mathbf{16} \ \Omega.$

Wer solche Rechenarbeit nicht liebt, kann sich folgende Rechenregel merken:
$$R_x = \frac{a + b - c}{2}.$$

Beispiel: Messung a = 4,6 Ω, Messung b = 2,7 Ω;
Messung c = 1,2 Ω.

Lösung: $R_x = \dfrac{4,6 + 2,7 - 1,2}{2} = \dfrac{6,1}{2} = \mathbf{3,05} \ \Omega.$

5. Widerstandsmessung mittels direkt anzeigender Meßgeräte

Solche Geräte sind in Schaltung und Wirkungsweise meist auf Strommessungen bei fester Spannung zurückzuführen. Die Meßskalen sind nach Ohm geeicht. Da diesen Geräten immer geeignete Gebrauchsanweisungen beigegeben sind, wird auf nähere Beschreibungen verzichtet.

6. Messung induktiver Widerstände

Induktive Widerstände können naturgemäß nicht mit Gleichstrom gemessen werden. Die Messung muß also immer mit Wechselstrom bestimmter Frequenz erfolgen (z. B. Netz 50 Hz). Aus dem sich hierdurch ergebenden Widerstandswert kann der Wechselstromwiderstand bei höherer Frequenz berechnet werden. Soll die Induktivitätszahl (*Henry*) ermittelt werden, so ist außer der Messung mit Wechselstrom eine zweite mit Gleichstrom durchzuführen, um den Gleichstromwiderstand der Spule oder Wicklung in Rechnung setzen zu können. Bei Verwendung von Meßbrücken müssen die Vergleichswiderstände ebenfalls induktive Widerstände sein, deren Gleichstromwiderstand möglichst dem des Prüflings entsprechen soll, um den Meßfehler gering zu halten. (Bei besonders für solche Zwecke gebauten Meßbrücken kann auch dieser Fehler ausgeschaltet werden.) Als Stromquelle kann z. B. die Kleinspannungsseite eines Klingeltransformators Verwendung finden.

Beispiel: Durch Stromspannungsmessung einer Drossel wurden folgende Werte ermittelt:

$$I_\sim = 3{,}0 \text{ A}, \ U_\sim = 108 \text{ V}; \ I_g = 1{,}25 \text{ A}, \ U_g = 2{,}1 \text{V}.$$

(Die Wechselstrommessung erfolgte mit 50 Hz. Der Eigenwiderstand des Meßgerätes betrug in beiden Messungen 60000 Ω.)

Berechne den induktiven Widerstand der Drossel bei 300 Hz und die Induktivität der Drossel.

Lösung: $R = 108 : 3 = 36\ \Omega$; $R_g = 2,1 : 1,25 = 16,8\ \Omega$.

Aus dem Widerstandsdreieck ermitteln wir den induktiven Widerstand zu $R_i = 31,7\ \Omega$.

$$R_i = 2 \cdot \pi \cdot L \cdot f;\ \ L = \frac{31,7}{2 \cdot 3,14 \cdot 50} = \text{rund } \mathbf{0,1\ Hy.}$$

R_i bei 300 Hz : $2 \cdot 3,14 \cdot 0,1 \cdot 300 = \mathbf{188,4\ \Omega}$.

7. Messung von kapazitiven Widerständen

Die Messung von *Blockkondensatoren* kann einfach durch das Stromspannungs- oder das Stromvergleichsverfahren erfolgen. Auch die Brückenmessung unter Verwendung von Kondensatoren als Vergleichswiderstände ist anwendbar.

Bei der Messung von *gepolten Elektrolytkondensatoren* muß beachtet werden, daß man diesen nie an Wechselspannung allein anschließen darf, denn das würde wie eine falsche Polung zur Beschädigung des Kondensators führen. Man schaltet also der Wechselspannung (z. B. 4 bis 8 V aus einem Klingeltransformator) eine Gleichspannung vor, die so hoch sein muß wie der Scheitelwert der Wechselspannung, die aber auch möglichst der Gebrauchsspannung des Kondensators entsprechen soll, da die Kapazität von der Gebrauchsspannung abhängt (Bild 261).

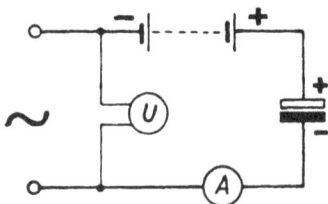

Bild 261

Den Wechselspannungsmesser schaltet man hier zweckmäßig direkt an die Wechselstromquelle an. Auf richtige Polung von Gleichstromquelle und Kondensator zueinander ist zu achten.

Beispiel: Bei der Messung eines Kondensators nach Bild 261 ergaben sich folgende Werte:

$$U_\sim = 115\ \text{V},\ \ I_\sim = 720\ \text{mA},\ \ f = 50\ \text{Hz}.$$

Wie groß ist die Kapazität des Kondensators?

Lösung: $R_C = 115 : 0{,}720 = 160 \, \Omega$.

$$C = \frac{1000000}{2 \cdot 3{,}14 \cdot 160 \cdot 50} = \text{rund} \; 2 \, \mu F.$$

(Weitere Beispiele siehe Anhang B.)

D. Einige nützliche Merksätze für den Gebrauch von Meßgeräten

Meßgeräte sind Feingeräte, die liebevoll und mit Verständnis behandelt werden wollen. Schlechte und unsachgemäße Behandlung beeinträchtigen Meßgenauigkeit und Lebensdauer. Man beachte daher folgende Gebote:

1. Schütze Meßgeräte vor Stoß, Erschütterung, Feuchtigkeit und starken Temperaturschwankungen!

2. Überlaste Meßgeräte nicht! Vor Anschluß überlegen, welche Spannungen oder Ströme zu erwarten sind. Dementsprechende Wahl des Meßbereiches. Immer mit dem höheren Meßbereich beginnen!

3. Prüfe die Schaltung vor dem Einschalten sorgsam und womöglich an Hand des Schaltplanes! Falsche Schaltungen sind häufig die Ursache von Zerstörungen der Meßgeräte.

4. Beachte die Gebrauchslage des Meßgerätes! Sofern diese nicht schon aus der Bauart (z. B. bei Schalttafelgeräten) erkennbar ist, gibt meist die Kennzeichnung auf dem Skalenblatt darüber Auskunft, ob das Gerät liegend oder aufrechtstehend zu verwenden ist.

5. Eiche das Gerät von Zeit zu Zeit durch Vergleich mit einem guten Gerät nach!

6. Unsachgemäßes Öffnen der Meßgeräte oder rauhe Eingriffe schädigen die Meßgenauigkeit und können zur Zerstörung führen! Man überlasse solche Instandsetzungen besser einer Fachfirma! Die an den meisten

Meßgeräten angebrachte „Justierschraube" (Schraube
zur Nachstellung des Zeigers auf die Nullstellung) ist
sehr vorsichtig und nur mit passendem Schrauben-
zieher zu bedienen!

7. Besondere Vorsicht ist bei sogenannten kombinierten
Meßgeräten (hier sind Strom- und Spannungsmesser
in einem Gerät vereinigt) am Platz, da hier falsche
Schaltungen noch mehr möglich sind und die recht-
zeitige Umschaltung (mittels Wähler) leicht vergessen
wird.

ANHANG

XVI. MAGNETFELD UND INDUKTION

A. Der Dauermagnet (permanenter Magnet)

Bekanntlich verwendet man für die Herstellung eines
Dauermagnetes nicht weiches Eisen (weil dies den einmal
aufgedrückten Magnetismus nicht festhält), sondern
guten Stahl. Neuzeitliche Dauermagnetstähle sind
„legiert", d. h. es sind ihnen Stoffe beigemengt, die
den magnetischen Wert des Stahles erhöhen. Nickel,
Kobalt, Wolfram, Silizium, Aluminium sind solche Bei-
mengstoffe. Da aber solche Stahlsorten teurer sind als
gewöhnliches Eisen, muß man sparsam damit umgehen.

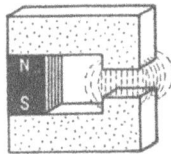

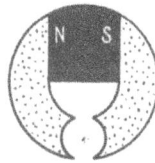

Bild A 1   Bild A 2   Bild A 3

Man führt deshalb den Magnetstahl nur
so groß aus, als es für die magnetischen
Wirkungen erforderlich ist. Für den
übrigen Weg des Magnetfeldes verwendet
man einfaches Eisen, wie das die Bilder
zeigen. (Die punktierten Teile bestehen
aus gewöhnlichem Weicheisen.)

Bild A 4

B. Der Elektromagnet

Bekanntlich bildet ein stromdurchflossener Leiter um
sich ein kreisförmiges magnetisches Feld aus. Dieses
Feld ist in der Nähe des Leiters am stärksten und wird
weiter außen immer schwächer. Wir deuten dieses
Magnetfeld durch Kreislinien an, sind uns aber dabei
klar darüber, daß das Feld jeden Raumteil durchsetzt.
Ein um den Leiter gelegter Eisenring ändert die Verhältnisse wesentlich. Durch das Feld des Leiters werden
die einzelnen magnetischen Eisenmoleküle (kleinste
Eisenteilchen, deren Magnetismus vorher nicht in Er-

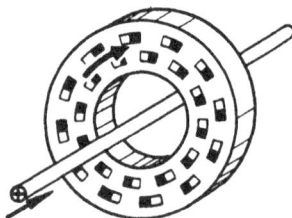

Bild A 5   Bild A 6

scheinung treten konnte, da die Lage der Teilchen verschieden war) veranlaßt, sich in die magnetische Richtung
einzuordnen, die durch das Feld des Leiters vorgeschrie-
ben wird. Das Ergebnis ist ein viel stärkeres Gesamt-
magnetfeld als ohne Eisenring (Kern). Man kann das
aber auch so ausdrücken: Das Eisen setzt den magnetischen Feldlinien einen geringeren Widerstand entgegen als Luft (siehe auch später), alle Feldlinien drängen
sich ins Eisen, weshalb ein starkes Magnetfeld im Eisen
entsteht.

Im geschlossenen Eisenring haben zwar die Feldlinien
eine bestimmte Richtung, aber es kann sich keine Wirkung nach außen bemerkbar machen. Schneiden wir

aber den Kern auf, so bildet sich ein magnetischer Nordpol und ein Südpol aus. In diesem Fall müssen die magnetischen Feldlinien teilweise in Luft verlaufen. Ist der

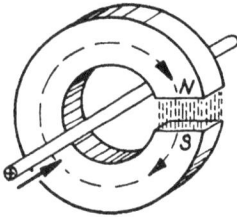

Bild A 7

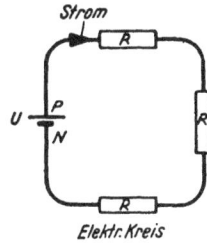

Elektr. Kreis

Bild A 8

Luftspalt gering, so entspricht der Feldlinienverlauf noch
dem Bild A 7. Je größer aber der Luftspalt wird, desto
mehr bauchen sich die Feldlinien nach außen auf und
nehmen einen größeren Luftquerschnitt ein als der Eisenquerschnitt ist. Die Felddichte (siehe später) wird
geringer.

Man kann den magnetischen Kreis mit dem elektrischen
Stromkreis vergleichen:

(Es sei aber bemerkt, daß zum Unterschied vom elektrischen
Stromkreis kein „Fließen" stattfindet. Die Feldlinien sind vorhanden, bewegen sich aber nicht, solange
der Strom im Leiter gleichbleibt.)

Wir vergleichen:

Mit der elektrischen Spannung: die
magnetische Spannung, verursacht
durch den Strom in den Leiter-
windungen *(A · W = AW)*.

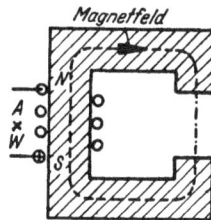

Magnetischer Kreis

Bild A 9

Mit dem elektrischen Strom: das
Magnetfeld, also die Zahl der gesamten Feldlinien im magnetischen
Kreis. Mit dem elektrischen Widerstand: den *magnetischen Widerstand* von Luft und Eisen.

Hierzu folgende Erläuterungen:

Magnetische Spannung. Führen wir, von Bild A 6 aus-
gehend, den Leiter nicht nur einmal, sondern zweimal
(Bild A 10) oder mehrmals (Bild A 11) durch den Kern,

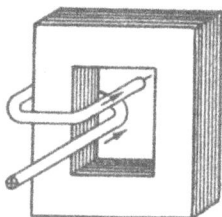
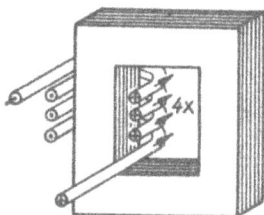

Bild A 10   Bild A 11

so erhalten wir mit jedem Leiterdurchzug eine Verstärkung der magnetischen Wirkungen, denn jeder
durchgehende Leiter erzeugt ein Magnetfeld. Die Zahl
der Windungen ist also genau so von Bedeutung wie die
Stromstärke, deren Einfluß wir gar nicht lange erläutern
brauchen. Beide Größen zusammen bilden die Triebkraft zur Entstehung und Stärke des magnetischen
Feldes, wie im elektrischen Stromkreis die Spannung die
Triebkraft zur Entstehung eines elektrischen Stromes
ist. Wir bezeichnen deshalb die *Amperewindungen* (AW),
entstanden aus Ampere mal Windungszahl, als *magnetische Spannung*.

Dementsprechend kann man auch von einem *magnetischen
Spannungsgefälle* sprechen. Das ist der Anteil an AW.,
der für jeden Zentimeter des Feldlinienweges erforderlich
ist. (Man rechnet dabei nach einem mittleren Feld-
linienweg entsprechend der gestrichelten Linie in Bild A 9.)

Für jeden Zentimeter des Luftweges braucht man ein
größeres magnetisches Spannungsgefälle als für den Zentimeter Eisenweg.

Magnetfeld und Felddichte. Der elektrischen Stromstärke
entspricht das Magnetfeld mit seinen Feldlinien, die sich
auf den ganzen Eisenquerschnitt verteilen. An Stelle der
Stromstärke in Ampere steht hier die Gesamtzahl der
Feldlinien, die nach der Einheit *1 Maxwell*[1] bemessen
wird. Ein Unterschied besteht darin, daß der Strom
fließt, während das Magnetfeld ruhend eine gewisse
Stärke hat und sich nur beim Ein- und Ausschalten ändert
und bewegt.

Der elektrischen Stromdichte (Ampere je Quadratmillimeter) entspricht die magnetische Stromdichte in Feldlinien je Quadratzentimeter des Eisenquerschnittes (oder
auch des Luftquerschnittes). Einheit *1 Gauss*[2] = 1 Feld-
linie je Quadratzentimeter.

In Bild A 12 ist ein Magnetfeld
von insgesamt 8 Feldlinien
gezeichnet, die sich auf einen
Querschnitt von 4 cm² verteilen.
Auf jeden Quadratzentimeter
treffen also 2 Feldlinien. Die
Feldliniendichte beträgt demnach
2 Feldlinien je Quadratzentimeter.

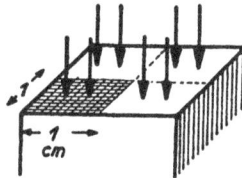

Bild A 12

Magnetischer Widerstand. Luft bietet den magnetischen
Feldlinien eine großen, Eisen dagegen einen geringen
Widerstand. Man kann auch sagen: Luft leitet magnetisch schlecht, Eisen aber gut. Man spricht deshalb
auch von einer *magnetischen Leitfähigkeit* und ordnet
die Stoffe in 2 Hauptgruppen ein:

a) *Gute magnetische Leiter:* Eisen, Stahl, Nickel, Kobalt,
   die man auch eisenmagnetische (ferromagnetische)
   Leiter nennt.

---

[1] Benannt nach dem englischen Physiker Maxwell (1831 bis 1879).
[2] Benannt nach dem deutschen Mathematiker und Physiker
Karl Friedrich Gauss (1777 bis 1855).

b) *Schlechte magnetische Leiter:* Alle anderen Stoffe, also Luft, alle Metalle außer den oben genannten, alle Nichtmetalle.

Der Unterschied der magnetischen Leitfähigkeit von Luft und Eisen ist erheblich. Das Verhältnis kann 1: 100 bis 1: 10000 betragen je nach Eisensorte und Felddichte. Daraus erkennt man, daß bei Vorhandensein eines größeren Luftspaltes in einem megnetischen Kreis der Eisenweg kaum mehr in Betracht gezogen werden braucht bei der Berechnung des Elektromagneten. Ein weiterer wesentlicher Unterschied:

Die *Leitfähigkeit von Luft* bleibt immer gleich, unabhängig von der Felddichte.	Die *Leitfähigkeit von Eisen* verändert sich je nach der Felddichte.

Mit anderen Worten:

Wenn man durch Erhöhung der Stromstärke in der Wicklung die magnetische Spannung und damit das Spannungsgefälle je Zentimeter verdoppelt, so ergibt sich auch eine doppelte Feldliniendichte in Luft.	Die Erhöhung der Stromstärke und damit des Spannungsgefälles auf das Doppelte ergibt im Eisen nicht doppelte Felddichte, sondern weniger und von einer bestimmten Sättigungsgrenze an kann man die Felddichte nicht mehr erhöhen[3].

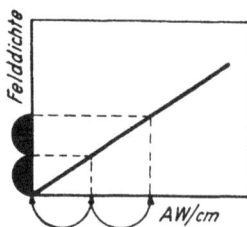

Bild A 13

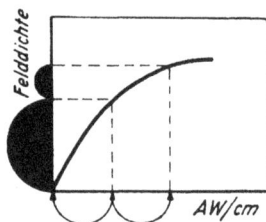

Bild A 14

[3] Daß diese Sättigung einmal eintreten muß, wird klar, wenn man daran denkt, daß die Verstärkung der magnetischen Wirkung im Eisen durch die Gleichrichtung der magnetischen Eisenmoleküle entsteht. Wenn alle gleichgerichtet sind, dann kann praktisch keine wesentliche Verstärkung des Feldes mehr erzielt werden.

C. Gleichstrom im Elektromagneten mit Eisenkern

Solange in der Wicklung eines Elektromagneten Gleichstrom fließt, ändert sich sowohl am elektrischen wie auch
am magnetischen Zustand nichts. Der Strom muß den
Wicklungswiderstand überwinden und aus Strom und
Windungszahl ergibt sich bei dem gegebenen magnetischen Widerstand ein bestimmtes Magnetfeld.

Besondere Verhältnisse liegen aber beim Einschalten und
Ausschalten des Stromes vor, die im folgenden unter-
sucht werden sollen.

Wie steht es mit dem Magnetfeld beim Einschalten? Man
könnte annehmen, daß beim Anlegen der Gleichspannung
an die Wicklung vermöge des entstehenden Stromes auch
gleich ein entsprechend starkes Magnetfeld vorhanden
ist. Untersuchen wir aber die ersten Tausendstel der
Einschaltsekunde, so kommen wir zu einem anderen
Ergebnis: Das Magnetfeld benötigt eine gewisse, wenn
auch kurze Zeit, um auf seinen Höchstwert anzusteigen.
Wo liegt der Grund dazu?

Wir können uns den Eisenkern als eine Ansammlung
von unendlich vielen kleinsten Atomen vorstellen. Jedes
Atom als Kugel mit einem magnetischen Nordpol und
einem magnetischen Südpol, ähnlich unserer Erde. Wie
diese sei jedes Atom im Raume festgehalten. Einige
Atome sammeln sich immer in entsprechender Ordnung
zu einem magnetischen Kreis zusammen, so daß der
Südpol des einen am Nordpol des anderen Atoms zu
liegen kommt. Sie bilden sozusagen kleine Verbände,
deren magnetischer Kreis in sich geschlossen und daher
nach außen nicht wirksam ist.

Veranlassen wir nun durch eine ordnende magnetische
Kraft (das ist die magnetische Kraft des elektrischen
Stromes in den Wicklungen!), daß sich alle Atommagnetchen in eine Richtung stellen, so müssen sich alle
erst einmal aus dem Atomverband herausreißen und ver-

drehen. Das aber benötigt Zeit. Und *solange die Ein-
ordnung dauert, solange steigt die magnetische Kraft im
Eisenkern an.* (Siehe Bild A 15, linke Hälfte.)

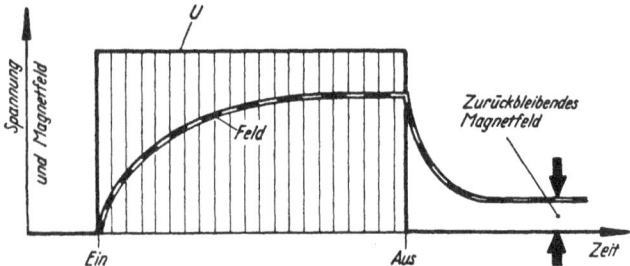

Bild A 15

Und wie sind die Verhältnisse beim Ausschalten? Beim
Ausschalten des elektrischen Stromes suchen sich die
einzelnen Atommagnetchen wieder zu geschlossenen Ver-
bänden zusammenzufinden. Das gelingt auch den
meisten, aber ein Teil der Atommagnetchen findet rings-
um alle Kreise geschlossen und steht nun allein und in
der nun einmal eingenommenen Richtung. Alle diese
nicht mehr in Verbände zurückgeführten Magnetchen
bilden nun ein Restmagnetfeld, das zwar gering, aber
dennoch nennenswert sein kann. *Dieses „zurückbleibende
Magnetfeld" nennt man auch den „remanenten Magnetismus".* (Siehe Bild A 15 rechte Hälfte.) Der „remanente
Magnetismus" ist in manchen Fällen störend (Abfall-
verhinderung des Ankers von Relais), in anderen Fällen
aber wieder sehr erwünscht (Selbsterregung von Gleichstromgeneratoren).

*Die Folgen der Magnetfeldänderung beim Aus- und Ein-
schalten.* Wir erinnern uns folgender Tatsache: Wird
ein Leiter in einem Magnetfeld bewegt oder umgekehrt
ein Magnetfeld gegenüber einem umschlossenen Leiter
bewegt, so werden durch das Schneiden der magnetischen

Feldlinien elektrische Spannungen im Leiter induziert
(s. Bd. I). Daraus ist folgender Schluß zu ziehen:
Die beim Ein- und Ausschalten eines Elektromagneten
(an Gleichstrom) entstehenden Änderungen des Magnetfeldes (Anwachsen und Absinken) erzeugen also
auch in den eigenen Leitern der Wicklung eine Spannung,
die man *Selbstinduktionsspannung* nennt. Diese Selbstinduktionsspannung wirkt immer der vom Netz oder der
Stromquelle aufgedrückten Spannung entgegen. Beim
Einschalten sucht sie das Entstehen eines Stromes und
damit eines Magnetfeldes zu verhindern und wenn wir
durch Abschalten des Kreises das Magnetfeld verschwinden
machen wollen, dann sucht die Selbstinduktionsspannung
dieses Feld möglichst lange aufrechtzuerhalten. In Bild A 16
ist dies dargestellt. Man beachte: Die Selbstinduktionsspannung ist da am größten, wo sich das Feld am schnell-
sten ändert, also an den Stellen der steilsten Neigung der
Feldkurve (beim Einschalten und beim Ausschalten).

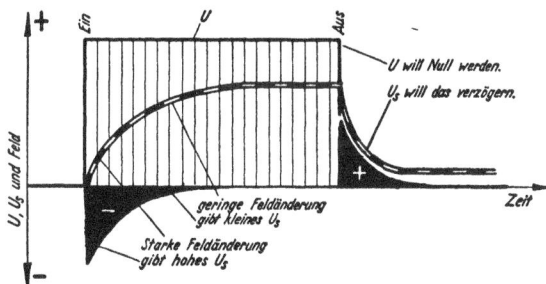

Bild A 16

Setzt man das Ein- und Ausschalten in kurzen Abständen
fort, so erhält man Schaubild A 17. Erinnert das Bild
der Selbstinduktionsspannung nicht an eine Wechsel-
spannungskurve?

Wenn man ein Gefühl für die *Größe* der Selbstinduktionsspannung bekommen will, kann man folgenden einfachen Versuch

ausführen: Wir brauchen dazu eine *Taschenbatterie*, eine *Drossel*
(Eisendrossel etwa aus einem Rundfunkgerät oder irgendeinen
Relais-Elektromagneten) und eine *Glimmlampe* (am besten eine
solche aus einem Prüftaster).

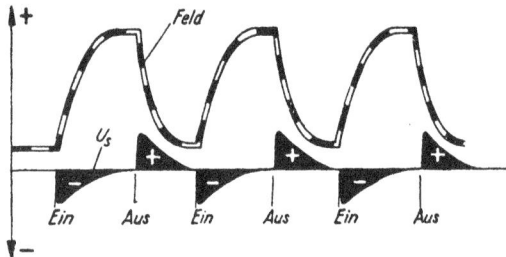

Bild A 17

Bild A 18 zeigt die Schaltung. Den Schalter können wir einfach
durch Berühren und Trennen der Drähte ersetzen. Es zeigt sich,
daß die Glimmlampe beim Ausschalten kurz aufleuchtet. Wenn
eine Glimmlampe zum Zünden kommt, dann ist das ein Beweis,
daß die Spannung mindestens etwa 70 V beträgt (unter solcher
Spannung zünden die Glimmlampen nicht!). Wenn keine
Zündung eintritt, dann ist der Grund darin zu suchen, daß die
Selbstinduktionsspannung wegen zu
geringer Induktionswirkung zu klein
ist. Erhöhung der Batteriespannung
kann Erfolg bringen. Besser verwendet
man aber eine Drossel mit höherer
Induktionswirkung.

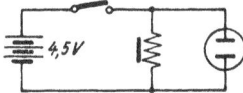

Bild A 18

Daß die Glimmlampe beim Einschalten nicht zündet, hat einerseits seinen Grund darin, daß hier nur die Differenz zwischen
Induktionsspannung und Batteriespannung wirksam ist und
andrerseits ist die Glimmlampe durch die Batterie überbrückt.
Aufschlußreich wird der Versuch, wenn eine Drossel zur Verfügung steht, deren Kern teilweise oder ganz geschlossen werden
kann. Durch die Änderung des Luftspaltes wird der magnetische
Widerstand und dadurch die Stärke des Magnetfeldes verändert.
Man kann sich zu diesem Zweck einen alten Klingeltransformator,
dessen Kleinspannungswicklung noch in Ordnung ist, durch
Aufschneiden des Kernes herrichten. Diesen Transformator
können wir auch für weitere Versuche (siehe in anderen Abschnitten) gut verwenden!

Wann muß elektrische Arbeit aufgewendet werden? Arbeit — in elektrischer Form — wird der Stromquelle so lange entnommen, als der Elektromagnet angeschlossen ist und Strom fließt. Die Spannung muß ja den Strom durch den Widerstand der Wicklung drücken. (Die Wicklung erwärmt sich auch!)

Wie steht es aber im Moment des Ein- oder Ausschaltens? Man kann sich das etwa so vorstellen: Beim Einschalten muß die Wirkung des elektrischen Stromes die magnetischen Atomverbände aufreißen. Es muß also Arbeit geleistet werden beim *Aufbau des Magnetfeldes.* Dieser Arbeitsinhalt wird frei im Moment des Ausschaltens des Stromes. Da nämlich springen die einzelnen Atommagnetchen wieder zurück in ihre alte Lage und geben dabei die in ihrer Zusammenfassung aufgespeicherte Energie wieder ab. Man kann das mit einer gespannten Feder vergleichen, die, läßt man sie los, wieder in ihre alte Lage zurückfedert und dabei ihre erst aufgenommene Energie abgeben kann. Jede Uhrfeder hat diesen Zweck! Beim *Abbau des Magnetfeldes* erhalten wir also die Energie wieder zurück. Der Öffnungsfunke, den man häufig beim Abschalten von Magnetspulen, Motoren usw. beobachten kann, ist auf diese Energierückgabe zurückzuführen.

D. Wechselstrom im Elektromagneten

1. Phasenverschiebung als Folge!

Die beim Ein- und Ausschalten des Gleichstromes festgestellten Vorgänge sind in stärkerem Maße von Bedeutung bei Anwendung von Wechselstrom, denn man kann den Wechselstrom als fortlaufendes Ein- und Ausschalten des Stromes auffassen, wobei gleichzeitig noch periodisch die Stromrichtung wechselt. Die folgenden Ausführungen haben den Zweck, diese Verhältnisse zu untersuchen und die Auswirkungen festzustellen. Es soll dabei so vorgegangen werden, daß *ein Wechselstrom* be-

liebiger Größe *angenommen* und auf *Umwegen festgestellt
wird, welche Spannung die Stromquelle haben muß,* um
diesen Strom durch den Kreis zu treiben.

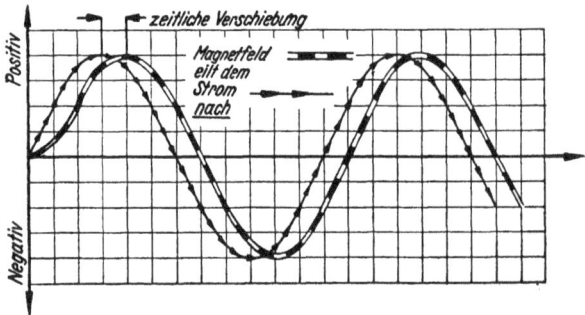

Bild A 19

Bild A 19: Die an den Elektromagneten angelegte
Wechselspannung hat einen Wechselstrom zur Folge.
Dieser erzeugt ein wechselndes magnetisches Feld, das
aus den bei Bild A 15 erläuterten Gründen nicht sogleich
dem elektrischen Antrieb folgen kann und deshalb „dem

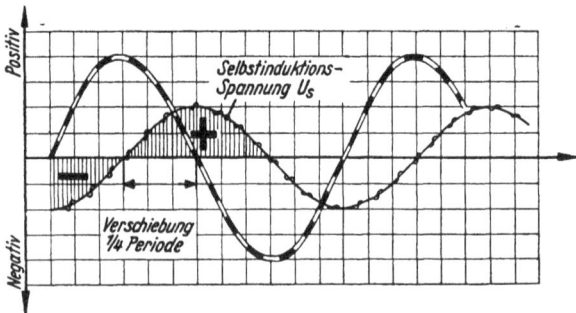

Bild A 20

Strom nacheilt". Nacheilen heißt hier: „später auf den
Höchstwert kommen" oder „später durch die Nullinie
gehen". Die Zeit ist durch die waagrechte Achse dargestellt.

(Alle hier folgenden Bilder verwenden der besseren Übersicht
halber statt einfacher Linien besonders gekennzeichnete Bilder-
linien! Auf die tatsächliche Größe von Strom, Feld oder Spannung ist keine Rücksicht genommen. Man könnte ja auch für
jede Kurve einen beliebigen Maßstab einführen. Das ist aber
für diese grundsätzlichen Überlegungen ohne Bedeutung.)

Bild A 20: Das wechselnde Magnetfeld erzeugt in den
Windungen der Wicklung eine wechselnde Selbstinduktionsspannung. An den Stellen der stärksten Feldänderung (der Durchgang durch Null liegt in der Mitte
der stärksten Feldänderung) ist die Selbstinduktionsspannung am größten. Wo sich das Magnetfeld am
wenigsten ändert (das ist bei den Scheitelpunkten der
Magnetfeldkurve), ist $U_s = 0$. Bezüglich der Richtung
der Selbstinduktionsspannung vergleiche man mit
Bild A 17. Wo das Feld positiv werden will, ist U_s negativ.
Wo das Feld dem negativen Wert zustrebt, wird U_s
positiv.

Bild A 21: Um diese fortlaufend auftretende Selbstinduktionsspannung aufzuheben, sozusagen um sie un-
schädlich zu machen, muß man eine gleich große Span-

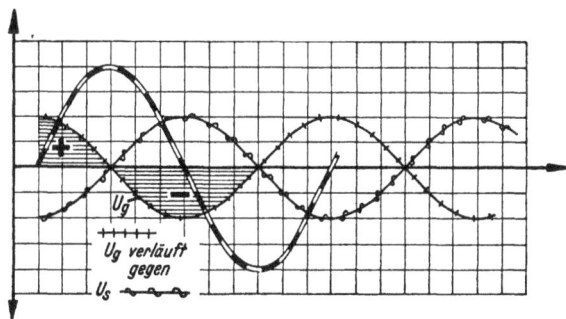

Bild A 21

nung entgegenwirken lassen, die immer dann positiv
sein muß, wenn U_s negativ ist und umgekehrt. **Diese
Gegenspannung U_g muß die Stromquelle liefern.**

Bild A 22: Außerdem muß aber auch zur Überwindung
des Ohmschen Widerstandes der Wicklung eine Spannung U_r aufgewendet werden. Die Spannung U_r ist

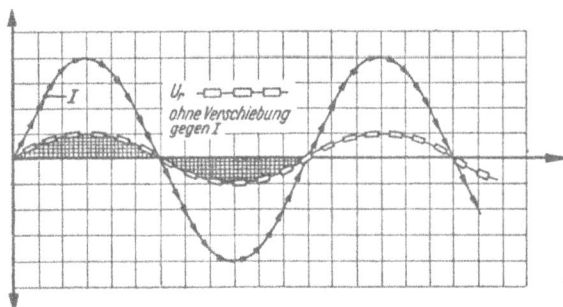

Bild A 22

der Spannungsabfall, der in jedem Leiter auftritt, in
dem Strom fließt. Je höher der Strom, desto höher der
Spannungsabfall (auch für den Augenblickswert!). Ist
$I = 0$, dann ist auch $U_r = 0$. (U_r und I sind also nicht
gegeneinander verschoben!)

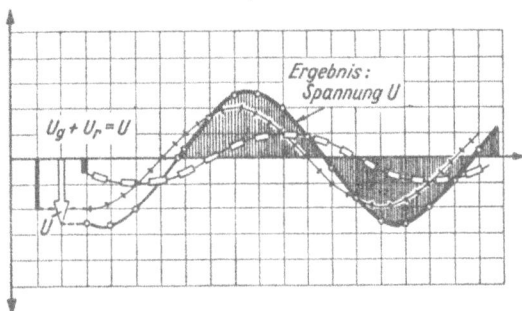

Bild A 23

Bild A 23: Rechnet man U_g und U_r, die ja beide aus der
Stromquelle bezogen werden müssen, zusammen, dann
erhält man die gesamte notwendige Spannung. Man mißt
dazu für jeden Zeitpunkt (wenige Punkte genügen) die

Werte der beiden Spannungen und zählt sie zusammen. Ist einer dieser Werte negativ, dann muß man ihn abziehen. Sind beide negativ, dann ist die Summe negativ.

(Beachte: In Bild A 23 sind alle Kurven gemeinsam auf der Zeitlinie nach links verschoben, was beim Vergleich mit den anderen Bildern berücksichtigt werden muß. Als Anhalt kann am besten der Durchgang von U_r durch die Nullinie gelten!)

Diese Zusammensetzung von Ohmschem Spannungsabfall und Gegenspannung zur Gesamtspannung kann man auch so betrachten:

Die Netzspannung oder die Spannung der Wechselstromquelle ist gegeben. Wäre keine Selbstinduktion vorhanden, wie das z. B. in Kreisen mit nur elektrischen Wärmegeräten oder mit Licht der Fall ist, so könnte die ganze Netzspannung zur Erzeugung eines Stromes nach der Formel $I = U : R$ aufgewendet werden. Da aber in Kreisen mit Wicklungen mit Selbstinduktion zu rechnen ist, muß ein Teil der Netzspannung als Gegenspannung zur Selbstinduktionsspannung eingesetzt werden, so daß nur ein Teil der Netzspannung zur Überwindung des Ohmschen Widerstandes übrigbleibt. Der entstehende Strom kann dabei naturgemäß nicht mehr so groß werden, als wenn keine Selbstinduktion vorhanden wäre. (Man kann auch sagen: Der Gesamtwiderstand des Kreises ist größer geworden. Siehe dazu auch Bd. I und Abschnitt XVI, C, 5.)

Wir kommen nun zu folgendem Ergebnis:

In Bild A 23 hat sich gezeigt, daß die Netzspannung U gegenüber dem Ohmschen Spannungsabfall U_r verschoben ist. Da aber U_r und I keine Verschiebung gegeneinander besitzen, so müssen doch zwangläufig auch *U und I gegeneinander verschoben* sein. Diese *Phasenverschiebung zwischen U und I* war das Ziel unserer Überlegung, denn diese beiden Werte sind es ja, die wir in der Praxis beobachten, messen und berechnen.

Wir wollen dies aber noch einmal in einem zusammen-
fassenden Bild (A 24) herausstellen, das gleichzeitig als
Wiederholung der Überlegungen gelten kann:

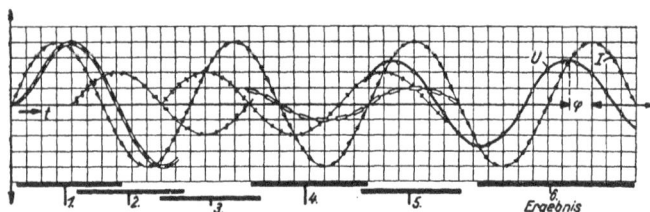

Bild A 24

1. Schritt: Geringe Nacheilung des Magnetfeldes gegenüber dem Strom (siehe auch Bild A 19).
2. Schritt: Nacheilung der Selbstinduktionsspannung gegenüber dem Feld um $^1/_4$ Periode (siehe auch
   Bild A 20).
3. Schritt: U_g verläuft umgekehrt wie U_s (siehe auch
   Bild A 21).
4. Schritt: U_r liegt mit dem Strom I in Phase (siehe
   auch Bild A 22).
5. Schritt: U_r und U_g gibt zusammengerechnet die gesamte aufzuwendende Spannung U (siehe auch
   Bild A 23).
6. Schritt: Das Ergebnis: *U und I haben eine zeitliche
   Verschiebung, I eilt U nach.* Die Phasenverschiebung φ (sprich: fi) könnte in Teilen einer
   Periode (z. B. $^1/_6$ Periode) oder im Winkelmaß (Teil des 360°-Winkels, denn eine
   Periode entspricht 360°) ausgedrückt werden.

2. Größenzusammenhang zwischen Selbstinduktion und Phasenverschiebung

Nun wollen wir beobachten, welchen Einfluß die Größe der
Spannungen U_g und U_r auf die Phasenverschiebung hat.

Zweifellos ist es möglich, daß sowohl U_g wie auch U_r klein, mittel oder groß sind.

Wir untersuchen deshalb 3 Fälle und wählen dabei U_r immer gleich groß;

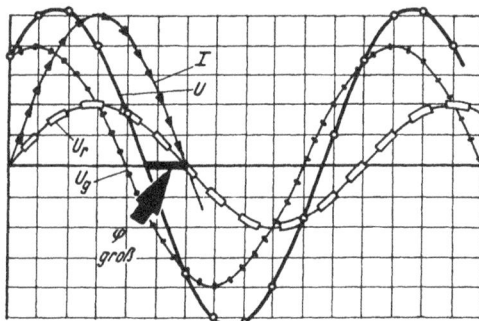

Bild A 25

1. Fall: U_g groß gegen U_r.   Ergebnis: φ groß.

2. Fall: U_g und U_r gleich groß.   Ergebnis: φ mittel.

3. Fall: U_g klein gegen U_r.   Ergebnis: φ klein.

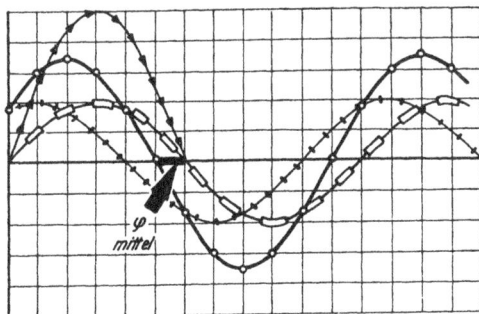

Bild A 26

Man beachte bei der Betrachtung der Bilder, daß I und U_r immer gleich liegen und gleich groß sind, ferner daß U_g ebenfalls immer an der gleichen Stelle durch Null

geht. Man erkennt, daß die Phasenverschiebung allein
durch die Veränderung der Gegenspannung U_g sich ver-
kleinert oder vergrößert. Ist z. B. U_g gleich Null (wenn
keine Selbstinduktionsspannung vorhanden ist, braucht
man auch keine Gegenspannung aufzuwenden), dann wird
die Phasenverschiebung ebenfalls Null.

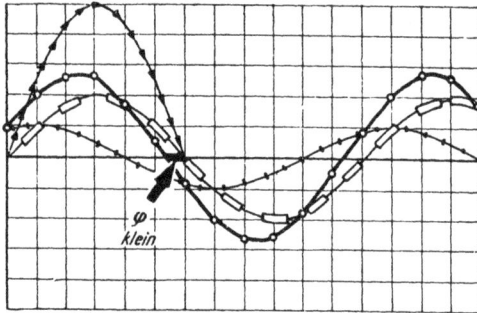

Bild A 27

3. Phasenverschiebung und cos φ

Wenn wir uns an die Erklärung der Entstehung des
Wechselstromes erinnern, dann denken wir auch daran,
daß eine Periode einer Umdrehung des Ankerleiters im
Nord-Süd-Feld entspricht. (Siehe auch Abschnitt XVII=
Anhang C.) Eine Umdrehung ist aber im Winkel-
maß 360⁰. Wenn wir die Zeit φ im Winkelmaß ausdrücken
wollen, so ergibt beispielsweise eine Verschiebung von
$1/_8$ Periode eine Winkelverschiebung von

$$360 \cdot \frac{1}{8} = 45 \text{ Winkelgraden.}$$

An Stelle des Winkelmaßes kann man die Verschiebung
auch durch den sogenannten „Leistungsfaktor" cos φ
(Cosinus Fi, s. Bd. I) angeben. Ohne auf die mathematischen Grundlagen dieses Maßes einzugehen, wird

im folgenden gezeigt, wie man dieses Maß zeichnerisch ermitteln kann. Nebenbei bemerkt wird heute an Stelle des Kennzeichens cos φ mitunter der Buchstabe λ (sprich lambda) gebraucht. Für die Praxis ist es gleichgültig, welche Bezeichnung man wählt.

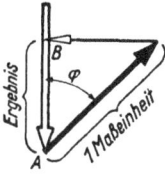
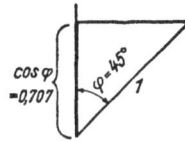

Bild A 28 a   Bild A 28 b

Im Bild A 28 a ist ein Pfeillinienzug gezeichnet, der zeigt, in welcher Reihenfolge die Zeichnung ausgeführt wird. So kann man es sich auch leicht merken.

1. Weiße Pfeillinie und Anzeichnen des Winkels φ.

2. Dicker schwarzer Pfeil in der Länge einer Maßeinheit (zweckmäßig 1 dm).

3. Dünner Pfeil senkrecht auf Pfeillinie *1* zustoßend.

Das Ergebnis kann (in der gleichen Maßeinheit) an der Strecke *A—B* abgemessen werden.

Im Beispiel des Winkels von 45⁰ (Bild A 28 b) wird ein cos φ von 0,707 ermittelt.

1. Beispiel: Berechne den Wert cos φ für eine Verschiebung zwischen *U* und *I* von ¹/₁₀ [¹/₁₂] Periode.

Lösung: ¹/₁₀ Periode = 360⁰ : 10 = 36⁰; cos φ ergibt sich aus der Dreieckszeichnung zu **0,81** [0,866].

2. Beispiel: Berechne durch Zeichnung die Verschiebung für cos φ = 0,31 [0,95].

Lösung: cos φ = 0,31 ergibt einen Winkel von 72⁰, also ¹/₅ [¹/₂₀] **Periode.**

Der Wert „cos φ" gibt also indirekt an, wie groß der Winkel der Verschiebung zwischen Strom und Spannung ist, wobei eine Periode den Winkel von 360 Graden umfaßt.

Der cos φ *ist ein Maß für die Phasenverschiebung zwischen Strom und Spannung, verursacht durch die Selbstinduktion in Wechselstromkreisen mit induktiven Wicklungen.*

4. Phasenverschiebung und Leistung

In Bd. I (7 Formeln genügen) wurde schon kurz entwickelt, welchen Einfluß die Phasenverschiebung auf die Wechselstromleistung hat und dabei die Formel gewonnen:

$N_\sim = U \cdot I \cdot \cos \varphi$, wobei eben cos φ der oben besprochene Leistungsfaktor ist. Da wir nun aber die ausreichenden Grundlagen zum tieferen Eindringen gewonnen haben, können wir folgende Feststellungen machen:

Wirkleistung ist die Leistung, die in Wärme oder Kraft umgewandelt werden kann, die Leistung, die der gewöhnliche Zähler unter Einbeziehung der Zeitdauer mißt und die wir zu bezahlen haben.

$$N_\mathrm{W} = U \cdot I \cdot \cos \varphi \text{ (in Watt).}$$

Scheinleistung ist keine physikalische Größe, ist also in Wirklichkeit gar nicht in den Leitungen fließend, sondern nur als eine Größenangabe für Generatoren und Transformatoren gebräuchlich (s. Bd. I, Transformatoren).

$$N_\mathrm{sch} = U \cdot I \text{ (in Voltampere).}$$

Blindleistung ist die Leistung, die zum Aufbau des Magnetfeldes je Periode zweimal dem Netz entnommen wird und beim Abbau des Feldes zweimal je Periode ins Netz oder in die Stromquelle zurückgeliefert wird.

Um die letztere Behauptung verständlich zu machen, sollen im folgenden 3 verschiedene Belastungsfälle durchgearbeitet werden:

1. ohne Verschiebung zwischen U und I,
2. mit geringer Verschiebung,
3. mit großer Verschiebung.

Schaubilder von U und I

Die Höchstwerte von U (in Volt) und I (in Ampere) wurden verschieden gewählt, um die beiden Kurven gut unterscheiden zu können.

Schaubilder der Leistung von
$$U \cdot J$$

Wir rechnen für jeden Zeitpunkt den Wert $U \times I$. Dabei ist zu beachten, daß

$$+ \text{ mal } + = +$$
$$+ \text{ mal } - = -$$
$$- \text{ mal } - = +$$

also z. B.:

$$5 \text{ V mal } -2 \text{ A} = -10 \text{ W}$$
$$-3 \text{ A mal } -2 \text{ V} = + 6 \text{ W}$$

Erläuterungen zu den Bildern A 29 bis 31: Aus den Augenblickswerten von U und I ist (in kleinen Abständen auf der Zeitlinie) der Leistungswert ermittelt und

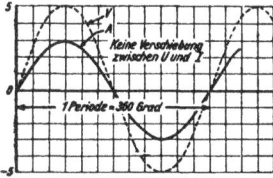

Bild A 29 a

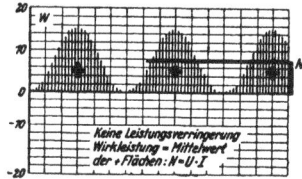

Bild A 29 b

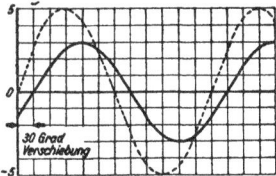

Bild A 30 a

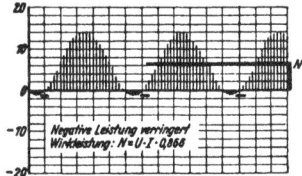

Bild A 30 b

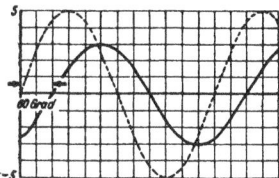

Bild A 31 a

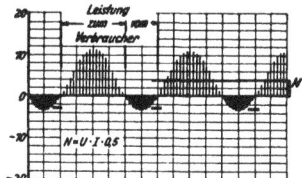

Bild A 31 b

durch eine zur Zeitlinie senkrechte Strecke nach oben
(positiv) oder nach unten (negativ) aufgezeichnet. Die
sich so ergebende schraffierte Fläche stellt die auf und
ab schwankende Leistung dar. Von dieser Fläche muß der
wirksame Mittelwert errechnet werden, den z. B. auch
ein Leistungsmesser anzeigen würde. Wir brauchen dazu
nur in der Mitte zwischen dem obersten und dem untersten Scheitelwert der entstandenen Leistungskurve eine
Linie ziehen und erhalten dadurch folgende wirksame
Leistungen:

ohne Verschiebung (Bild A 29) : $N = 7{,}5\ W$,
mit 30⁰ Verschiebung (Bild A 30) : $N = 6{,}5\ W$,
mit 60⁰ Verschiebung (Bild A 31) : $N = 3{,}75\ W$.

Das zeigt schon deutlich, welchen Einfluß die Phasenverschiebung auf die wirksame Leistung hat. Die bei
Verschiebung (zwischen U und I) entstehenden negativen Leistungsflächen (stark schraffiert) verringern den
Wert der wirksamen Leistung.

Man hätte diese Leistungswerte auch anders erhalten
können: $N = U \cdot I \cdot \cos \varphi$, worin sowohl für U wie für I
die wirksamen Werte aus „Scheitelwert geteilt durch
1,414" (siehe Anhang C) eingesetzt werden müssen. Der
Scheitelwert der Spannung ist 5 V, der wirksame Wert
also 3,54 V, der wirksame Wert des Stromes

$$3 : 1{,}414 = 2{,}12\ A.$$

In Bild A 29 ist $\varphi = \ \ 0^0$, also $\cos \varphi = 1{,}0$

In Bild A 30 ist $\varphi = 30^0$, also $\cos \varphi = 0{,}87$

In Bild A 31 ist $\varphi = 60^0$, also $\cos \varphi = 0{,}5$

(Diese Cos-φ-Werte wurden nach dem Verfahren von
Bild A 28 ermittelt.)

Nun berechnen wir die Leistungen:

Bild A 29: $N = 3{,}54 \cdot 2{,}12 \cdot 1{,}0 \ = 7{,}5\ W$
Bild A 30: $N = 3{,}54 \cdot 2{,}12 \cdot 0{,}87 = 6{,}5\ W$
Bild A 31: $N = 3{,}54 \cdot 2{,}12 \cdot 0{,}5 \ = 3{,}75\ W$

Der Vergleich dieser beiden Berechnungen ist für das Verständnis der Zusammenhänge sehr lehrreich und bringt einen guten Einblick in die Wirkung der Phasenverschiebung.

Und nun zur Besprechung der Blindleistung: Eine Periode des Wechselstromes erfordert zweimaligen Aufbau des Magnetfeldes (in der zweiten Hälfte der Periode in umgekehrter Richtung oder Polarität). Dieser Aufbau, diese Magnetisierung erfordert Energie und Arbeit, die dann nach fertigem Aufbau sozusagen im Magnetfeld steckt. Jedem Aufbau folgt aber sogleich wieder ein Abbau, da ja die Wechselstromkurve dann wieder auf Null zurückgeht. Bei diesem Abbau gibt das Magnetfeld die Leistung wieder an die Stromquelle zurück. Diese Rückgabe ist die Ursache, daß in der Leistungskurve von Bild A 30 b und A 31 b negative Leistungswerte erscheinen. Die Blindleistung in Kilowatt ist also tatsächliche Leistung, kann aber dem Stromverbraucher nichts nützen. Sie pendelt hin und her zwischen Stromquelle und Stromverbraucher, belastet die Leitungen und den Stromerzeuger, kann aber weder in mechanische Kraft noch in Wärme nutzbar umgesetzt werden.

Allerdings verursacht der hin und her pendelnde ,,Blindstrom" in der Leitung einen ,,Leistungsverlust" nach dem Gesetz $N = I^2 \cdot R$.

Wie kann die Blindleistung berechnet werden? Das wurde bereits in Bd. I ausgeführt. Scheinleistung, Wirkleistung und Blindleistung werden zeichnerisch in einem Dreieck zusammengesetzt, das ganz dem in Bild A 28 entstehenden Dreieck entspricht. Strecke $B—A$ stellt (in einem bestimmten Maßstab) die Wirkleistung, die schräge Linie die Scheinleistung und die letzte Pfeillinie die Blindleistung dar. Wenn von diesem Dreieck 2 Werte gegeben sind, kann man den dritten Wert zeichnerisch ermitteln. (Der Winkel bei B ist selbstverständlich immer 90° zu nehmen!)

Schlußbemerkung: Wie sich die Phasenverschiebung auf
Belastung, Verluste und Generatorleistung auswirkt,
zeigt in groben Umrissen Bild A 32. Dabei ist angenommen, daß der Verbraucher immer eine Wirkleistung von
100 W benötigt bei einer Gebrauchsspannung von 100 V.
Der Widerstand der Leitung wurde zu 5 Ω angenommen.
Wenn sich der cos φ verschlechtert wegen Zunahme der

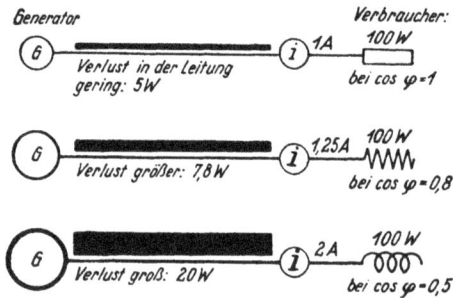

Bild A 32

Phasenverschiebung, dann steigt die Stromstärke in der
Leitung. Damit erhöhen sich auch die Verluste in der
Leitung, die durch die schwarzen Flächen angedeutet sind.
Die Größe des Generators muß (mindestens) der be-
nötigten Scheinleistung $V \cdot A$ (oder Kilovoltampere) ent-
sprechen.

5. Der induktive Widerstand

Im vorigen Abschnitt haben wir neben der Ohmschen Spannung
die „induktive Spannung", d. h. den Anteil der Spannung
kennengelernt, der auf die Wirkung der Selbstinduktion zurückzuführen ist. Ähnlich ist es auch beim Widerstand im Wechselstromkreis. Man unterscheidet zwischen

a) Wirkwiderstand (auch Ohmscher Widerstand),

b) induktiver Widerstand,

c) Wechselstromwiderstand.

Während der Wirkwiderstand uns als der Widerstand der Kupferwicklung der Spule bekannt ist, müssen wir uns beim „induktiven Widerstand" daran erinnern, daß die Selbstinduktion
in einer Wicklung eine Selbstinduktionsspannung bewirkt, die
der aufgedrückten Spannung entgegen und so ähnlich wie ein
zusätzlich eingeschalteter Widerstand wirkt. Diesen zusätzlichen Widerstandswert nennen wir den induktiven Widerstand. Beide Widerstände zusammen geben den gesamten
„Wechselstromwiderstand", wobei gleich vorausbemerkt sei,
daß man die beiden Widerstände nicht einfach zusammenzählen
darf, um den gesamten Wechselstromwiderstand zu gewinnen.
Davon aber noch später.

Die Berechnung des induktiven Widerstandes bei einer
gegebenen Spule oder Wicklung ist nur möglich, wenn
man ein Maß dafür hat, ob bei Anlegen von Wechselspannung geringe oder hohe Selbstinduktionsspannungen
in ihr erzeugt werden. Bei einem ausgestreckten Leiter
werden wir voraussagen können, daß die Selbstinduktionsspannungen nur gering sein werden. Bilden wir
aus dem Leiter eine Windung, so wird auch hier noch
nicht mit großen Selbstinduktionen zu rechnen sein.
Steigern wir aber die Zahl der Windungen, so erhalten
wir eine hohe Fähigkeit zur Erzeugung von Selbstinduktionsspannungen. Das *Maß für die Selbstinduktion und
damit für den induktiven Widerstand ist* also zweifellos
mit der Windungszahl verknüpft.

Bei einer gegebenen Wicklung spielt aber auch die Tatsache eine wesentliche Rolle, ob die Wicklung einen
Eisenkern besitzt oder nicht. Der *magnetische Widerstand* ist also ein zweiter Wert, der für den induktiven
Widerstand mit entscheidet.

Und nun die dritte Einflußgröße für den induktiven
Widerstand: Die *Frequenz des Wechselstromes:* Je größer
die Periodenzahl, desto größer die Änderungsgeschwindigkeit des Stromes und damit um so größer die Selbstinduktionsspannung. Zum Verständnis dieser Tatsache
dienen die folgenden Bilder:

1 Periode in ¹/₅₀ Sekunde.
Stromänderung bei Durchgang
durch die Nullinie in ¹/₁₀₀₀ Sekunde: 1,25 A

2 Perioden in ¹/₅₀ Sekunde.
Stromänderung bei Durchgang
durch die Nullinie in ¹/₁₀₀₀ Sekunde: 2,3 A

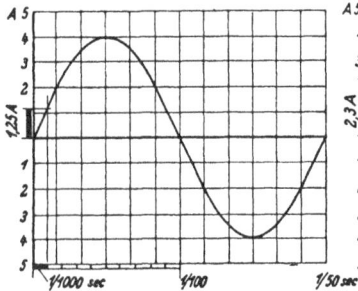

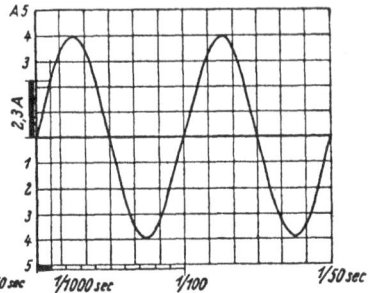

Bild A 33   Bild A 34

Durch die Erhöhung der Frequenz ergibt sich eine Erhöhung der Änderungsgeschwindigkeit des Stromes und
damit eine Steigerung der Selbstinduktionsspannung,
also auch eine Steigerung des induktiven Widerstandes.
Die 3 Einflußgrößen sind also:
Windungszahl, magnetischer Widerstand und Frequenz.
Während die Frequenz je nach dem Anschlußfall verschieden sein kann, bleiben die *Windungszahl und der
magnetische Widerstand* bei einer fertiggestellten Wicklung
(Spule, Magnetwicklung) unverändert. Man faßt diese
beiden Werte zusammen in der

Induktivitätszahl
mit der Einheit: 1 Henry.

*Die Induktivität von 1 Henry hat eine Wicklung, in der
eine Selbstinduktionsspannung von 1 Volt erzeugt wird,
wenn sich der Strom in einer Sekunde gleichmäßig um
1 Ampere ändert.*

Da dieser Wert verhältnismäßig groß ist, mißt man auch in
Millihenry, das ist ¹/₁₀₀₀ Henry oder mit der noch kleineren
Einheit **1 cm** (1 Zentimeter), das ist 1 Millionstel Henry.

Da wir nun eine Einheit für die Induktivität besitzen, können wir an die *Berechnung des induktiven Widerstandes* herangehen:

Merkformel 8*): $\boxed{R_i = 2 \cdot \pi \cdot L \cdot f.}$

Darin ist R_i der induktive Widerstand in Ohm, L die Induktivitätszahl der betreffenden Wicklung, und zwar in Henry (nicht in mH), f die Frequenz des in Betracht kommenden Stromes. Warum in dieser Formel noch die festen Zahlenwerte 2 und π (sprich pi) enthalten sind, soll uns weiter nicht stören. Als Andeutung genüge, daß diese Zahlen mit dem Kreisumfang zu tun haben, der entsteht, wenn sich der Leiter (siehe Anhang C) kreisförmig im magnetischen Feld des Nord-Süd-Polpaares dreht.

1. Beispiel: Eine Drossel hat 400 mH. Sie wird in einen Stromkreis eingeschaltet, der mit 50periodigem Wechselstrom betrieben wird. Wie groß ist der induktive Widerstand?

Lösung: In der Formel muß L in Henry eingesetzt werden. 400 mH sind 0,4 H.
$$R_i = 2 \cdot 3{,}14 \cdot 0{,}4 \cdot 50 = \mathbf{125{,}6\ \Omega\ induktiv.}$$

2. Beispiel: Ein Wechselstromwecker bestimmter Bauart hat einen induktiven Widerstand der Spulen von 1650 Ω bei der Frequenz von 25 Hz. Wie groß ist die Induktivitätszahl der Spulen?

Lösung: $$L = \frac{R_i}{2 \cdot \pi \cdot f} = \frac{1650}{2 \cdot 3{,}14 \cdot 25} = \mathbf{rund\ 10\ H}$$

---

*) Meist findet man in Lehrbüchern diese Formel etwas anders angeschrieben: $R_i = L\,\omega$, wobei der griechische Buchstabe ω (sprich omega) nichts anderes als den Wert $2 \cdot \pi \cdot f$ darstellt. Wir merken uns aber die Formel in einem Stück leicht durch das Wort „Zweipielef" = 2-pi-el-ef). Bezüglich der ersten 7 Merkformeln wird auf die Zusammenstellung am Anfang des Buches und auf Bd. I hingewiesen.

6. Schaltungen mit induktiven Widerständen

Im vorigen Abschnitt haben wir uns nur um den induktiven Widerstand von Wicklungen gekümmert und dabei unberücksichtigt gelassen, daß jede Wicklung auch einen Wirkwiderstand der Kupfer- oder Aluminiumdrähte besitzt. Wenn wir also eine einfache Drossel oder die Magnetwicklung irgendeiner Wechselstrommaschine o. dgl. berechnen, so haben wir es mit einer Zusammenstellung von Wirkwiderstand und induktivem Widerstand zu tun. Wir müssen diese beiden Widerstände als hintereinander (in Reihe) geschaltet betrachten.

a) REIHENSCHALTUNG VON WIRK- UND INDUKTIVEN WIDERSTAND

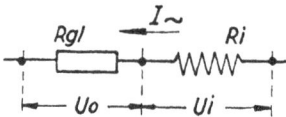

Bild A 35

Durch eine solche Reihenschaltung fließt ein Strom, der in beiden Teilen gleich groß sein muß. Verschieden sind dagegen die Spannungsabfälle in den beiden Widerständen.

Für beide Teile gilt das Ohmsche Gesetz: $U = I \cdot R$.

Aber: Man darf weder die beiden Widerstände noch die beiden Spannungsabfälle einfach zusammenzählen, um den Gesamtwiderstand bzw. die Gesamtspannung zu erhalten.

Grund: Wir blättern zurück auf die Bilder A 20 bis 23 und erinnern uns, daß der Ohmsche Spannungsabfall (Wirkspannungsabfall) keine Verschiebung gegen den Strom I hat, während das beim induktiven Spannungsabfall bzw. bei der aufzuwendenden Gegenspannung sehr wohl der Fall ist (90⁰ Verschiebung!)

Wenn wir also die beiden Widerstände zusammenrechnen wollen, um den gesamten *Wechselstromwiderstand* zu bekommen, müssen wir diese Verschiebung von 90⁰ auch berücksichtigen.

Die Berechnung des Wechselstromwiderstandes aus
Wirkwiderstand und induktivem Widerstand erfolgt
daher zeichnerisch, wie das in Bd. I bei der Berechnung
der Scheinleistung aus Wirkleistung und Blindleistung
gezeigt wurde.

 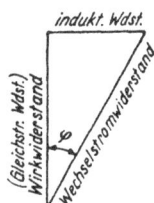 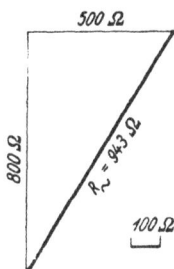

Bild A 36   Bild A 37

Das *Widerstandsdreieck für Reihenschaltung:* An einen
rechten Winkel ($= 90^0$) wird als ein Schenkel der Wirkwiderstand und als zweiter Schenkel der induktive
Widerstand angelegt (siehe Bild A 36). Die Verbindung
der Schenkelenden ergibt den Wechselstromwiderstand
in Ohm, also den Gesamtwiderstand, den die betreffende
Wicklung einem Wechselstrom bestimmter Frequenz
entgegensetzt. Die folgenden Beispiele befassen sich
mit solchen Berechnungen, wobei zwei getrennte Widerstände in Reihe liegen oder eine Drossel mit Wirkwiderstand[1] und induktivem Widerstand als Reihenschaltung
aufgefaßt wird.

---

[1] Der Wirkwiderstand wird im folgenden mit R_{gl} bezeichnet,
um darauf hinzuweisen, daß es sich um den Widerstand handelt,
den man bei einer Widerstandsmessung mittels Gleichstrom
feststellen würde. Bei Wicklungen mit Eisenkern ergibt sich
durch diese Annahme ein kleiner Fehler, da die Eisenverluste
unberücksichtigt bleiben. Darauf soll aber der Einfachheit
halber nicht eingegangen werden.

1. Beispiel: Gegeben: Reihenschaltung von $R_{gl} = 800\ \Omega$ und
$R_i = 500\ \Omega$.
Gesucht: $R_\sim$.

Lösung: Der Wechselstromwiderstand $R_\sim$ ergibt sich aus
der Zeichnung des rechtwinkligen Dreieckes zu
943 Ω.

2. Beispiel: Eine Drossel nimmt bei Anschluß an eine Gleichspannung von 5 V eine Stromstärke von 75 mA,
bei Anschluß an eine Wechselspannung von 42 V
eine Stromstärke von 0,2 A auf. Berechne R_g,
$R_\sim$ und R_i.

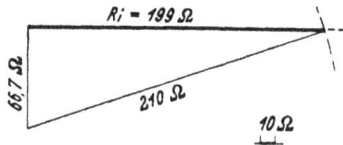

Bild A 38

Lösung: $R_{gl} = U_{gl} : I_{gl} = 5 : 0,075 =$ **66,7 Ω**,
$R_\sim = U_\sim : I_\sim = 42 : 0,2 =$ **210 Ω**.
R_i ergibt sich aus dem Widerstandsdreieck zu **199 Ω**.
(Man legt an $R_{gl} = 66,7\ \Omega$ den rechten Winkel
an und schlägt dann um den unteren Endpunkt
einen Kreis mit $R_\sim = 210\ \Omega$.)

3. Beispiel: Eine Drossel mit einer Induktivität von 0,2 H
nimmt bei Anschluß an 12 V Gleichstrom eine
Stromstärke von 0,5 A auf. Welche Stromstärke
würde fließen, wenn man die Drossel an 50periodigen
Wechselstrom von 110 V anschließen würde?

Lösung: $R_{gl} = 12 : 0,5 = 24\ \Omega$ (Wirkwiderstand).
$R_i = 2 \cdot 3,14 \cdot L \cdot f = 2 \cdot 3,14 \cdot 0,2 \cdot 50 = 62,8\ \Omega$
(induktiver Widerstand).

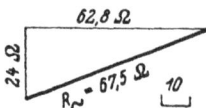

Aus dem Widerstandsdreieck ergibt sich
$R_\sim$ zu 67,5 Ω.

Bild A 39

Daraus: $I_\sim = U_\sim : R_\sim = \dfrac{110}{67,5} =$ **1,65 A.**

4. Beispiel: Die Induktivität einer Drosselspule soll durch Messung und Berechnung festgestellt werden. Zu diesem Zweck wird die Drossel einmal an Gleichstrom und dann an Wechselstrom angeschlossen. Es ergeben sich folgende Meßwerte:

Gleichstrom: 4,2 V; 0,032 A.   (Siehe auch Fußnote Seite 263.)

Wechselstrom $f = 50$; 108 V; 0,17 A.

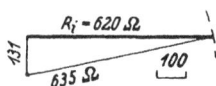

Bild A 40

Lösung: $R_{gl} = 4,2 : 0,032 = 131\ \Omega,$
$R_{\sim} = 108 : 0,17 = 635\ \Omega.$

Aus dem Widerstandsdreieck ergibt sich R_i zu 620 Ω.

Aus $R_i = 2 \cdot \pi \cdot L \cdot f$ ermittelt man

$$L = \frac{R_i}{2 \cdot \pi \cdot f} = \frac{620}{2 \cdot 3,14 \cdot 50} = 1,974\ \text{H also}$$

rund **2 H.**

5. Beispiel: Für eine Drossel zur Glättung eines Mischstromes gibt die Herstellerfirma folgende Tabelle:

Gleichstrom A   0,1   0,2   0,3   0,4   0,5
Induktivität mH   4,8   3,5   2,8   2,2   1,5

(Gleichstromwiderstand 120 Ω.)

Wie groß ist der Wechselstromwiderstand bei einer Gleichstromvormagnetisierung von 0,15 A und einer Wechselstromfrequenz 10000 ?

Lösung: Wir zeichnen uns die Werte der Tabelle auf und entnehmen der entstehenden Kurve den Wert 4 mH bei 0,15 A. (Siehe Bild A 41.)

Der induktive Widerstand ist dann
$R_i = 2 \cdot \pi \cdot L \cdot f = 2 \cdot 3,14 \cdot 0,004 \cdot 10000 =$
$= 251,2\ \Omega.$

Aus $R_{gl} = 120$ und $R_i = 251$ ergibt sich der Wechselstromwiderstand zu 277 Ω.

b) NEBENSCHALTUNG VON WIRK- UND INDUKTIVEN WIDERSTAND

An einer solchen Nebenschaltung liegt nur **eine** Spannung, die für beide Widerstände gilt. Die Ströme in den beiden Widerständen sind aber verschieden und ergeben zusammen den Strom $I_\sim$ in der gemeinsamen Zuleitung.

Aber auch hier darf man nicht einfach die beiden Ströme zahlenmäßig zusammenzählen, sondern muß sie zeichnerisch unter Einschiebung des 90^0-Winkels addieren!

Und wenn man den Gesamtwiderstand der beiden Widerstände ermitteln will, so hat man sich einerseits dessen zu erinnern, daß bei Nebenschaltung von Widerständen die **Leit**werte zusammen-

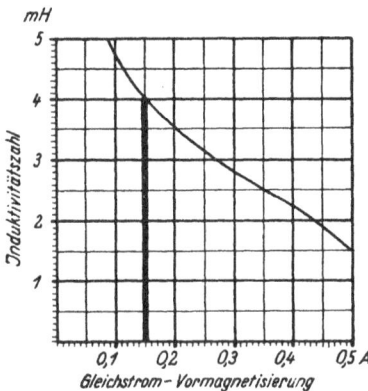

Bild A 41

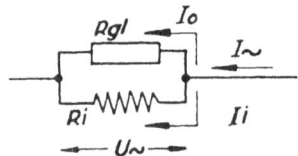

Bild A 42

gerechnet werden (s. Bd. I), um den Gesamtleitwert und daraus den Gesamtwiderstand zu erhalten, und andrerseits ist auch hierbei der 90^0-Winkel nicht zu vergessen!

Das Leitwertdreieck für Nebenschaltung. Man hat also für den Wirkwiderstand wie auch für den induktiven Widerstand erst die Leitwerte auszurechnen, aus dem

Leitwertdreieck den gesamten Leitwert zu ermitteln und daraus wieder den gesamten Widerstand für Wechselstrom zu berechnen.

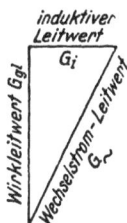

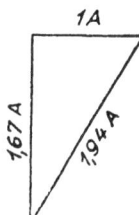

Bild A 43   Bild A 44   Bild A 45

1. Beispiel: Ein induktiver Widerstand von $R_i = 100\ \Omega$ und ein Wirkwiderstand von $R_{gl} = 60\ \Omega$ sind nebeneinandergeschaltet. Wie groß ist der gesamte Wechselstromwiderstand der Schaltung?

Lösung: $R_i = 100\ \Omega$, also $G_1 = 1:100 = 0,01$ Siemens;
$R_{gl} = 60\ \Omega$, also $G_{gl} = 1: 60 = 0,0167$ Siemens.
Aus dem Leitwerkdreieck (Bild A 44) ergibt sich $G_{\sim} = 0,0194$ Siemens. Das ergibt einen Gesamtwiderstand von $1:0,0194 = 51,6\ \Omega$.
$R_{\sim} = \mathbf{51,6\ \Omega}.$

Eine aufschlußreiche Probe! Wir nehmen an, daß eine Spannung von beispielsweise 100 V an der Schaltung liege.

Dann ergibt sich

I_i zu $100:100 = 1$ A,
I_{gl} zu $100: 60 = 1,67$ A.

Wenn wir diese beiden Ströme in einem Stromdreieck (Bild A 45) vereinigen, erhalten wir einen Gesamtstrom von 1,94 A. Daraus einen Gesamtwiderstand von $R_{\sim} = U_{\sim}: I_{\sim} = 100:1,94 = 51,6\ \Omega.$

(2. Beispiel auf S. 269.)

Zusammenstellung für die wichtigsten Schaltungen

Reihenschaltung
Der Gesamtwiderstand ergibt sich aus der Summe der einzelnen Widerstände.

Nebenschaltung
Der Gesamtleitwert ergibt sich aus der Summe der einzelnen Leitwerte.

Nur ein Strom, aber zwei Teilspannungen!

Nur eine Spannung, aber zwei Teilströme!

Wechselstromwiderstand aus dem Widerstandsdreieck!

Wechselstromleitwert aus dem Leitwertdreieck!

Gesamtspannung aus dem Spannungsdreieck!

Gesamtstrom aus dem Stromdreieck!

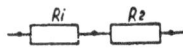

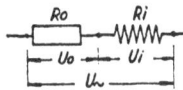

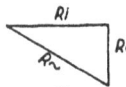

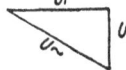

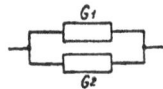

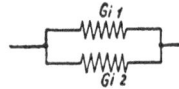

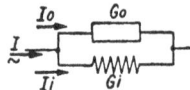

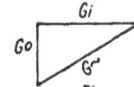

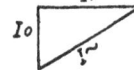

Bild A 46 b

2. Beispiel: Einem Wirkwiderstand von 500 Ω ist ein induktiver Widerstand nebengeschaltet. Bei Anlegen einer Wechselspannung von 110 V mit $f = 50$ [100] Hz fließt in der gemeinsamen Zuleitung ein Strom von 0,3 [0,4] A. Wie groß ist die Induktivitätszahl des induktiven Widerstandes?

Lösung: $R_{\sim} = 110 : 0,3 = 366\ \Omega.$ $G_{\sim} = 1 : 366 =$
$= 0,00273$ Siemens.

Aus dem Leitwertdreieck erhalten wir G_l zu 0,0018 Siemens. Daraus

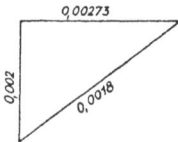

$$R_\mathrm{i} = 1 : 0,0018 = 556\ \Omega.$$

$$L = \frac{R_\mathrm{i}}{2 \cdot \pi \cdot f} = \frac{556}{2 \cdot 3,14 \cdot 50} =$$

$$= 1,77\ \mathrm{H}\ [1,05].$$

Bild A 46 a

7. Die Verluste im Elektromagneten

In jeder Maschine und jedem Gerät, in denen Energie in andere Form umgewandelt wird, sind auch Verluste zu verzeichnen. In einem Elektromagneten wird elektrische Energie in magnetische Energie und mitunter in mechanische Energie umgewandelt. Es müssen also Verluste auftreten.

Gleichstrom-Elektromagnet. Hier liegt der Fall so, daß beim Einschalten Energie aufgewendet werden muß, um das Magnetfeld aufzubauen. Ist das geschehen, dann benötigt das Feld keine Energie mehr. Dann muß lediglich eine gewisse Energie dazu verwendet werden, den Strom weiterhin durch den Wicklungswiderstand hindurchzutreiben. Diese Energie wird in Wärme umgewandelt und errechnet sich aus $N = I^2 \cdot R$. Beim Ausschalten des Stromes wird das Magnetfeld wieder abgebaut und gibt nun die zuerst hineingeschickte Aufbauenergie wieder ab, was sich durch den Ausschaltfunken bemerkbar macht.

Wechselstrom-Elektromagnet. Im Gegensatz zum Gleich-
strom-Elektromagneten muß hier das Eisen (Kern) im
Takt der Frequenz ummagnetisiert werden. Aufnahme
der Energie zum Aufbau des Feldes und Abgabe der
Energie beim Abbau des Feldes wechseln in schneller
Folge. Wie bereits in Bd. I erläutert, ergeben sich da-
durch Ummagnetisierungsverluste, zu denen noch die
Kupferverluste in der Wicklung und die Wirbelstrom-
verluste hinzuzuzählen sind, um die ganzen Verluste des
Elektromagneten zu haben.

Die Wirbelstrom- und Ummagnetisierungsverluste sind
abhängig von folgenden Werten:

1. Güte des Eisens, Stahles oder der Legierung.

2. Größe des Eisenkernes (bzw. Gewicht). Die Verluste
   werden meist in Watt pro Kilogramm angegeben und
   schwanken je nach Eisensorte, Blechstärke und Felddichte in der Regel zwischen 1 und 4 W pro Kilogramm
   bei 50 Hz. (Siehe Bild A 47.)

3. Magnetfelddichte.

4. Frequenz des Wechselstromes.

Zu 4: Die Verluste im Eisen sind ganz besonders von der Frequenz abhängig. Bei Hochfrequenz würden die Verluste in gewöhnlichem Eisenblech sehr stark ansteigen. Man hat deshalb
für Hochfrequenzspulen Massekerne hergestellt, die aus einem
Gemenge von feinstem Eisenstaub und einer isolierenden Masse
bestehen. Die einzelnen Eisenteilchen sind dadurch in die
Isoliermasse eingehüllt und voneinander isoliert. Die Eisenverluste werden auf diese Weise auf ein erträgliches Maß verringert.

Man beachte folgendes: *Die Wirbelstrom- und Ummagnetisierungsverluste* sind wirkliche Verluste, haben also mit
der Blindleistung nichts zu tun. Diese Verluste *benötigen
Wirkleistung.* Bei einem Elektromotor, bei einer Drossel
oder bei einem Kraftmagneten muß also die Wirkleistung
aus dem Netz entnommen werden, die in mechanische

Leistung umgewandelt wird und außerdem die Leistung,
die zur Deckung der Wirbelstrom- und Ummagnetisierungsverluste nötig ist.

Hier sei nochmals auf die Fußnote von S. 263 zurück-
gegriffen: Wenn wir den Gleichstromwiderstand der
Wicklung einer Spule, eines Motors o. dgl. durch eine
Gleichstrommessung feststellen und dazu den induktiven
Widerstand derselben kennen, so kann uns das genügen,

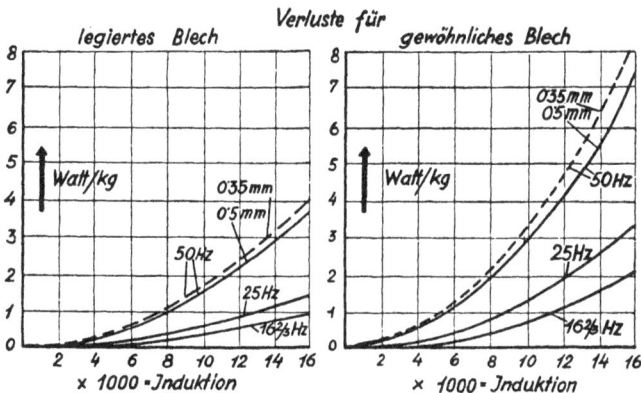

Bild A 47

sofern die Wicklung keinen Eisenkern besitzt. Ist aber
ein Eisenkern vorhanden, dann sprechen die *Eisenverluste* als dritte Größe mit. Diese Verluste können wir
durch einen *zusätzlichen Wirkwiderstand* R_v ersetzt
denken, der dem Gleichstromwiderstand nebengeschaltet
ist und in dem diese Verluste als reine Wirkverluste auftreten. Da aber die Verluste in der Regel nicht sehr
groß sind, konnten wir sie in unseren Berechnungen ohne
merklichen Schaden vernachlässigen.

Bild A 47 zeigt die Verlustwerte von gewöhnlichen
Dynamoblechen und von legierten Blechen auf, wobei
bemerkt sei, daß es sich hierbei um mittlere Werte

handelt. Man erkennt aus dem Vergleich der beiden
Bilder, daß die Verluste bei gewöhnlichen Blechen bei
gleicher magnetischer Induktion (Felddichte) größer
sind als die bei legierten Blechen. Die legierten Bleche
sind also in bezug auf die Verluste günstiger, sind aber
dafür auch teurer. Man kann ferner auch vergleichen,
wie sich die Verluste bei Veränderung der Periodenzahl
ändern. Je geringer die Frequenz, desto geringer sind
auch die Verluste. Daß die Verluste bei dickeren Blechen
(0,5 mm) der höheren Wirbelströme wegen größer sind
als bei dünneren Blechen (0,35 mm), ist ebenfalls von
Bedeutung beim Bau von Maschinen, Magneten und
Transformatoren.

ANHANG B

XVII. KAPAZITÄT

A. Der kapazitive Widerstand

In Bd. I wurde bereits festgestellt, daß durch Nebenschaltung eines zweiten Kondensators zu einem Kondensator die Gesamtkapazität vergrößert wird. Durch die
Vergrößerung der Kapazität ist das Fassungsvermögen
an Elektronen (so stellen wir uns das am einfachsten vor)
und damit auch der scheinbare Stromdurchgang vergrößert. Größere Stromstärke (bei gleicher Spannung)
heißt aber soviel wie: Der Widerstand ist kleiner geworden. Also:

Je größer die Kapazität, desto kleiner der
kapazitive Widerstand.

Außerdem wissen wir, daß auch durch Vergrößerung der
Frequenz des an den Kondensator angeschlossenen
Wechselstromes die Stromstärke vergrößert wird. Bei
höherer Frequenz ist sozusagen der Elektronentransport
umfangreicher. Also:

Je größer die Frequenz, desto kleiner der
kapazitive Widerstand.

Diese beiden Zusammenhänge sind in der Merkformel 9
zusammengefaßt, die noch die Werte 2 und $\pi = 3,14$ als
Festzahlen enthält.

Merkformel 9*)

$$R_c = \frac{1}{2 \cdot \pi \cdot C \cdot f}$$

C = Kapazität in
Farad (also
nicht in µF!)
f = Frequenz

Haben wir den Widerstand eines Kondensators zu berechnen, dessen Kapazität in µF oder nF oder pF gegeben
ist, so muß zuerst auf Farad (F) umgerechnet werden.

1 µF (Mikrofarad) = 1 Millionstel F
oder 1000000 µF = 1 F
1 nF (Nanofarad) = 1 Tausendstel µF
1 pF (Picofarad) = 1 Millionstel µF

1. Beispiel: Wie groß ist der kapazitive Widerstand von
Kondensatoren zu 0,5 µF und 2,5 µF bei $f = 50$?

Lösung: Kondensator 0,5 µF = 0,5 : 1000000 F;

$$R_c = \frac{1}{2 \cdot 3,14 \cdot \dfrac{0,5}{1000000} \cdot 50} =$$

$$= \frac{1000000}{2 \cdot 3,14 \cdot 0,5 \cdot 50} = \textbf{6375 } \Omega \textbf{ kapazitiver Wider-}$$
stand.

Für den 2,5-µF-Kondensator ergibt sich ein Widerstand von **1275 Ω**. Der kleinere Kondensator
bildet also für den Stromfluß einen größeren
Widerstand.

---

*) Ähnlich wie bei Merkformel 8 kann man in Lehrbüchern eine
andere Schreibweise finden:

$$R_c = \frac{1}{C \, \omega}, \text{ worin } \omega \text{ (Omega)} = 2 \cdot \pi \cdot f.$$

Merkformel 9 merkt man sich gut mit dem Wort „Einsdurch-
zwei-pi-ce-ef".

2. Beispiel: Ein Kondensator von 100000 pF liegt an einer
Spannung von 250 V. Welche Stromstärke fließt,
wenn die Frequenz 300 Perioden pro sec beträgt?

Lösung: $C = 100000 \text{ pF} = 0,1 \,\mu\text{F} = 0,1 : 1000000 \text{ F}.$

$$R_c = \cfrac{1}{2 \cdot \pi \cdot \cfrac{0,1}{1000000} \cdot 300} = \mathbf{5330} \ \Omega;$$

$$I_c = U : R_c = 250 : 5330 = 0,047 \text{ A} = \mathbf{47 \text{ mA}}.$$

3. Beispiel: Die Kapazität eines Blockkondensators für eine
Prüfspannung von 500 V soll durch Messung der
Stromaufnahme festgestellt werden. Zuerst wird
durch Anschluß an 220 oder 110 V Gleichstrom
(Netz ohne Wechselstromüberlagerung! oder Anodenbatterie) festgestellt, daß der Kondensator
in Ordnung ist, daß er also nach seiner Aufladung
(kurzzeitige Gleichstromaufnahme) keinen Strom
mehr durchläßt. Dann erfolgt ein Anschluß an
220 V Wechselstrom, wobei eine Stromstärke
von 170 mA (bei $f = 50$ Hz) gemessen wird. Wie
groß ist die Kapazität?

Lösung: $R_c = U : I = 220 : 0.17 = 1290 \ \Omega.$

$$R_c = \frac{1}{2 \cdot \pi \cdot C \cdot f}; \ C = \frac{1}{2 \cdot \pi \cdot R_c \cdot f} =$$

$$= \frac{1}{2 \cdot 3,14 \cdot 1290 \cdot 50} \text{ F} = \frac{1000000}{2 \cdot 3,14 \cdot 1290 \cdot 50} \,\mu\text{F} =$$

$$= \text{rund } \mathbf{2,5 \,\mu\text{F}}.$$

4. Beispiel: Ein Kondensator 0,5 μF in einer Fernsprechanlage
liegt einmal an Rufstrom 25 Hz und dann an Sprechstrom. (Der Sprechstrom, der sich aus einer
großen Zahl verschiedenster Frequenzen zu-
sammensetzt, wird in der Rechnung durch eine
mittlere Frequenz von 1000 Hz ersetzt.) Wie
groß ist in beiden Fällen der Wechselstromwiderstand des Kondensators?

Lösung: $R_{25} = \cfrac{1000000}{2 \cdot \pi \cdot 0,5 \cdot 25} = \mathbf{12750} \ \Omega;$

$$R_{1000} = \frac{1000000}{2 \cdot \pi \cdot 0,5 \cdot 1000} = \mathbf{318} \ \Omega.$$

5. Beispiel: Eine Zusammenstellung von Kathodenwiderstand und Überbrückungskondensator (s. Bild 150 und 151 im Abschnitt III, A, 4, d) stellt eine elektrische Weiche dar. Der Kondensator soll für den Wechselstrom möglichst einen Kurzschluß (besser gesagt Null Ohm) darstellen. Ganz ist das natürlich nicht zu erreichen. Man kann die Forderung stellen, daß der Kondensatorwiderstand beispielsweise bei 500 kHz nur etwa 1% des Kathodenwiderstandes von 300 Ω betrage. Wie groß muß der Kondensator sein?

Lösung: 1% von 300 Ω sind 3 Ω.

$$C = \frac{1}{2 \cdot \pi \cdot R \cdot f} = \frac{1000000}{2 \cdot 3{,}14 \cdot 3 \cdot 500000 \, \mu F} =$$
$$= \text{rund } \mathbf{0{,}1 \, \mu F.}$$

6. Beispiel: In einem Rundfunkgerät soll an Stelle eines schadhaften Kondensators 8 μF (Wechselspannung 250 V, $f = 100$ Hz) ein neuer eingesetzt werden. Dem Instandsetzer stehen aber nur Kondensatoren für Spannungen bis 150 V zur Verfügung. Er wählt 2 Kondensatoren mit 10 und 50 μF aus, schaltet sie in Reihe und baut sie an Stelle des schadhaften Kondensators ein. Ist das richtig und zulässig?

Lösung: a) Bezüglich Kapazität:
Die Reihenschaltung wird ähnlich der Nebeneinanderschaltung von Widerständen berechnet:

$$\frac{1}{10} + \frac{1}{50} = \frac{5}{50} + \frac{1}{50} = \frac{6}{50} = 0{,}12$$

$$\frac{1}{0{,}12} = 8{,}3 \, \mu F.$$

Die Reihenschaltung der beiden Kondensatoren gibt also genügend genau die gewünschte Kapazität, abgesehen davon, daß meist eine Erhöhung der Kapazität von Vorteil ist. (Siehe Rundfunkgeräte.)

b) Bezüglich Spannungsverteilung:
Die vorhandene Wechselspannung von 250 V verteilt sich im Verhältnis der kapazitiven Widerstände:
Der kleinere Kondensator:

$$\frac{1000000}{2 \cdot \pi \cdot 10 \cdot 100} = 160 \, \Omega.$$

Der größere Kondensator:

$$\frac{1000000}{2 \cdot \pi \cdot 50 \cdot 100} = 32 \; \Omega.$$

Wenn diese beiden Widerstände (zusammen 192 Ω) an 250 V angeschlossen werden, so fließt ein Strom von 250 : 192 = 1,3 A. Am kleineren Kondensator tritt eine Spannung auf von

$$U_1 = 1,3 \cdot 160 = 208 \; V$$

Am größeren Kondensator dagegen:

$$U_2 = 1,3 \cdot \; 31 = \; 42 \; V.$$

Der kleinere Kondensator ist also durch die Überspannung (208 V statt 150 V!) gefährdet. Er wird also über kurz oder lang durchschlagen und dann wird auch der zweite Kondensator (der ja dann an der Spannung von 250 V liegt) ebenfalls zerstört. Solche Reihenschaltungen sind daher falsch.

Fehlerstrom ist kein kapazitiver Strom. Durch die Wanderung der Elektronen von und zu den Belagen eines Kondensators kommt ein Stromfluß in der Zuleitung zustande. Es besteht aber auch die Möglichkeit, daß durch schlechte Isolation zwischen den Belagen ein Strom fließt, der dem „kapazitiven Strom" hinzuzurechnen wäre. Bei guten und fehlerfreien Kondensatoren kann man damit rechnen, daß dieser durch den Widerstand der Isolation (bei 1 μF etwa 100 bis 200 MΩ) verursachte Strom so außerordentlich gering ist, daß er vernachlässigt werden kann. Man kann also den errechneten kapazitiven Widerstand und den dadurch verursachten Strom als gültig betrachten, sofern man, wie das im 3. Beispiel angegeben ist, eine Prüfung des Kondensators vorausgehen ließ.

B. Kapazität als Gegenstück zur Induktivität

Als „Gegengift", könnte man scherzweise sagen, denn manchmal werden Kapazitäten dazu verwendet, die schädliche Wirkung der Induktivität aufzuheben. Ein Kondensator verhält sich nämlich grundsätzlich anders

als eine Drosselspule. Man beobachtet dies beispielsweise beim Anschalten an Gleichstrom.

Gegenüberstellungen

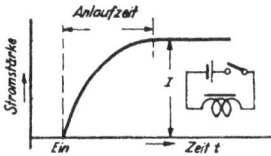

Bild B 1

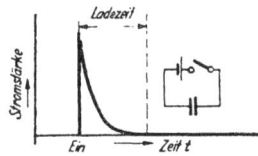

Bild B 2

Induktive Belastung Drossel	Kapazitive Belastung Kondensator
Beim *Anschalten einer Drossel* an eine Gleichspannung sucht die in der Wicklung induzierte Selbstinduktionsspannung den Stromanstieg zu verhindern. Der endgültig erreichte Strom I entspricht U und R_{gl} ($=$Gleichstromwiderstand).	Beim *Anschalten des Kondensators* an die Gleichspannung möchten die Elektronen zuerst alle gleich auf die Belage. Kaum sind aber dort einige angekommen, hat der Kondensator selbst eine gewisse Spannung, die sich nun als Gegenspannung auswirkt und den weiteren Elektronenfluß verlangsamt. Nach beendeter Ladung fließt kein Strom mehr.

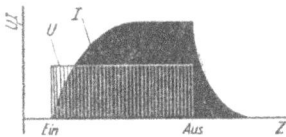

Bild B 3

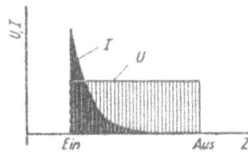

Bild B 4

| Beim *Abschalten der Drossel* baut sich das Magnetfeld ab und erzeugt dabei einen Selbstinduktionsstrom, der den weiteren Stromfluß aufrechtzuerhalten sucht. Erfolg: Langsamer Abfall der Stromstärke, Funkenbildung. | *Schaltet man den geladenen Kondensator* von der Spannung *ab*, so ändert sich gar nichts. Der Kondensator behält seine Ladung und damit Spannung an seinen Klemmen. |

Die Lade- und Entladezeit eines Kondensators kann man günstig
bei einem Versuch nach Bild B 5 beobachten. Durch den vor-
geschalteten Regelwiderstand von etwa 1 MΩ wird der Elek-
tronenansturm auf den Belag verzögert. Je größer der Widerstand, desto länger die
Ladezeit bzw. Entladezeit,
die mehrere Sekunden
betragen kann. Als Meß-
gerät verwendet man etwa
einen Spannungsmesser
(der in diesem Fall als
Strommesser geschaltet
ist) von höherem Eigen-
widerstand, als Konden-
sator einen solchen von etwa 4 μF, der zum Anschluß an 220 V
Gleichstrom geeignet ist. Man muß beim Versuch beachten, daß
bei der Entladung das Meßgerät verkehrt ausschlägt. Praktisch
ist, wenn ein Meßgerät zur Verfügung steht, dessen Nullpunkt
in der Mitte liegt, das also nach links und nach rechts ausschlagen kann. Hat man das nicht, so muß man das Meßgerät
bei der Entladung umklemmen.

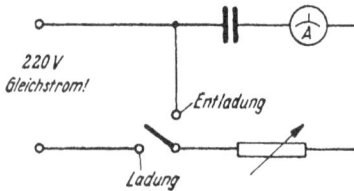

Bei fortschreitender Ladung (Überschuß von Elektronen
an dem einen Belag und Elektronenmangel an dem
anderen Belag) steigt die Spannung des Kondensators
erst schnell, dann immer langsamer an, da dann der Unterschied zwischen Netzspannung und Kondensatorspannung immer geringer wird. Bild B 6. Nach beendeter
Ladung bleibt die Kondensatorspannung in der er-

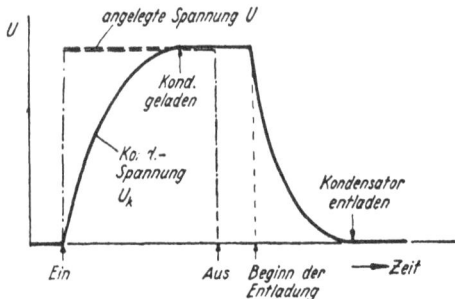

Bild B 6

reichten Höhe, bis durch Überbrückung (über einen Widerstand) die Möglichkeit gegeben ist, den Elektronen-unterschied wieder auszugleichen. Auch das erfolgt zuerst rasch, dann immer langsamer und kann je nach Wahl des Widerstandes Sekunden bis Minuten dauern.

Wie sehen nun die Schaubilder aus, wenn wir nach Abschaltung der Gleichspannung und Ablauf einer kleinen Pause wieder, aber mit umgekehrter Polarität, einschalten?

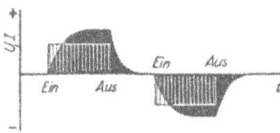 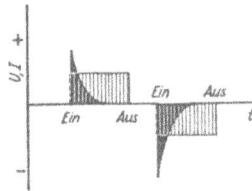

Bild B 7: Drossel	Bild 8: Kondensator
Ergebnis: Die Fläche der Stromkurve ist gegen die Fläche der Spannung etwas nach rechts verschoben.	Ergebnis: Die Fläche der Stromkurve ist gegen die Fläche der Spannung nach links gerückt.

Da die waagrechte Achse die Zeitachse ist, können wir auch sagen: Die Fläche der Stromkurve liegt zeitlich

   s p ä t e r   f r ü h e r

als die Fläche der Spannung, die diesen Strom verursacht hat, oder auch:

D e r S t r o m

  e i l t n a c h   e i l t v o r a u s

Bisher haben wir Gleichstrom ein- und ausgeschaltet und dazu umgepolt. Nun wollen wir statt dessen einen Wechselstrom verwenden, der doch selbst periodisch ein- und ausschaltet und umpolt: (Siehe Erläuterungen auf der nächsten Seite.)

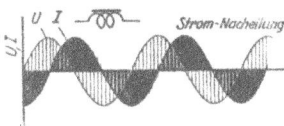 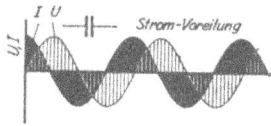

Bild B 9	Bild B 10

| *Wechselspannung an der* | *Wechselspannung am* |
| *Drossel.* | *Kondensator.* |

Wir erhalten die uns schon bekannte Phasenverschiebung.

| Während wir bei der Drossel die im Anhang A erläuterte N a c h e i l u n g des Stromes vorfinden, | erscheint bei Anschluß des Kondensators an Wechselspannung eine V o r e i l u n g des Stromes gegen Spannung. (Vergleich mit den Bildern B 7 und 8.) |

A u ß e r d e m :

| Während bei der Drossel die *Nacheilung* des Stromes mit Rücksicht auf den Ohmschen Widerstand der Kupferwicklung und auf die Eisenverluste *zwischen 0 und 90⁰* betragen kann, | ist die Verschiebung zwischen Strom und Spannung beim Kondensator praktisch immer *90⁰ voreilend,* denn neben dem kapazitiven Strom kann kein nennenswerter Wirkstrom in Betracht kommen, solange die isolierende Zwischenlage des Kondensators fehlerfrei ist. |

C. Kompensation (= Ausgleich) und Resonanz (= Übereinstimmung)

Wir schließen hier die Beantwortung einer aufschluß-reichen Frage an: Was ist zu erwarten, wenn man *eine Drossel und einen Kondensator gleichzeitig an eine Wechsel-spannung* anlegt?

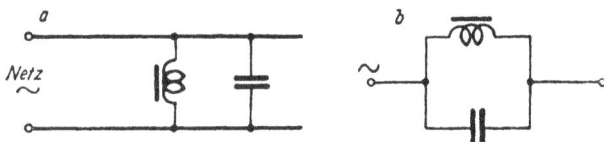

Bild B 11

Ob wir die Schaltung nach Bild 11 a oder nach Bild 11 b zeichnen' ändert an der Sachlage nichts. Die erste Art wird der Stark-stromtechniker, die zweite der Fernmeldetechniker bevorzugen.

Drossel ohne Verluste

Verursacht durch die angelegte Spannung wird sowohl in der Drossel als auch im Kondensator ein bestimmter

Strom fließen. Der Verlustfreiheit entsprechend ist der Drosselstrom um 90⁰ nacheilend (gegen Spannung), während der Kondensatorstrom um 90⁰ voreilt. Die Summe der beiden Ströme gibt den in der gemeinsamen Zuleitung fließenden Strom. (Wegen der Verschiebung der beiden Ströme ist der Kondensatorstrom dem Drosselstrom immer genau entgegengerichtet. Als Summe der beiden Ströme erscheint daher in diesem Fall immer der Unterschied der beiden Ströme! Man mag das mit dem einfachen Beispiel vergleichen, daß an einem Wagen zwei Pferde in verschiedener Richtung ziehen, eines nach vorn, das andere nach rückwärts, also genau entgegengesetzt. Als wirksame Kraft für die Fortbewegung des Wagens kommt der Kräfteunterschied der beiden Pferde in Betracht. Sind beide Kräfte gleich groß, so wird sich der Wagen nicht von der Stelle rühren. Es ist so, als wäre überhaupt keine der beiden Kräfte vorhanden.)

Bild B 12 a: I_K kleiner als I_D
Bild B 13 a: I_K so groß wie I_D

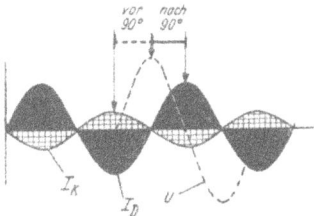

Bild B 12 a

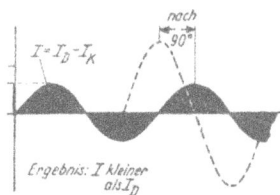

Bild B 12 b

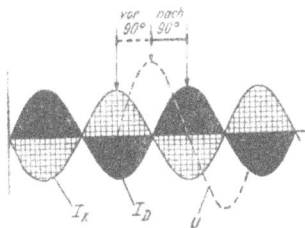

Bild 13 a

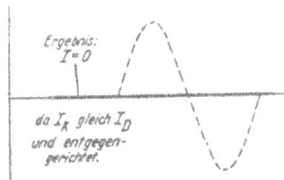

Bild 13 b

Zu Bild B 12 b: Der Gesamtstrom I in der gemeinsamen Zuleitung
ist kleiner geworden als er bei Anschluß der Drossel allein
wäre. Die Verschiebung gegen Spannung ist aber 90⁰ geblieben.
Zu Bild B 13 b: Wenn zwei Kräfte gleich groß und entgegengerichtet sind, dann heben sie sich gegenseitig auf. Es ist also
hier kein Gesamtstrom in der Zuleitung zu erwarten: Resonanzfall. In der Starkstromtechnik als vollkommene Kompensation
zu bezeichnen, wiewohl es diesen Fall nicht geben kann, da ja
immer Verluste in der Drossel bzw. in den angeschlossenen
Stromverbrauchern (mit Selbstinduktion!) vorhanden sind.

Und nun:

Drossel mit Verlusten

Eine Drossel mit Verlusten braucht erstens einen induktiven Strom, der um 90⁰ der Spannung nacheilt und
zweitens einen Wirkstrom zur Deckung der Verluste,
der mit der Spannung „in Phase" ist. Beide Ströme zusammen geben einen Gesamtstrom, der je nach der Größe
der beiden obigen Ströme um weniger als 90⁰ verschoben
ist. Im folgenden Beispiel nehmen wir willkürlich 45⁰
an. In diesen Bildern soll I_D immer gleich groß angenommen werden, während I_K einmal klein, dann größer
und schließlich noch größer sein soll.

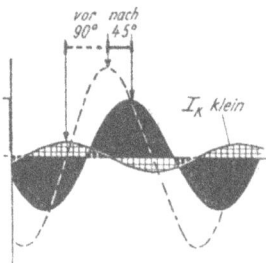

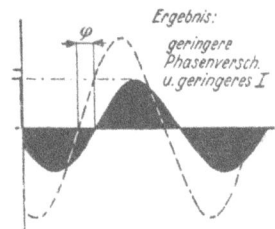

Bild B 14 a   Bild B 14 b

Bild B 14 a und b geringer, Bild B 15 a und b mittlerer, Bild B 16 a
und b voller Ausgleich der induktiven Einflüsse durch Kapazität.

In den obigen Bildern bedeuten:

Gestrichelte Kurven: die angelegte Netzspannung.

Kurve mit schraffierter Fläche: Kondensatorstrom (in den
3 Bildern verschieden groß!).

Kurve mit schwarzer Fläche: Strom in der Zuleitung. Bei den
linken Bildern ist der Strom gezeichnet, der ohne Kompensation
auftreten würde. Er ist in allen 3 Fällen gleich groß gewählt. —
In den rechten Bildern ist der Strom angezeichnet, der in der
Zuleitung bei mehr oder weniger starker Kompensation auftritt.

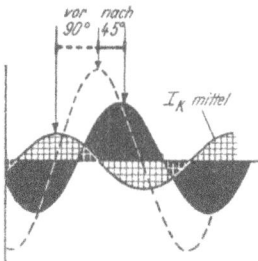

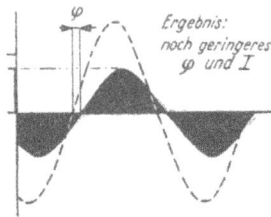

Bild B 15 a   Bild B 15 a

Die Bilder sprechen für sich. Als wichtigstes Ergebnis
entnehmen wir, daß es *durch Zuschaltung eines Konden-*
sators (zu einer Drossel mit Verlusten) gelingt, *die durch*
die Drossel verursachte Nacheilung zu verkleinern oder gar
zu beseitigen. Bei weiterer Zuschaltung von Kapazität

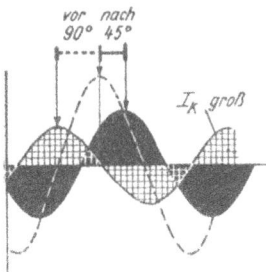

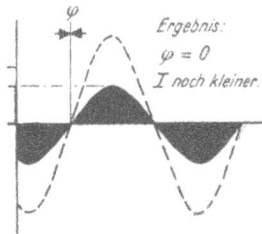

Bild B 16 a   Bild B 16 b

erreicht man sogar eine Voreilung des Stromes, die aber
in der Praxis meist nicht gewünscht wird. Der nach
Bild B 16 b noch verbleibende Strom *I* entspricht den

vorhandenen Verlusten und hat als reiner Wirkstrom keine Verschiebung gegen U.

Den Fall nach Bild B 13 und den nach Bild B 16 nennt der Fernmeldetechniker den Resonanzfall, der Starkstromtechniker den Kompensationsfall auf $\cos \varphi = 1$. (Siehe auch Abschnitt III, B, 1, d.)

Wenn beispielsweise in einer Fabrik mit vielen teilweise leerlaufenden Motoren (an Wechselstrom oder Drehstrom) in der gemeinsamen Hauptleitung eine Phasenverschiebung mit $\cos \varphi = 0{,}4$ festzustellen ist, dann ist das ein recht unwirtschaftlicher Zustand in bezug auf die Leistungsfortleitung. Die Scheinleistung ist erheblich größer als die Wirkleistung. (Die Wicklungen der Motoren verhalten sich ja wie Drosseln vermöge ihrer Induktivität!) Durch die Anschaltung von entsprechend großen Kondensatoren kann die Phasenverschiebung auf ein erträgliches Maß verringert werden. Scheinleistung, Blindstrom und Strom in der gemeinsamen Zuleitung werden dadurch geringer, was zur Entlastung der Leitungen und der eventuell vorhandenen Transformatorenstation (selbstverständlich auch des stromliefernden Werkes) führt.

ANHANG C

XVIII. VERSCHIEDENES

A. Wie entsteht die Wechselstromkurve?

Wir wollen uns eine solche Kurve aus einem Generator mit *einem* Ankerleiter entwickeln. Eines ist uns klar: Die im Leiter induzierte Spannung ist bei der Bewegung vor den Polen am größten und wird um so kleiner, je mehr sich der Leiter der „neutralen Zone" nähert. In dieser Zone ist die induzierte Spannung gleich Null. Wir können den Abstand des Leiters von der Mittellinie (der neutralen Zone) als Maß der Spannung betrachten. Teilen wir den Kreis, den der Leiter beschreibt, in z. B. 12 Teile und tragen auch gleiche Teile auf einer dazu gezeichneten Achse für ein Schaubild auf, dann können

wir die Leiterabstände von der waagrechten Linie für
jeden dieser Teilpunkte im Schaubild eintragen. Wir
bekommen verschiedene Einzelpunkte, die wir durch

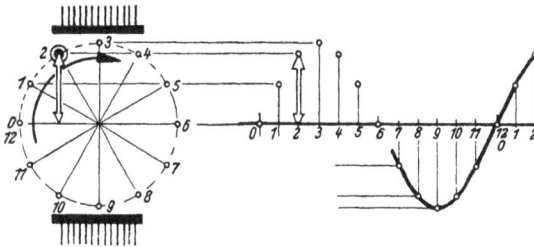

Bild C 1

eine Linie verbinden können. Die so entstandene Kurve
ist die „Sinuslinie" des Wechselstromes, die anzeigt,
welche Spannung im Leiter in jedem Moment (von
0 bis 12) induziert wird.

Will man ohne umständliche Konstruktion eine genügend genaue Wechselstromkurve zeichnen, dann teilt
man so ein (am besten auf kariertem Papier), wie es

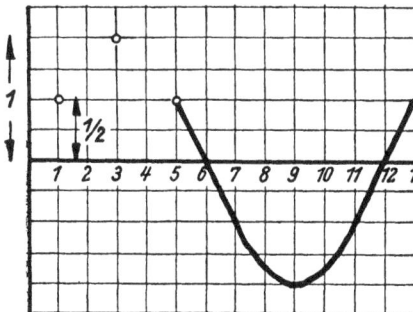

Bild C 2

Bild C 2 zeigt, zeichnet die Kurventeile zwischen 0 und 1,
5 und 7 sowie 11 und 12 als gerade Linien und die Bögen
freihändig ein.

Wie hat man aber vorzugehen, wenn man die Kurve
für eine ganz bestimmte Wechselspannung (in Volt angegeben) zu zeichnen hat? Man muß doch dazu wissen,
wie weit die Kurve über und unter die Nullinie geht.
Wenn wir z. B. eine Wechselspannung haben, die einen
„*Scheitelwert*" (siehe Bild 4 im Hauptteil) von 10 V
besitzt, so steigt die Kurve bis zum Wert von $+$ 10 V
an, um dann auf den Wert — 10 zu sinken. Ein Spannungsmesser würde aber nicht 10 V, auch nicht 20 V
anzeigen, sondern den sogenannten „wirksamen Wert"
(„Effektivwert"), das ist ein ganz bestimmter Mittelwert.
Man merke sich: Zwischen dem Scheitelwert und dem
wirksamen Wert einer Wechselstrom- oder Wechsel-
spannungskurve besteht die *Verhältniszahl 1,414.* Der
wirksame Wert ist kleiner als der Scheitelwert.

Haben wir durch einen Wechselstrommesser eine Stromstärke von 3 A gemessen, was ja ein „wirksamer Wert"
ist, so beträgt der Scheitelwert dieses Wechselstromes
$3 \cdot 1,414 = 4,242$ A. Die Kurve dieses Wechselstromes
steigt also zum Wert $+$ 4,242 an und sinkt dann bis zum
Wert — 4,242 ab. Man kann die Kurve nun zeichnen.

Beispiel: Welchen wirksamen Wert hat die Kurve in Bild C 2,
         wenn die Einheit „1 Volt" darstellt?

Lösung: Scheitelwert $=$ 1 V.

$$\text{Wirksamer Wert} = \frac{1}{1,414} = \mathbf{0,707\ V.}$$

B. Das logarithmische Maß

Bei einem gewöhnlichen Maßstab ist immer zwischen
je zwei gleichwertigen Maßzahlen ein bestimmter gleicher
Abstand. Es ist beispielsweise zwischen *2* und *3* der
gleiche Zwischenraum wie zwischen *3* und *4* oder *4*
und *5* usw. Wie groß dabei dieser Abstand gewählt wird,
ist zuerst einmal nicht von Bedeutung, wie das Bild C 3
zeigt.

Man hat sich für besondere Fälle noch ein eigenartiges Maß ausgedacht, das so eingerichtet ist, daß von einem Maßstrich zum nächsten gleichwertigen Strich immer der

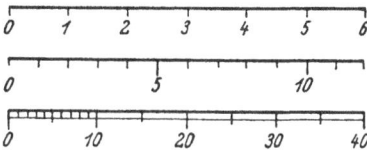

Bild C 3

zehnfache Wert erreicht wird (Bild C 4). Hier ist zwischen *1* und *10* der gleiche Abstand wie zwischen *10* und *100* oder wie zwischen *100* und *1000* usw. Mit einer solchen Einteilung kommt man schnell zu ganz hohen Werten und hat dabei den Vorteil, daß man

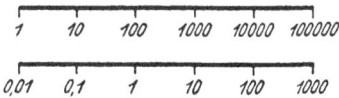

Bild C 4

bei den geringen Werten recht genau ablesen kann.

Will man eine solche Maßskala unter „*1*" verlängern, so kommt man mit dem nächsten Maßstrich nicht zum Wert Null, denn zwischen diesen Strichen muß ja auch wieder das Verhältnis 1 : 10 herrschen. Man erhält also $^1/_{10}$. Beim nächsten Strich $^1/_{100}$ usw. *Zu Null kommt man also überhaupt nicht.*

Bild C 5

Bei der weiteren Unterteilung solcher Maßstäbe muß man darauf achten, daß der Grundsatz eingehalten bleibt, daß sich die Teilabstände nach den höheren Werten hin immer verengern. Am besten nimmt man sich eine solche Unterteilung vom Rechenschieber ab, der ja auf diesem „logarithmischen Maß" aufgebaut ist (Bild C 5).

Wie dieses besondere Maß entsteht, darüber können wir uns hier nicht unterhalten. Das „Logarithmieren" ist eine mathematische Angelegenheit, die uns hier nicht interessieren muß, wenngleich sie recht

interessant wäre. Das logarithmische Maß aber können
wir oft gut brauchen, was einfache Beispiele zeigen sollen.
Bild C 6 zeigt die Kennlinie eines veränderlichen Wider-

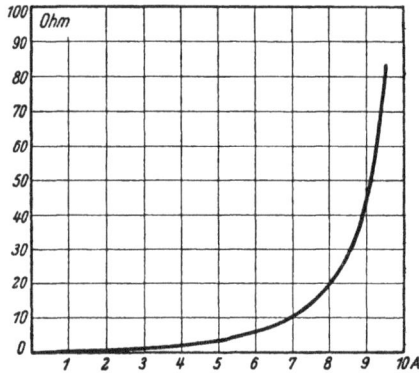

Bild C 6

standes in Abhängigkeit vom Strom. Der Widerstand
ist anfangs sehr klein und kaum richtig abzulesen. Mitunter sind aber gerade diese unteren Werte von Wichtigkeit. Zeichnet man diese Kennlinie in das logarithmische
Maß um (Bild C 7), so erhält man zwar eine Kennlinie,
die nicht bis zu Null reicht, die aber zwischen 0,1 und
10 Ω ausgezeichnet abzulesen gestattet. Im übrigen
könnte man diese Kennlinie auch bis $^1/_{100}$ und $^1/_{1000}$ fort-
setzen.

Man übersehe beim Ablesen in diesem Bilde nicht, daß
beispielsweise zwischen 0,1 und 0,5 mehr Unterteilungs-
linien gezeichnet sind als zwischen 0,5 und 1,0. Der erste
Teilstrich nach 0,1 ist 0,15, der erste Teilstrich nach
0,5 ist 0,6. Diese verschiedenen Unterteilungen muß
man bei den vorgedruckten (in Zeichenbedarfsgeschäften
erhältlichen) Logarithmenpapieren und auch beim Re-
schenschieber (siehe nächsten Abschnitt) immer beachten, um nicht falsche Ablesungen zu erhalten.

SCHALTPLÄNE

Die Nummern der Schaltpläne (z. B. SP 64) entsprechen den Nummern der einzelnen Beschreibungen in den Abschnitten über Fernmeldeanlagen.

Verzeichnis der Beschreibungen

Ein anderes Beispiel: Für einen veränderlichen Widerstand ist eine Kennlinie (logarithmische Tafel) in Bild C 8 festgelegt. Wäre es möglich, diese Kennlinie in eine Tafel mit gleichmäßigem Maßstab zu übertragen?

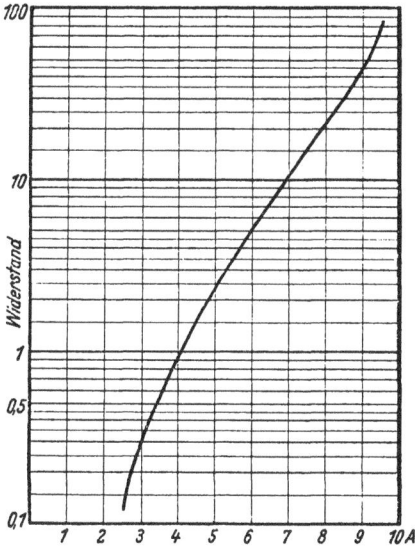

Bild C 7

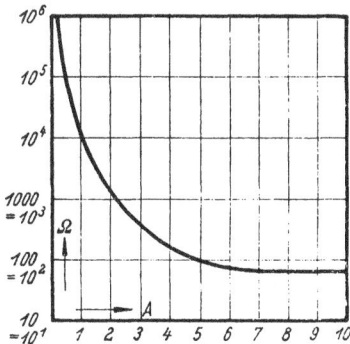

Bild C 8

Die Antwort lautet: Kaum, denn dann müßte diese Tafel entweder recht unpraktische Ausmaße annehmen oder man könnte in den unteren Bereichen nicht gut ablesen. (Man versuche die Umzeichnung einmal!)

C. Das Wurzelziehen

Aber schmerzlos! Es handelt sich hier um einen Rechen-
vorgang, den man manchmal braucht. So z. B. kommt
es bei der Berechnung der Stromstärke aus Leistung und
Widerstand dazu, daß man vor der Gleichung $I^2 = N : R$
steht und noch ausrechnen kann, daß beispielsweise
$I^2 = 120$ ist. Wie aber ist der Wert I zu erhalten?

Wir müssen hier *den Wert suchen, der mit sich selbst vermehrt die gegebene Zahl ergibt*. Man schreibt das so:

„$I = \sqrt{120}$" und sagt: „I ist Wurzel aus 120". 5 mal 5
gibt 25: also $\sqrt{25} = 5$; $\sqrt{16} = 4$; $\sqrt{81} = 9$ usw.
Bei solchen Zahlen kann das Ergebnis noch durch Probieren erhalten werden. Wie aber bei größeren Zahlen
und Dezimalbrüchen?

Hierzu eine kleine Regel und — ein Rechenschieber!

Zuerst verschieben wir bei der gegebenen Zahl das Komma
jeweils um 2 Stellen nach links oder rechts, bis vor dem
Komma nur ein e oder z w ei Ziffern stehen.

Beispiele:

420,5	wird zu 4,205	(1 zweiziffrige Verschiebung nach links)
12345	wird zu 1,2345	(2 zweiziffrige Verschiebungen nach links)
0,5	wird zu 50,0	(1 zweiziffrige Verschiebung nach rechts)
0,06	wird zu 6,0	(1 zweiziffrige Verschiebung nach rechts)
0,003	wird zu 30,0	(2 zweiziffrige Verschiebungen nach rechts)

Nun stellen wir den Strich des Schieberrähmchens am
Rechenschieber auf die erhaltene Zahl ein, und zwar auf
der oberen Skala, wie Bild C 9 für die Zahl 4,205 zeigt.

Auf der unteren Skala lesen wir den Wert 2,05 ab, der mit sich selbst vermehrt den eingestellten Wert 4,205 ergibt (denn 2,05 mal 2,05 gibt 4,205).

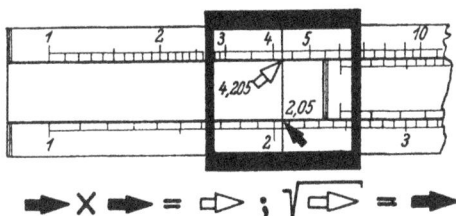

Bild C 9

Hat man bei der obigen „Kommaverschiebung" eine zweiziffrige Verschiebung nach links vorgenommen, so muß man dafür beim Ergebnis eine Kommaverschiebung nach rechts vornehmen, also nur um eine Ziffer: 20,5 statt 2,05. 20,5 ist das Ergebnis von $\sqrt{420,5}$. (Überschlägige Probe: 20 mal 20=400.)

Zu den weiteren Beispielen:

$\sqrt{1,2345} = 1,11$; $\sqrt{12345}$ ist also 111,0.

$\sqrt{50}\ \ \ = 7,07$; $\sqrt{0,5}$ ist also 0,707.

$\sqrt{6}\ \ \ \ = 2,45$; $\sqrt{0,006}$ ist also 0,245.

$\sqrt{30}\ \ \ = 5,47$; $\sqrt{0,003}$ ist also 0,0547.

Daß durch die Verwendung des Rechenschiebers kleine Ungenauigkeiten entstehen, ist ohne Bedeutung. Richtiges Ablesen ist Vorbedingung.

Wer *keinen Rechenschieber* hat oder benutzen will, kommt mit folgender Methode auch schnell zum Ziel:

Nachdem wir erforderlichenfalls durch Kommaverschiebung eine zwischen 1 und 100 liegende Zahl erreicht haben, schätzen wir einmal den Wurzelwert, und zwar ganz überschlägig. Wir zeigen das gleich an einem

Beispiel:

$\sqrt{0{,}072} = ?$ Zwei Stellen nach rechts: $\sqrt{7{,}2}$.

$2 \cdot 2 = 4$, das ist zu wenig, $3 \cdot 3 = 9$, das ist zu viel, nehmen wir also einen Mittelwert, etwa 2,5.

Nun rechnen wir, wie oft 2,5 in 7,2 geht:

$$7{,}2 : 2{,}5 = 2{,}88.$$

2,5 war also zuwenig geschätzt. 2,8 wäre zuviel als Wurzelwert. Nehmen wir also den Mittelwert zwischen den beiden:

$$\frac{2{,}5 + 2{,}88}{2} = 2{,}69.$$

Mit diesem Mittelwert versuchen wir die Teilung nochmals:

7,2 : 2,69 = 2,68. Damit sind wir an den genauen Wurzelwert schon sehr nahe herangekommen und wenn wir hier den Mittelwert zwischen 2,68 und 2,69 als Ergebnis wählen, also 2,685, so haben wir ein Ergebnis, das unsere Bedürfnisse an Genauigkeit weitgehend befriedigt. Zum Schluß die Stellenkorrektur: $\sqrt{0{,}072} = 0{,}2685$.

Ein weiteres Beispiel: $\sqrt{0{,}72} = ?$

Lösung: Erst die Stellenverschiebung: $\sqrt{72}$ (2 Stellen nach rechts!)

$8 \cdot 8 = 64$ (zu wenig); $9 \cdot 9 = 81$ (zu viel).

Erste Probe: 72 : 8,5 = 8,47.

Mittel: $\dfrac{8{,}5 + 8{,}47}{2} = \dfrac{16{,}97}{2} = 8{,}485$.

Zweite Probe: 72 : 8,485 = 8,485.

Das Ergebnis ist also: $\sqrt{0{,}72} = 0{,}8485$.

SACHVERZEICHNIS

Zur Beachtung: Das Sachverzeichnis kann auch zur Selbstprüfung verwendet werden. Man braucht sich nach dem Studium des Buches oder eines größeren Teiles nur irgendeinen Teil des Verzeichnisses vornehmen und zu jedem Stichwort die erschöpfende Erklärung zu geben versuchen. Zweckmäßig macht man das schriftlich, da man sonst leicht zu flüchtig an die Sache herangeht. Nach der schriftlichen Niederlegung der Erklärungen zu den einzelnen Worten des Verzeichnisses nimmt man das Buch vor und vergleicht. Dabei stellen sich Lücken und Mängel der eigenen Kenntnisse heraus.

19ᵇ*

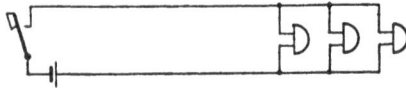

SP 1: Einfache Läutwerksanlage mit 3 Läutwerken in Nebenschaltung

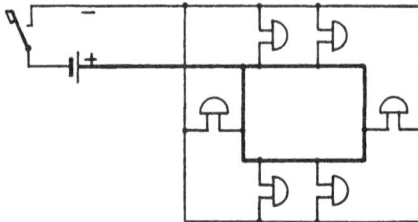

SP 2: Läutwerksanlage mit Ringleitung

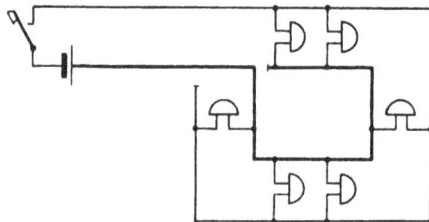

SP 3: Läutwerksanlage mit Ausgleichsleitung

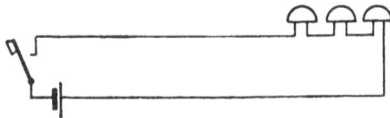

SP 4: Läutwerksanlage mit Nebenschlußweckern

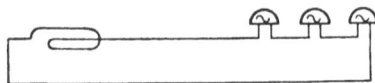

SP 5: Läutwerksanlage mit Wechselstromweckern und Kurbelinduktor

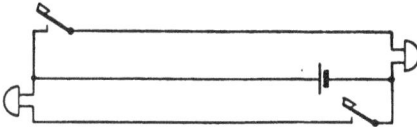

SP 6: Läutwerksanlage mit Gegenruf und 1 Batterie

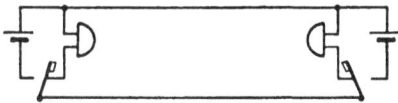

SP 7: Läutwerksanlage mit Gegenruf und 2 Batterien

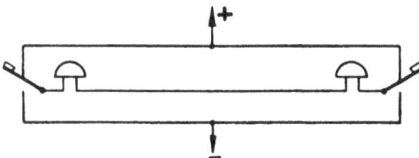

SP 8: Gegenrufanlage mit Anrufbestätigung

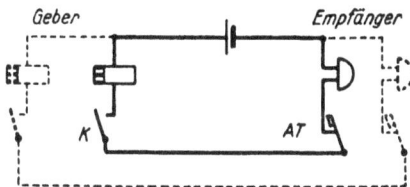

SP 9: Läutwerksanlage mit Anrufklappenmelder

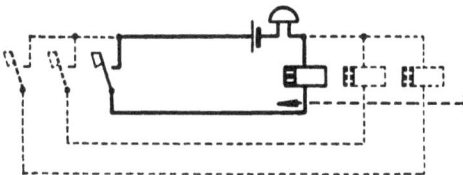

SP 10: Fallscheibenmelderanlage mit mechanischer Rück-
stellung

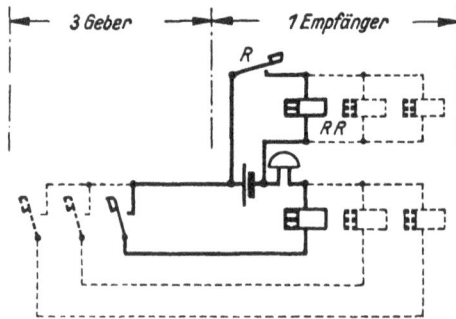

SP 11: Fallscheibenmelderanlage mit elektrischer Rückstellung

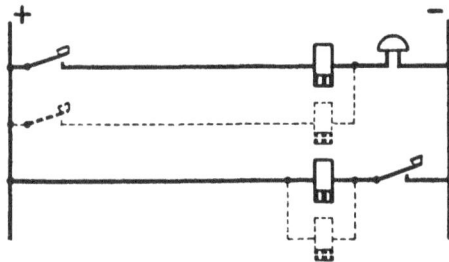

SP 12: Stromlaufplan einer Fallscheibenmelderanlage für 2 Geber, mit elektrischer Rückstellung (Geber 1 oben links, Leitung ausgezeichnet, Geber 2 darunter, Leitung gestrichelt gezeichnet. Läutwerk und Rückstelltaster gemeinsam)

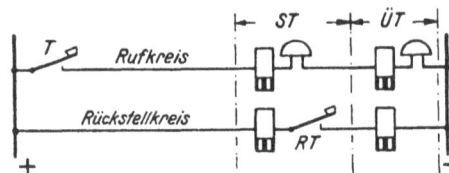

SP 13: Fallscheibenmelderanlage mit Überwachungstafel

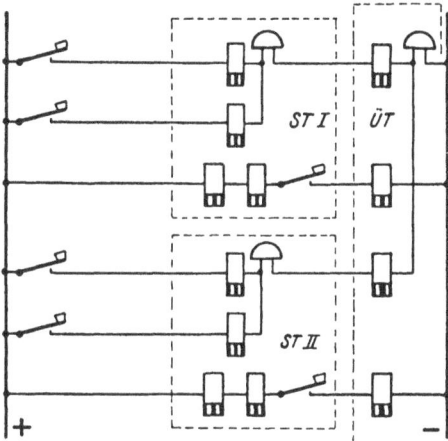

14: Fallscheibenmelderanlage mit Überwachungstafel für
2 Stockwerke mit je 2 Gebern

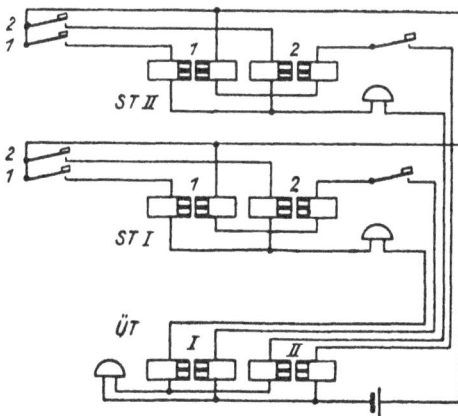

SP 15: Bauschaltplan zur Anlage SP 14

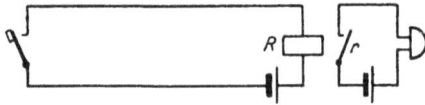

SP 16: Läutwerksanlage mit Arbeitsstromrelais und 2 Batterien

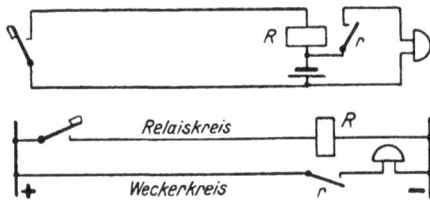

SP 17: Läutwerksanlage mit Arbeitsstromrelais und 1 Batterie

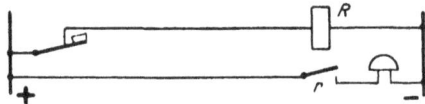

SP 18: Läutwerksanlage mit Ruhestromrelais

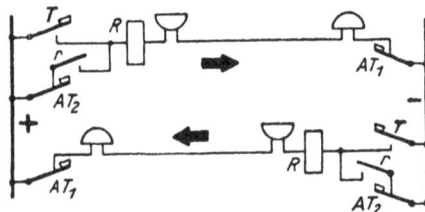

SP 19: Läutwerksanlage für gegenseitigen Ruf mit Dauerruf
und Empfangsbestätigung

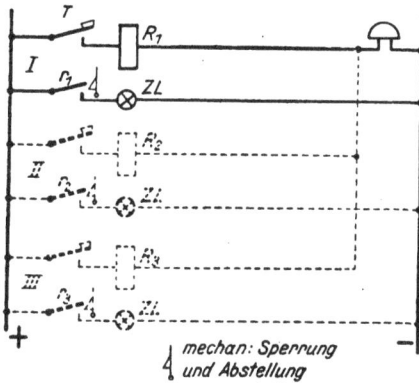

SP 20: Lichtrufanlage für 3 Teilnehmer (Geber) mit Zimmerrelais, Zimmerlampe und mechanischer Abstellung

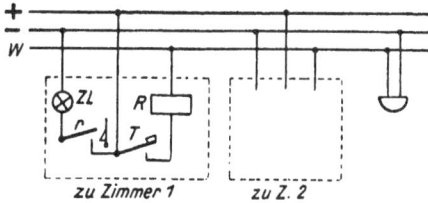

SP 21: Bauschaltplan zu SP 20 für 2 Teilnehmer

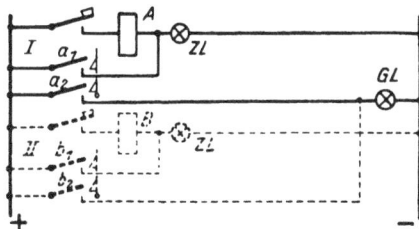

SP 22: Lichtrufanlage mit Zimmerlampe und Gruppenlampe

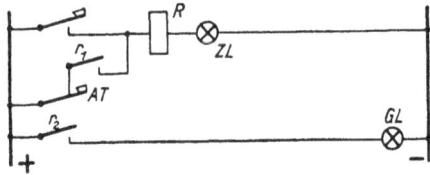

SP 23: Lichtrufanlage mit elektrischer Abstellung

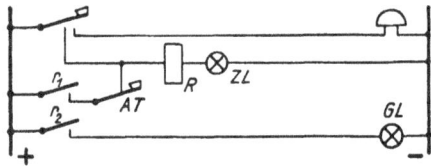

SP 24: Lichtrufanlage mit *ZL*, *GL*, Rufwecker und elektrischer Abstellung

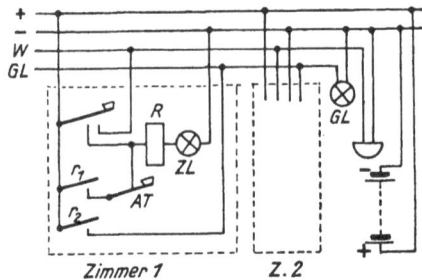

SP 25: Bauschaltplan zu SP 24 für 2 Teilnehmer

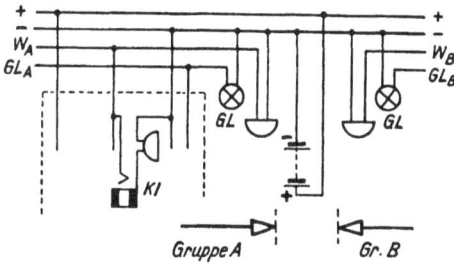

SP 26: Bauschaltplan für Lichtrufanlage (2 Gruppen) mit Zimmersummer und Steckschlüsselschalter (Schaltung teilweise nur angedeutet!)

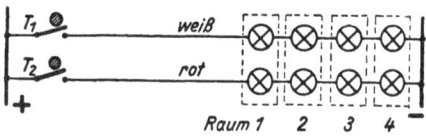

SP 31: Suchanlage für 3 Personen in 4 Räumen

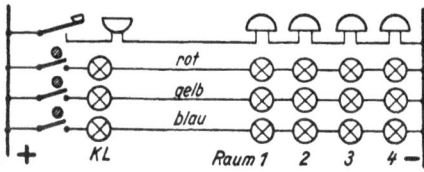

SP 32: Suchanlage für 7 Personen mit zusätzlichem Weckerruf

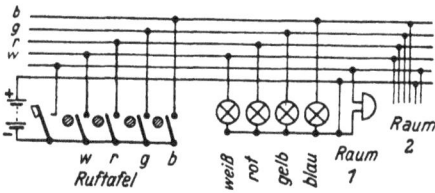

SP 33: Bauschaltplan für Suchanlage für 15 Personen

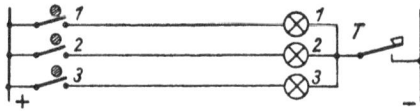

SP 41: Personenmeldeanlage für 1 Person
an 3 Stellen

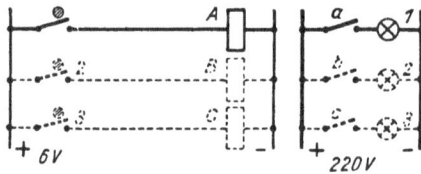

SP 42: Personenmeldeanlage mit Relais und Starkstromlampen

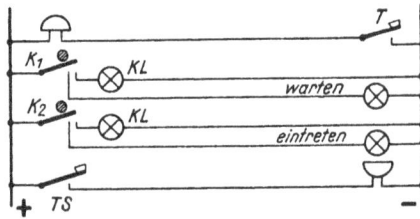

SP 43: Einlaßlichttafel

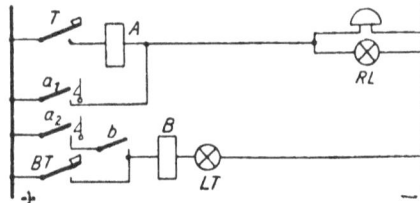

SP 44: Hauseingangsmeldeanlage mit Rückmeldung

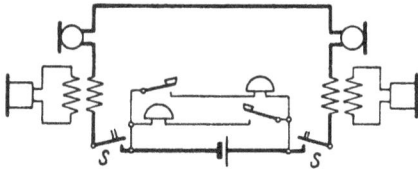

SP 51: Einfache Hausfernsprechanlage mit Übertrager und Batterieläutwerk

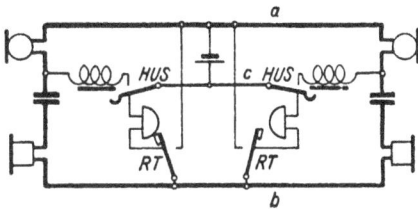

SP 52: Hausfernsprechanlage mit Weiche und Hakenumschalter

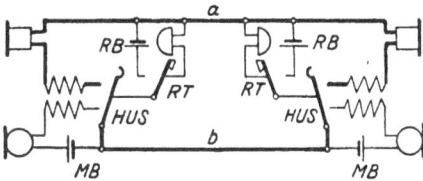

SP 53: Hausfernsprechanlage mit Mikrofonbatterie und Rufbatterie

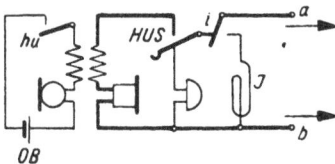

SP 54: *OB*-Sprechstelle mit Induktor

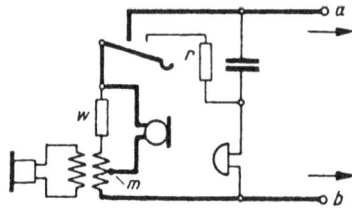

SP 55: ZB-Sprechstelle mit Rückhördämpfung

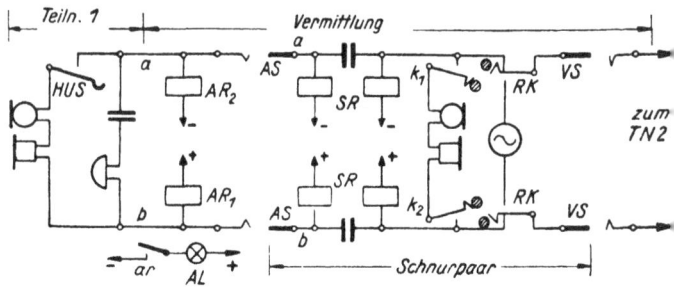

SP 56: Handvermittlung für ZB-Sprechstelle

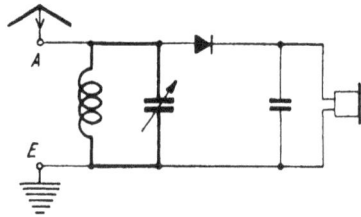

SP 61: Einfacher Detektorempfänger

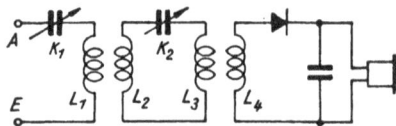

SP 62: Mehrkreisiger Detektorempfänger

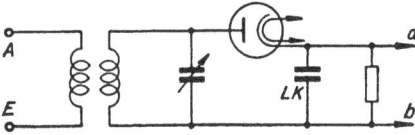

SP 63: Empfänger mit Zweipolröhre

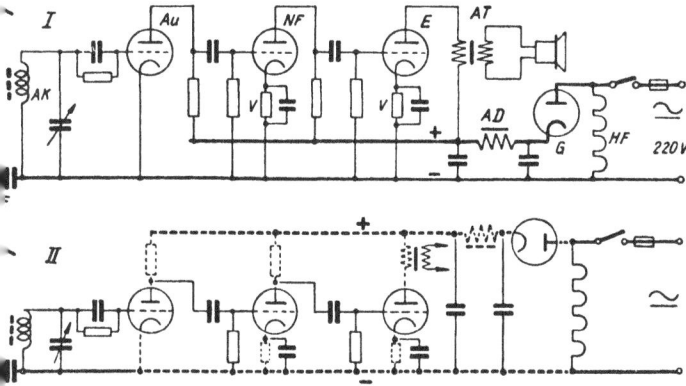

SP 64: Allstromgeradeausempfänger
I: Übliche Darstellung
II: Darstellung als Stromlaufplan

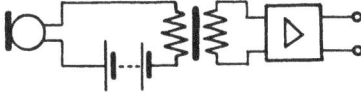

SP 65: Kohlemikrofon mit Zwischenübertrager und Verstärker

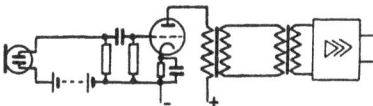

SP 66: Kondensatormikrofon mit Vorverstärker, Übertrager
und Leistungsverstärker

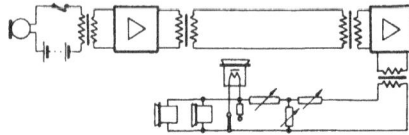

SP 67: Übertragungsanlage

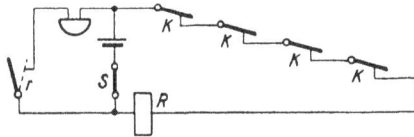

SP 71: Raumschutzanlage mit Ruhestrom

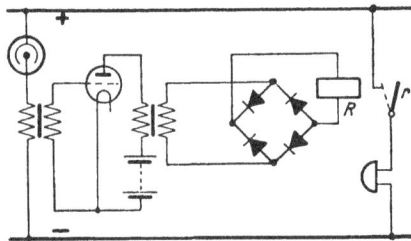

SP 72: Elektrische Lichtschranke

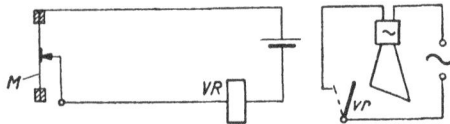

SP 73: Elektrische Geräuschmeldeanlage

SP 74: Elektrische Türverriegelung

SP 75: Selbsttätige Feuermeldeanlage

SP 76: Spannungsrückgangsmeldung

P 81: Temperaturfernmessung mittels Thermoelement

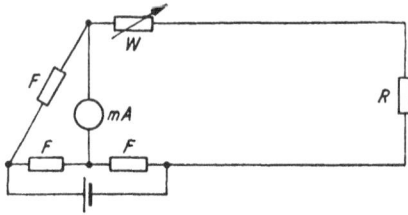

SP 82: Widerstandsthermometer

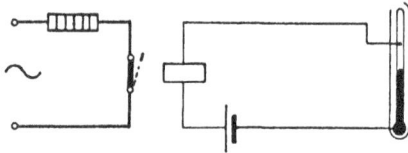

SP 83: Kontaktthermometer

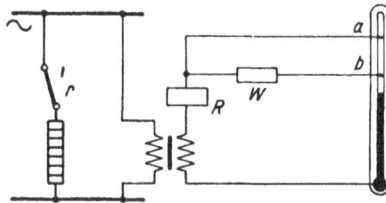

SP 84: Kontaktthermometer mit Eingrenzung

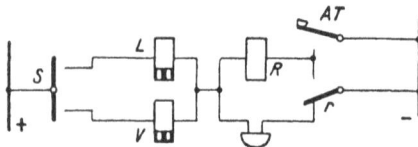

SP 85: Wasserstands-Voll- und -Leer-Melder

86: Laufende Standmeldung

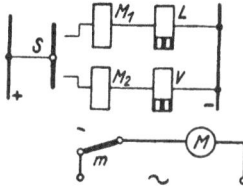

SP 91: Selbsttätige Ein-
schaltung eines Pumpen-
motors

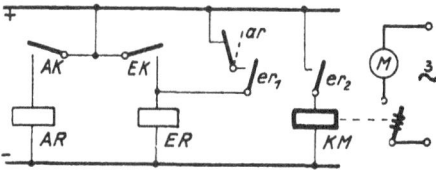

P 92: Selbsttätige Einschaltung eines Pumpenmotors

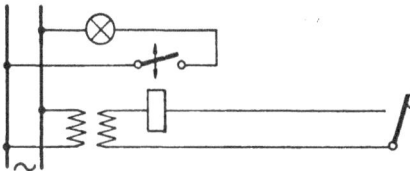

SP 93: Fernschaltung mittels Umkehrschalter

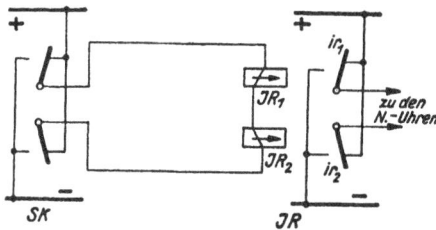

SP 101: Linienrelais

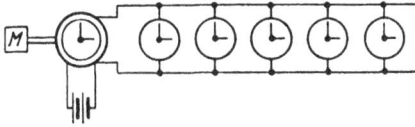

SP 102: Nebenuhrenanlage an Hauptuhr mit magnetischem
Aufzug

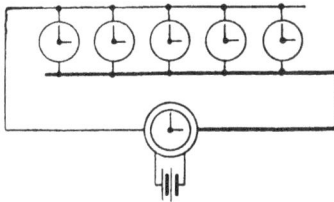

SP 103: Nebenuhrenanlage mit Ausgleichsleitung

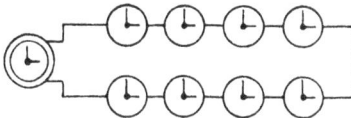

SP 104: Nebenuhrenanlage in Reihenschaltung (Schleifenschaltung)

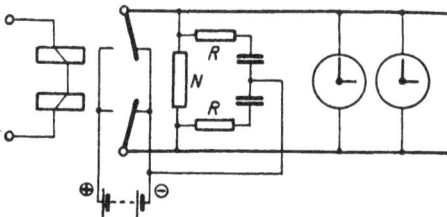

SP 105: Funkenlöscheinrichtung nach Linienrelais für
Nebenuhren